本书由国家自然科学基金面上项目（编号：32071600/41571101）资助出版

升金湖国际重要湿地遥感监测与评估研究

董斌 ◎ 主编

Remote Sensing Monitoring and Evaluation of International Important Wetlands in Shengjin Lake

合肥工业大学出版社
HEFEI UNIVERSITY OF TECHNOLOGY PRESS

图书在版编目(CIP)数据

升金湖国际重要湿地遥感监测与评估研究 / 董斌主编. —合肥: 合肥工业大学出版社,2022.3

ISBN 978-7-5650-5854-7

Ⅰ. ①升… Ⅱ. ①董… Ⅲ. ①遥感技术-应用-沼泽化地-监测-研究-池州市 ②遥感技术-应用-沼泽化地-生态环境-评估-研究-池州市 Ⅳ. ①P942.544.78

中国版本图书馆 CIP 数据核字(2022)第 050727 号

升金湖国际重要湿地遥感监测与评估研究

SHENGJINHU GUOJI ZHONGYAO SHIDI YAOGAN JIANCE YU PINGGU YANJIU

主　　编:董　斌

责任编辑:张择瑞

制　　版:合肥熙宇文化传媒有限公司

出　　版:合肥工业大学出版社

地　　址:合肥市屯溪路 193 号

邮　　编:230009

网　　址:www.hfutpress.com,cn

发　　行:全国新华书店

印　　刷:安徽联众印刷有限公司

开　　本:787mm×1092mm　1/16

印　　张:17

字　　数:292 千字

版　　次:2022 年 3 月第 1 版

印　　次:2022 年 3 月第 1 次印刷

标准书号:ISBN 978-7-5650-5854-7

定　　价:168.00 元

发行部电话:0551-62903188

编辑部电话:0551-62903204

《升金湖国际重要湿地遥感监测与评估研究》编委会

主　　编： 董　斌

副 主 编： 徐文彬　丁旭东　高　祥　程　长　卢　勇　柏友林　丁　燕

参　　编：（排名不分先后）

李　胜　许海锋　徐志立　郭晓娟　李贤虎　刘家祥　陈婷婷
吴玲玲　王　萍　唐雪海　刘德庆　王　成　曹　勇　杨　斐
朱海燕　黄　滔　宋昀微　洪安东　张进标　汪　庆　陈　俊
陈春晖　李大超　范文兵　任春秋　刘亚茹　王　彤　卫泽柱
刘　筱　陆志鹏　吴　洁　王亚芳　惠　倩　朱剑桥　张　鹏
崔玉环　郝　泷　武黎黎　音海稳　程　东　倪　超　张东彦
赵晋陵　王春林　李书群　王德高　盛树长　胡其强　吴　雷

支持单位： 安徽农业大学

安徽升金湖国家级自然保护区管理处

天立泰科技股份有限公司

安徽昱远林业发展有限公司

合肥市自然资源和规划局

安徽省第四测绘院

合肥市测绘设计研究院

深圳市爱华勘测工程有限公司

滁州市自然资源勘测规划研究院有限公司

前 言

升金湖国际重要湿地坐落于安徽省池州市，濒临长江。升金湖总面积约 33 340hm^2，其中，湖面约 13 300hm^2。在升金湖至长江出口建有黄湓闸，海拔平均 11m。升金湖越冬的水鸟每年大约有 66 种近 10 万只，其中包括全球受威胁物种和国家一、二级保护的珍稀候鸟。丰富的湿地生物资源为鸟类提供了充足的食物来源。我国最大的白头鹤越冬种群和占世界 1/10 的东方白鹳种群在升金湖越冬，使其成为亚太地区主要的鹤类、鹳类、雁鸭类、鸻鹬类越冬地。由此，升金湖享有“中国鹤湖”“鸿雁之乡”之美誉。

升金湖国际重要湿地是长江中下游地区保存相对完整的湿地，受到国内外众多学者的关注。1980 年，有专家首次在此发现白头鹤越冬种群；1986 年，升金湖湿地经安徽省人民政府批准建立；1997 年，升金湖被批准为国家级自然保护区；2005 年，升金湖加入东亚－澳大利西亚鸻鹬鸟类保护网络；2007 年，升金湖加入长江中下游湿地保护网络；2013 年，升金湖被批准为国家重要湿地；2015 年，升金湖被正式列入《国际重要湿地名录》；2021 年，“安徽升金湖湿地生态学国家长期科研基地”获批。

升金湖国际重要湿地是长江中下游人口稠密的地区之一，随着经济和社会的发展，湿地资源利用强度逐步加大，围堤、垦殖等不断增多，加上每年大量泥沙从黄湓河中下游推入湖中，湖面不断缩小，湿地功能逐渐退化，生物多样性不断降低，湖泊湿地生态过程受到严重干扰，其土地利用与景观格局不断变化，保护形势十分严峻。

本书围绕升金湖国际重要湿地的生态系统开展了遥感监测、评估、保护和管理等研究。全书由董斌组织编写和统稿，各章的主要内容如下。

第 1 章：本章介绍了升金湖国际重要湿地的自然地理和经济社会发展特征，并对其存在的主要生态环境问题及相应的环境保护与治理措施等进行总结。

第 2 章：本章以遥感影像、外业调查数据和统计数据为基本数据源，结合其他相关资料，应用遥感、地理信息科学（Geographic information science）和全球导航卫星

系统（Global navigation satellite system）等技术，解译自 1986 年建立自然保护区以来升金湖国际重要湿地的土地利用类型及其动态变化，并分析其时空发展特征。

第 3 章：本章介绍了升金湖国际重要湿地生物多样性，包括植物、鸟类、鱼类和微生物，并从特征、分布、生存环境、习性等方面进行了较为详细的描述。

第 4 章：本章以遥感技术解译土地利用类型为基础，研究土地利用类型变化和景观格局特征；构建土地利用生态风险评价模型，进行生态风险等级判定；构建鹤类生境适宜性模型，采用 InVEST 模型模拟栖息地环境质量，评估鹤类生境质量和时空变化特征。

第 5 章：本章基于升金湖国际重要湿地土地利用变化特征，分析其生态承载力、生态安全、生态服务价值，并在此基础上提出生态补偿建议方案。

第 6 章：本章以计算机、互联网、通信和大数据等技术为核心，搭建升金湖国际重要湿地生态系统信息化框架，为生态监测提供基础，实现生物资源保护、保护区巡护及湿地生态数据中心建设，通过构建升金湖国家级自然保护区智慧监管平台，进行资源合理配置与管理，实现生物信息的网络化管理和信息开放与共享。

第 7 章：本章对湿地资源利用、保护和管理国内外模式进行对比分析，总结升金湖国际重要湿地生态环境变化的主要原因，提出升金湖湿地和长江保护与管理融为一体的对策及建议。

本书得到国家自然科学基金面上项目（编号：32071600、41571101）和安徽省教育厅科学研究项目（编号：KJ2020A0112）的资助。感谢安徽农业大学自然资源遥感工程实验室已毕业的研究生钱国英、李鑫、李欣阳、杨少文、张家璇、杨李、盛书薇、赵俊、周强、汪涛、李俊灵、汪鑫、张治凡、夏得月、陈凌娜、叶小康、黄慧、巫婧、倪燕华、吕典、张双双、赵抗抗、王成、朱鸣、崔杨林、徐文瑞、高艳、王裕婷、李浩然、冯丽丽、方磊、彭亮、陈剑、张宸宾、史英梁等同学。感谢安徽升金湖国家级自然保护区管理处和平阳、王继明等相关作者及其单位为本书提供较多图片。另外，安徽师范大学王立龙教授、合肥工业大学出版社张择瑞编辑等为本书提出了很多宝贵建议，在此一并致谢。

受编者知识和能力所限，以及资料和数据收集困难等因素，书中难免存在不足之处，敬请读者批评指正。

2022 年 2 月

目 录

第1章 升金湖国际重要湿地概况

第1章　升金湖国际重要湿地概况

升金湖国际重要湿地位于安徽省南部的池州市境内，濒临长江，是目前安徽省唯一的国际重要湿地，其拥有独特的地质、土壤、水文、植被等特征，培育出多种类型的湿地生态系统，孕育了丰富的湿地植被资源及动物资源。升金湖国际重要湿地是以保护淡水湖泊湿地生态系统和珍稀、濒危鸟类为主体的湿地类型保护区，是我国主要的鹤类越冬地之一，也是世界上种群数量最多的白头鹤天然越冬地。此外，升金湖国际重要湿地拥有丰富的矿产资源，优越的地理区位和自然环境，以及丰富的自然资源，大大地促进了升金湖国际重要湿地经济社会的快速发展，使其农业、渔业、牧业及林业等产业有着极为鲜明的区域特征。同时，升金湖国际重要湿地的生态环境保护受到高度重视，国家及相关地区采取一定的措施，以有效减弱生态保护和环境恶化带来的影响，2015年保护区被国际湿地公约组织列入《国际重要湿地名录》。本章概述升金湖国际重要湿地的自然地理特征、经济社会发展特征以及在区域生态环境保护方面所开展的工作。

1.1　自然地理概况

1.1.1　地理位置

升金湖国际重要湿地总面积约33 340hm^2。地处东经116° 55′ 至117° 15′ ，北纬30° 15′ 至30° 30′（图1-1）。坐落于东至县与贵池区交界处，全境以升金湖为中心，沿岸分别向外延伸2.5km左右，其四邻界线如下：东自高桥湖东岸经唐田、坦埠、刘村、白笏、杨家咀连线为界，南至丁村、长岭，西至206国道，北自将军庙经新河口至牛头山一线。升金湖自南向北自然分成3个相连的水面，分别为上湖、下湖和中湖。其中，小路嘴以南区域为上湖（又名小白湖），面积为5 800hm^2；八百丈以北区域为下湖（又名黄溢湖），面积为2 300hm^2；上湖和下湖之间的区域为中湖，面积为5 200hm^2。中湖湖床略低于上湖和下湖，平均海拔 11m。

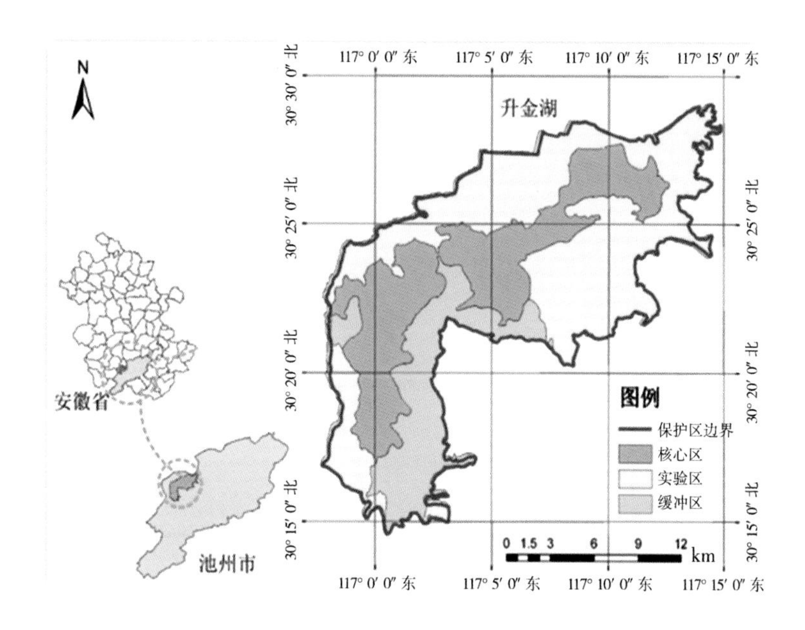

图 1–1 升金湖国际重要湿地位置与范围示意图

升金湖国际重要湿地由核心区、缓冲区、实验区三个区域构成。其中核心区区域面积为 10 150hm^2，占湿地总面积的 30.4%；缓冲区区域面积为 10 300hm^2，占湿地总面积的 30.9%；实验区区域面积为 12 890hm^2，占湿地总面积的 38.7%。

1. 核心区

核心区位于保护区中心部位，主要由水面组成，是珍稀水鸟集中分布的区域。东自黄湓河经燕窝、高桥湖西岸、外排、神山头、沙山、下毛咀、毕家咀至杨峨头；南自杨峨头向南经沿湖圩堤、张溪河、楂树墩圩堤至烂稻陈；西自烂稻陈沿湖岸线过横洲、赤岸到小路嘴；北自小路嘴沿湖岸经朱家咀、唐家咀、七星墩至黄湓河人渡。核心区是珍稀水禽的主要栖息生存之处，该区域自然生态系统比较完整，具有典型代表性，一般只能从事科学研究、环境监测等，禁止其他人为活动。

2. 缓冲区

缓冲区位于核心区外围，由保护区、退耕还湖人工圩、滩涂组成，有一定数量的珍稀水鸟分布，分为 4 片，其中：东片面积为 3 875hm^2，从高桥湖西边湖岸线过外排、神山头到沙山，再由沙山往南到下毛咀，过坦埠、汪村、唐田、枣章、新屋、徐家、石闸、叶家咀、窑山接高桥湖西边湖岸线。南片面积为 3 175hm^2，包括白联圩、复兴

圩、楂刺墩圩、白密圩、蜜蜂圩、王坝圩、东湖圩、五星圩。西片面积为 1 075hm^2，包含原瓦垅乡东边的新胜圩、横洲。北片面积为 2 175hm^2，从章家村向东过坝塘、姜坝、张村、刘家、曹家坝到南闸，再从南闸往南过周家咀、花家咀、龙家咀、张家店、朱家咀、杨家咀、小路咀、兆夫村、东咀到章家村村口。

3. 实验区

实验区主要由保护区内沿湖四周的陆地部分组成。依据该区域特性、科学研究价值、地理位置条件，人们可以在不毁坏自然资源和生态的前提下，得到保护区和上级相关部门的许可，在该区开展科研、多种经营、旅游、水禽驯养繁育、教学实习、参观考察、科普教育等活动。

1.1.2 保护区成立历史

升金湖国际重要湿地是目前安徽省唯一的国际重要湿地。该地区的诞生源于 300 万年前的喜马拉雅运动，长江沿岸以上升为主，山峦起伏，河流发育，个别地方有小型湖泊，水系汇入古长江，并在江岸湖边堆积、冲积了泥沙、砾石，东南群山环抱，西傍丘陵岗地，北滨江滩洲圩。升金湖曾称生金湖，也称深泥湖，又称新深湖，是以保护淡水湖泊湿地生态系统和珍稀、濒危鸟类为主体的湿地类型保护区。升金湖国际重要湿地是我国主要的鹤类越冬地之一，也是世界上种群数量最多的白头鹤天然越冬地，因此升金湖也有“中国鹤湖”之称。

由于升金湖国际重要湿地的鸟类及其栖息地在保护与研究方面具有重要意义，该区域长期以来受到国内外的广泛关注（王成等，2018；叶小康，2018）。1980 年首次在升金湖国际重要湿地发现白头鹤越冬种群；1981 年，中国政府和日本政府签订《保护候鸟及其栖息环境协定》；1983 年，在印度召开的国际鹤类学术讨论会上，中国湿地鸟类学家王岐山教授第一次向国际介绍了升金湖（安徽升金湖国家级自然保护区管理局，2021）。

1986 年安徽省人民政府批准建立升金湖水禽自然保护区，为区级建制的事业单位，定编人员 10 名。1986 年 3 月，原安庆行署正式组建了升金湖水禽自然保护站。1992 年，现国家林业和草原局与世界野生生物基金会将升金湖列为中国具有国际意义的 40 个自然保护区之一。1995 年，升金湖国际重要湿地加入中国人与生物圈自然保护区网络（安徽升金湖国家级自然保护区管理局，2021）。

1997 年国务院发布《关于发布芦芽山等国家级自然保护区名单的通知》国函

〔1997〕109号，批准安徽省建立“升金湖国家级自然保护区”。2000年，中共安徽省委机构编制委员会办公室发布（皖编办〔2000〕125号）《关于同意成立安徽省升金湖国家级自然保护区管理处的批复》，同意成立安徽升金湖国家级自然保护区管理处，为副处级事业单位，隶属池州地区行署领导。同年，中共池州市委机构编制委员会发布《关于成立升金湖国家级自然保护区管理局的通知》（池编发〔2000〕15号），决定成立升金湖国家级自然保护区管理局，同时撤销升金湖水禽自然保护站，其人员和编制建制划入管理局，人员编制40名，并确定了其内设机构。同时（池编发〔2000〕16号），将原东至县公安局升金湖自然保护区林业派出所更名为池州行署公安局升金湖自然保护区派出所（安徽升金湖国家级自然保护区管理局，2021）。

2000年，安徽省池州地区行政公署办公室（池行办秘〔2000〕75号），决定成立升金湖国家级自然保护区管理委员会，其成员包括县区政府、行署林业局等多个部门，以加强对升金湖国家级自然保护区的管理。升金湖国家级自然保护区的湿地水域所有权为国有，周边土地为国家、集体所有，多数为农民的耕地、林地、荒滩荒地等。同年，安徽省池州地区行政公署发布（池行秘〔2000〕111号），确定了保护区管理委员会及对升金湖湿地水域的管理权属（安徽升金湖国家级自然保护区管理局，2021）。

2002年，升金湖国家级自然保护区加入东北亚鹤类网络保护区。2003年，开始实施《安徽升金湖国家级自然保护区基础设施建设工程》。2005年，升金湖国家级自然保护区加入东亚－澳大利西亚鸻鹬类网络。2007年，升金湖国家级自然保护区的基础设施项目通过验收，并加入长江中下游湿地保护网络。2008年，升金湖国家级自然保护区与中国科学技术大学生命科学院共建“湿地生态系统和生物多样性教学科研实习基地”。2010年，升金湖国家级自然保护区与内蒙古达赉湖国家级自然保护区结成姊妹保护区。

2013年，升金湖国际重要湿地被批准为国家重要湿地。2015年，升金湖国际重要湿地被列入编《国际重要湿地名录》，是安徽省首个荣获国际级称号的自然保护区。2021年，升金湖国际重要湿地被命名为第五批全国林草科普基地（中国林学会，2021）。

1.1.3 气候

升金湖国际重要湿地属亚热带季风气候（南北纬22°~35°），受亚热带季风气候的影响，四季更替较为明显，夏季炎热潮湿，冬季寒冷干燥。高温天气一般出现在每年的7—8月，最热月平均气温28.2℃，寒冷天气一般出现在每年的12月—次年1月（最冷月平均气温3.9℃），年平均气温16.1℃，平均无霜期240d，年均降雨量1

600mm，年均蒸发量 757.5mm，最高年降雨量 2 022mm（1983 年），最低年降雨量 759mm（1978 年）。平均气温 16.14℃，最高气温 40.2℃（1953 年 8 月 1 日），最低气温 –12.5℃（1969 年 2 月 5 日），1 月平均气温 3.97℃。

1.1.4 土壤

升金湖国际重要湿地境内土壤种类较单一，主要为黄红壤、潮土和水稻土。地带性土壤为红壤类的黄红壤亚类，非地带性土壤主要有潮土和水稻土（图 1–2）。其中，黄红壤广泛分布于低山丘陵地区，全剖面呈酸性反应，表层有机质含量为 1% 左右，氮、有效磷、钙含量均较低，土壤质地偏黏，物理性差；潮土分布于沿湖四周、洲地、河漫滩等，多具夜潮性，养分含量较高，全剖面多具有弱石灰性；水稻土广泛分布于保护区境内的圩畈区，适宜农作物和水生植物生长（安徽升金湖国家级自然保护区管理局，2021）。

图 1–2　升金湖国际重要湿地典型土壤示意图

升金湖国际重要湿地土壤具有较高的有机碳密度，高于国内自然土壤及水稻土，但低于国内外中高纬度地区湿地土壤。而湿地土壤的全氮含量也高于农田土壤，供试湿地土壤有明显的碳 / 氮的汇效应（迟传德，2006）。

1.1.5　水文

升金湖国际重要湿地有自然湖泊，该地区雨量充足，地表径流和大气降水是升金湖国际重要湿地主要的水源补给方式。湖区生态系统完整，有多种类植被，没有工业污染源，湖水硬度较高，该地区属于过水性湖泊，水的质量较为优良（崔玉环等，2021；赵抗抗，2018）。升金湖水源主要来自地表径流和东南方的张溪河、东北方的唐田河，集水面达 1 548.1km^2。受降水量年际分布不均的影响，升金湖水位变化较大，历史最高水位超过 17m，平均水位约 10m（Zhang et al.,2021）。受水位变化影响，升金湖湖面面积变化较大，近 30 年来平均湖面面积约为 10 000hm^2，年平均水位为 10.88m。历史上升金湖汛期最高水位为 17.03m，当时湖面面积 14 000hm^2，蓄水量 8.3 亿 m^3。升金湖湖泊水位随季节变更出现明显的动态变化，根据升金湖国际重要湿地黄湓闸水文站点的实测水文资料，获取升金湖 2017 年 5 月—2018 年 5 月水位变化图（图 1–3）（高祥等，2021）。每年的 4—5 月，随着降水增多升金湖水位开始上升，至夏季的 7—8 月时，水位达到峰值，此时升金湖水位主要受自然因素影响；至 10 月时，为了保证栖息地的完整性和生物量需求，升金湖在冬季对黄湓闸科学地分时段管理，通过人为调节控制，降低水位，保证冬季水位能够满足越冬候鸟栖息地和食物资源的需求（张晓川和王杰，2020；宋昀微，2019），之后水位逐渐降低，在 12 月—次年 1 月水位降到最低点。湖水经黄湓闸与长江相通，闸门的开闭，会影响到湿地生态环境和水禽的生存、栖息，以及蓄洪、灌溉（安徽升金湖国家级自然保护区管理局，2021）。

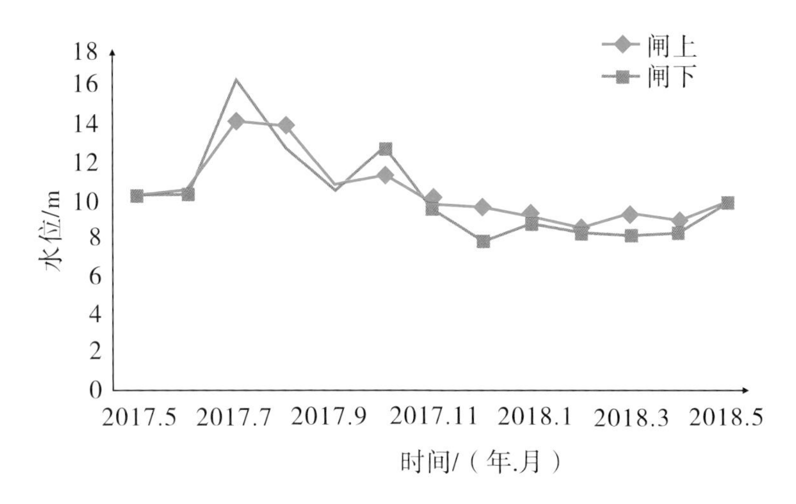

图 1–3　升金湖国际重要湿地水位变化示意图

黄湓闸位于升金湖下游黄湓河汇入长江主干道的入口，建于1965年，将长江、升金湖通过控水管理进行湖泊水位控制。在湖泊汛期放闸，将湖水泄入长江，拒江倒灌；在湖泊非汛期关闸，控制湖水位，蓄水发展灌溉、养殖。建闸后，汛期效果较为明显，一般湖水位比江水位低1~5m，内湖防汛任务减轻，沿湖农业获利。但汛期时江水不能入湖，鱼苗不能游入湖中，鱼类繁殖受到影响。在过去的30多年中，黄湓闸的管理夏季以防洪为主，冬季主要考虑抗旱、农业灌溉和渔业养殖等因素，没有考虑升金湖水鸟的越冬需求，尤其是冬季11—12月的蓄水养殖，导致候鸟的栖息觅食地面积减小，加大了候鸟保护工作的压力。2018年11月，升金湖国际重要湿地与池州市水务局开始探索升金湖冬季水位调控机制，将越冬候鸟的需求作为水位调控的主要目标，希望通过水位调控为升金湖生态恢复提供必要条件，为越冬水鸟提供优质的栖息地（宋昀微，2019；程启元等，2009）。

升金湖国际重要湿地湖水含钙量高，具有一定的硬度，总氮量、硅盐及磷、铁含量在正常水质范围，适宜多种水生动植物生长。虽然周边无工业污染源，但升金湖国家级自然保护区居民在农业耕作的过程中，施肥方式以化学肥料为主，如氮肥、磷肥、钾肥等；为了减少病虫害对农作物生长的影响，不定期喷洒农药，农药类型以有机磷农药为主。过量的化肥、农药通过水循环过程进入湖泊水体，造成水体富营养化。周边社区居民的生活污水通过沟渠、溪流汇入升金湖，生活垃圾随雨水或洪峰流入升金湖，对水体造成了一定的污染。为了净化升金湖的水质，政府正在积极引导农户科学使用农药、化肥，在人口聚集区建立污水处理厂、垃圾回收站等。升金湖地表水除了来源于降雨以外，还来自汇入湖区的张溪河和唐田河等河流。升金湖下湖区通过黄湓闸与长江相连，因此长江水位变化直接影响升金湖湿地生态景观，并对在此觅食栖息的珍稀动植物产生重要影响。

1.2 社会经济概况

1.2.1 行政区域

升金湖国际重要湿地隶属池州市，跨东至、贵池两县区，与安庆市隔江相望，地理位置十分优越，周边涉及大渡口镇、胜利镇、东流镇、张溪镇、唐田镇和牛头山镇6个乡镇、41个行政村和一个国有林场，整个行政区域总面积为76 831hm^2，其中升金湖湿地面积为33 340hm^2，升金湖湖面面积为13 300hm^2，另有20 040hm^{2}陆地属于集体土地，主要是耕地、林地和荒滩荒地等（表 1–1）。

表 1–1 升金湖国际重要湿地周边村落一览表

县区	乡镇	保护区内	保护区外 1km 范围内
东至县	胜利镇	14	1
	张溪镇	11	2
	大渡口镇	4	3
	东流镇	4	0
贵池区	唐田镇	5	1
	牛头山镇	3	1
合计		41	8

1.2.2 人文概况

升金湖国际重要湿地涉及 6 个乡镇、41 个行政村，在其保护区内约有人口 6.4 万余人（主要为汉族），其中缓冲区 2 万余人，实验区 4.4 万余人。1986—2020 年，升金湖缓冲区人口密度由 67 人 /km^2 增长到 332 人 /km^2，实验区人口密度由 102/km^2 增长到了 517/km^2，30 年间缓冲区与实验区人口密度均增长 5 倍左右。升金湖国家级自然保护区周边社区有农业人口 22 万人，主要分布在保护区西部和北部的平原地区（其中青壮年劳动力多外出打工），农田、水面、山场等多流转给企业或种植、养殖大户。保护区城镇化率为 10.18%，低于池州市 15.8% 的平均水平（安徽升金湖国家级自然保护区管理处，2021；王维晴等，2021）。升金湖国家级自然保护区内设有安徽升金湖国家级自然保护区管理局，管理局有参公编制 18 个，内设综合办公室、政策法规科、科研宣教科和资源保护与利用科等 4 个职能部门；下设科研救护中心和巡查执法大队等 2 个全额拨款事业单位，事业编制 30 个；设有 7 个基层管理站（含 6 处管理站点和 1 处野生动物救护站）、12 个一线保护点，共有在编人员 38 名，编外人员 56 名。

1.2.3 经济发展特征

2020 年，升金湖国际重要湿地经济运行平稳向好，升金湖国际重要湿地其国内生产总值（Gross domestic product）较 1986 年发展迅速。升金湖地区 2020 年农业总产值为 58 799 万元，相对于 1986 年的 6 430.4 万元增长近 10 倍（表 1–2）。其中种植业、林业、牧业、渔业、农林牧渔服务业所创造的生产总值分别为 23 260 万

元、13 678 万元、10 275 万元、7 022 万元和 4 564 万元，所占比例依次为 39.56%、23.26%、17.48%、11.94% 和 7.76%（安徽升金湖国家级自然保护区管理局，2021）。当地人们充分发挥升金湖地区丰富的资源和区域特色，使湿地经济向着良好的方向发展。

表 1–2　升金湖国际重要湿地农业产业结构变化表

年份	1986	2000	2020
种植业总产值 / 万元	4 036.8	11 233	23 260
林业总产值 / 万元	311.5	6 523	13 678
牧业总产值 / 万元	997.6	5 478	10 275
渔业总产值 / 万元	863.2	4 256	7 022
农林牧渔服务业总产值 / 万元	221.3	2 187	4 564
农业总产值 / 万元	6 430.4	29 677	58 799

第一产业以农业和渔业为主、林业为辅，主要种植水稻、棉花、油菜等传统农作物，居民年人均收入仅 2 385 元，1986 年种植业总产值仅为 4 036.8 万元。在市场经济的影响和政府的引导下，升金湖地区部分区域开始由种植传统农作物转变为稻虾混养或种植莲藕、芡实等水生经济作物（安徽升金湖国家级自然保护区管理局，2021），年人均收入也得到大幅提高，到 2020 年居民年人均纯收入已达 16 408.5 元，种植业总产值为 23 260 万元，较 1986 年提高了近 6 倍。

农业保护区以林业为辅，从 20 世纪 50 年代开始人工栽培杉木、香椿与马尾松等，现已营造面积达 4 000hm^2，其次还有部分地区种植有梨树和桃树为主的人工经济果林（汪芳琳等，2020；迟传德，2006）。经过不断的发展，林业总产值也得到了大幅提升，从 1986 年的 311.3 万元增加到 2020 年的 13 678 万元。

升金湖水产资源相当丰富，养殖业十分发达，保护区内的渔民有数千名，根据历年统计数据，升金湖渔业产值呈稳步增长趋势，1986—2020 年升金湖渔业总产值增长至 7 022 万元。新中国成立时期，渔业最高年产量达 300 多万 t，虽然随着湖区的捕捞范围扩大，渔业减产，但升金湖每年的产量也能达到百万吨。自黄湓闸建立以后，江湖洄游型鱼类无法洄游，鱼类多样性降低，年鱼产量急剧下降。渔民为增加经济收入，开始人工围湖，养殖中华绒螯蟹，并投放各种鱼苗（主要包括青鱼、草鱼、鲢鱼、鳙鱼和鳜鱼），虽然渔业产量提升，但湿地生态环境受到严重影响，湖面被承包养殖，重叠的围网将湖面层层分割，导致湖泊生境破碎化，同时大量饵料的投放及渔业养殖要求的高水位严重影响了升金湖地区的生态环境，剥夺了湿地生物和珍稀越冬水鸟的生存环境。水生植被和底栖生物严重退化，加大了生态系统和越冬水鸟保护的难度。近年来，为减少渔业养殖给升金湖带来的环境压力，升金湖上湖全面禁渔，生态环境有所改善，但中湖和下湖情况依旧严重。2018 年当地政府组织拆除了升金湖全部围网（75 万 m），收缴清理各类船只 2 300 余艘，安置专业渔民 1 331 名，全面停止渔业养殖活动。

升金湖第二产业发展以采矿业为主，在湿地外围有海螺水泥厂和神山骨料数家大型工矿企业，为减少环境影响，升金湖国际重要湿地 2000 年后已经全面停止开采。

升金湖第三产业以农林牧渔服务业为主，在各级政府的大力支持下，引入升金湖高新农业示范园项目，形成集种、养、深加工、销售、科研、旅游休闲于一体的省级农业产业化龙头企业的示范园区。据初步统计，2020 年农林牧渔服务业总产值为 4 564 万元，较 1986 年升金湖农林牧渔服务业总产值的 221.3 万元增加了 4 342.7 万元。30 多年来，农林牧渔服务业逐渐成为支撑升金湖国际重要湿地经济发展的主要载体，因此应加强政策支持与指导，鼓励完善农业生产性服务业发展环境，优化升金湖发展机制。

为保护湿地生态环境，维护珍稀野生动物免受干扰等，在各级政府的大力支持下，应合理布局升金湖国际重要湿地的交通规划。车流较大的国省干道都设计在升金湖国际重要湿地的外围通行，206 国道沿保护区西侧边界而过，318 国道沿湿地北侧边界而过，同时与 G50 沿江高速并行沿长江呈东西走向。至于保护区内县乡级公路，X015 县道横穿升金湖湿地，X014 县道沿升金湖湿地边界东南往西北通行，同时附近的合安高铁与池九高铁使得保护区交通更加便利，自驾、乘坐高铁前来旅游、观鸟十分便捷（刘靓靓等，2016）。

1.3 生态环境概况

1.3.1 生态环境状况

随着“创新、协调、绿色、开放、共享”发展理念的不断深入，流域生态环境保护的重要性和意义逐渐被人们认知，也逐渐成为各地有待开展的重要工作。升金湖是安徽省第一个且唯一的一处湿地生态和水禽类国家级自然保护区，且被列入《国际重

要湿地名录》。流域内水体功能较高，生态系统稳定，经济价值和社会价值较高。升金湖国际重要湿地生态环境的健康和稳定对维护安徽省、长江中下游特别是长三角地区的生态安全起到重要作用（王成等，2018；叶小康，2018）。早期，升金湖国际重要湿地人口稀少，对自然环境的破坏较小，可以通过生态系统的自我修复功能逐步得到改善。然而，长期频繁的人类活动给升金湖的生态环境带来了一定压力，很多问题已超出了生态系统所能承受的范围，人地矛盾进一步加剧（叶小康，2018；彭文娟，2017）。因此，加强升金湖国际重要湿地的生态环境保护力度是非常必要的。目前，升金湖国际重要湿地主要生态环境问题如下。

1. 渔业养殖活动导致生物多样性减少

升金湖国际重要湿地是我国及亚太地区重要的水禽越冬地和停歇地，也是白头鹤和东方白鹳等珍禽的主要越冬地，每年吸引着近 10 万只鸟类飞来越冬，有“中国鹤湖”之称。自黄湓闸建立以后，长江鱼类洄游受阻，年鱼产量急剧下降，渔民为增加经济收入，自 1995 年开展高密度人工养殖，先后在升金湖设立数百道围网（宋昀微，2019），导致 2006 年和 2017 年围网养殖基本覆盖整个中下湖。围网将天然湖泊划分为离散的部分，阻碍了湖泊生境的连通性，造成生境破碎化，继而引发一系列生态环境问题和景观格局变化（Fang et al.，2020；Jiang et al.，2019）。大规模的渔业养殖活动，使湖区水草覆盖率逐年下降，导致以水草为食的白头鹤、雁类等越冬候鸟因食源不足被迫迁往升金湖国际重要湿地外及周边的稻田、麦地觅食，给社区群众造成经济损失，同时给生态环境造成压力（周健，2020）。

2. 工农业排污增加导致湖体水质下降

升金湖国际重要湿地的湖体是升金湖湿地较为典型的景观类型之一，它不仅为生活在升金湖的人们提供了充足的水源，也为在此迁徙栖息的水鸟提供了栖息场所及食物来源（潘晨等，2021）。然而，由于经济利益诱导，人类活动加剧，农业和工业发展迅速，各种污水排入导致升金湖的湖体污染日趋严重，水质也逐渐下降。升金湖上湖及下湖的水质已经从Ⅱ类降为Ⅲ类，中湖的水质也介于Ⅱ类和Ⅲ类之间，水质下降严重（何祥亮和许克祥，2018）。水体污染不仅会威胁到浮游生物、鱼虾等的生存，还会威胁到从湖中取食的鸟类的生存，进而导致生态环境恶化，生物多样性逐渐减少。

3. 生态保护意识薄弱导致污染状况加剧

土地利用需要达到经济、社会、环境效益的统一，升金湖国际重要湿地的社会经济发展和环境保护之间还存在很大的矛盾。虽然国家一直强调 GDP 不是衡量一个国家和地区政绩的唯一指标，但是由于受各方面因素的影响，当地政府和居民还是将注意力放在社会经济发展和生产上、以经济发展为第一要义，疏忽对环境的保护，以致近年来城市雾霾越来越严重，正是这一现象的真实反映（盛书薇，2015）。湿地污染防治措施不到位，畜禽养殖和水产养殖污染尚未得到有效控制，农村生活污染处理水平较低，农业面源和生活污染无法做到有效管理，农村对环境保护的投入力度不够大，依旧存在焚烧秸秆，对环境的治理全靠天的现象，这是当地环境恶化的主要原因之一（曹磊等，2018）。

1.3.2 生态环境保护与治理

长期频繁的人类活动使升金湖国际重要湿地的生态环境逐渐遭受破坏，生态系统压力逐渐增大。针对升金湖生态环境保护与治理，国家及地区采取了一定的措施来有效减弱生态保护和环境恶化带来的影响，并总结相关措施，主要有以下 4 个方面。

1. 控制人为干扰，依法保护珍稀鸟类

2018 年，池州市累计共投入资金近 4 亿元，拆除升金湖全部人工养殖围网 70 多万 m，拆除管理用房 7 000 多 m^2；收缴清理各类船只 2 000 余艘，清理水产养殖（含低坝高栏）活动 28 处；安置专业渔民 1 331 名，并为专业渔民建立了社保制度和培训机制，全部拆除搬迁缓冲区 44 户专业渔民安居房，并将实验区专业渔民安居房搬迁列入首批正在制订的生态移民规划；拆除畜禽养殖（含放牧）场 34 处，拆除养殖场房 2 万多 m^2，并进行复绿；拆除工业企业 8 个、旅游和农家乐项目 11 个，拆除面积 4 万多 m^2（商乃萱，2021；宋昀微，2019）。目前，升金湖国际重要湿地水质改善明显，水生植物生长茂盛，湖面实现“三无”（无网、无船、无人），人为活动明显减少，岸上违法违规建设项目绝大部分已经拆除并进行复绿，湿地生态功能逐渐加强。升金湖国家级自然保护区管理局也开展了一系列的生态恢复工程，先后在升金湖越冬候鸟主要觅食区域种植苦草、马来眼子菜、荇菜、莲、芡实、茭白、水芹、芦苇等本地水生植被，部分区域水生植被长势良好，初步形成了水生植被群落。

为了保护升金湖湖区生态资源安全，营造舒适安定的候鸟越冬环境，升金湖国家级自然保护区管理局高度重视，针对当前湖情，优化管理方案，制定日巡夜查制度，

精密布置，组织执法巡查大队运用执法快艇、无人机等手段全天进行巡查，对非法垂钓人员进行批评教育并依法没收渔具。结合湖区周边群众举报，在湖区偷捕频率多发地段进行夜间蹲守，打击非法捕捞行为，对抓获的当事人，没收非法偷捕工具，并按照相关法律法规进行处罚，情节严重的移送公安机关进行处理。同时结合常态化执法手段，持续加强生态保护和鸟类宣传工作，广泛征求群众关于大保护工作的意见和建议，及时将湖区偷捕行为比较集中的各村情况通报所在乡镇，联合属地政府，多部门共防共护、多边联动打击，防止偷捕事态蔓延。通过一系列专项整治执法活动，有力打击湖区违法行为，起到震慑作用，既维护了升金湖湖区秩序稳定，又巩固了生态环境治理的成果（安徽升金湖国家级自然保护区管理局，2021）。

2. 开展生态修复，改善湿地生态环境

升金湖国家级自然保护区管理局立足升金湖湿地的生态现状，因地制宜，综合施策，对湖区及周边圩口湿地进行系统修复和科学治理，设计生态人工修复工程，开展湖滩地修复、圩口（退耕地）植被恢复、生态补水、水系贯通、湿地有害生物防治等。首先通过对部分区域单一化的湿地植被进行适度的人工干预，恢复植被类型的多样性和植物多样性，利用流转圩口种植苦草、马来眼子菜、聚草、水车前、睡莲、菰等水生植被，使其恢复后作为种源基地为湖泊修复提供足够种源。累计投入 1 158 万元，完成植被修复 4 950 亩，湖滩地修复 19 500 亩。其次，通过对部分区域的水产养殖活动的强度、养殖种类进行调控，促进水生植物群落的恢复和多样化，为水生动物提供栖息地和食物（Zhou et al.，2020）。最后，建立污水处理系统，严格控制入湖污染物数量，改善升金湖水质，使湿地生态环境明显改善。通过这些措施，升金湖水质逐年改善，除候鸟越冬季外，水质达到Ⅱ类、III 类标准。水生植被群落得到有效恢复，生物多样性明显提高，鸟类食源日趋丰富，越冬候鸟种类和数量明显增加，6 种水鸟数量达到国际重要湿地标准。

3. 实施圩口统管，创新湿地管理方式

升金湖国家级自然保护区管理局实施圩口统管，按照“管理委员会统一领导，管理局统一管理，公司统一运营，县区各负其责”的原则，对升金湖湿地范围内水域实行统一管理。围绕“退养还湿”“退耕还湿”，委托升金湖生态保护发展有限公司与村或镇签订圩口和土地统管协议，公司统一管理，用于生态恢复。目前已统管圩口 5 万余亩。贯彻落实《关于建立以国家公园为主体的自然保护地体系的指导意见》，自然资源使用制度方面有以下特色创新：第一，它是保护湿地的治本之策。湖区周边圩口仍由大户承包经营，开展人工养殖和种植，势必产生污染。圩口（退耕地）流转，用于生态修复，可彻底斩断污染源，从根本上改善湖水水质和生态环境。第二，它是保护候鸟的有效举措。单纯发放候鸟采食造成的农作物损失补偿资金时，评估难度极大，较难操作，也易造成不公平，甚至引发社会不稳定因素，不能从根本上解决人鸟争食的矛盾。圩口、土地使用权流转统管和植被恢复则能够为候鸟提供较为优质稳定的觅食地和栖息地。第三，集体和群众利益有保障。通过村组将集体的圩口和农户承包地流转给升金湖保护发展有限公司，管理处支付流转费，村组集体经济有保障，农户土地收益有保证，真正实现经济效益、社会效益、生态效益相得益彰，受到湖区群众普遍赞誉。

4. 加强宣传引导，提升生态保护意识

升金湖国际重要湿地在国内外具有举足轻重的地位，要加强对升金湖国际重要湿地生态环境保护的宣传工作，提升居民的生态保护意识，让升金湖地区的居民自发地加入生态保护大军中。

升金湖国家级自然保护区管理局组织了道路维修、村民活动广场、社区绿化亮化、污水治理、垃圾收集转运等社区环境整治项目，让当地社区受益，共计维修（新建）道路 83.4km，修建村民活动广场 3 处，为 7 个村民组进行绿化、亮化，并修建了污水管道、垃圾收集转运等设施，并与 6 个乡镇签署共管协议，与乡镇共同开展巡护、执法、宣传等工作（安徽升金湖国家级自然保护区管理局，2021）。环境整治和社区共建项目使升金湖国际重要湿地周边的 6 个乡镇、41 个行政村对保护区的工作有了较深的理解，能够将环境保护的理念结合到自身的工作中，这既保护了升金湖湿地生态环境，又改善了湖区周边社区的人居环境，大大提高了居民参与湿地生态保护的积极性。建立保护区土地利用生态环境教育基地，在丰富居民业余生活的同时采用较为轻松的方法灌输环境保护意识，加强居民保护环境的观念。同时，以保护区土地资源保护为核心开展一些农田水利项目，使当地居民能够真正感受到环境保护带来的便利，为居民环境保护提供可能，最大限度地调动人们的积极性，从而改善居民生活环境。

小　结

本章简要介绍了升金湖国际重要湿地的自然地理特征和经济社会发展特征，并对

升金湖地区开发过程中存在的主要生态环境问题及相应的生态环境保护与治理措施等进行了总结。升金湖国际重要湿地具有独特的自然环境特征和丰富的自然资源，尤其是升金湖国际重要湿地的生态系统具有丰富的矿产资源、植物资源、动物资源等。近年来，人口不断增长，各个产业增加值的增速较为突出，区域经济实力不断增强；进入 21 世纪以来，随着若干个区域发展战略的相继实施，升金湖地区开启了新一轮的经济社会快速发展阶段。

伴随着升金湖国际重要湿地的资源开发和工农业的快速发展，其社会经济和生态环境发生显著变化。产业快速发展带来巨大的经济效益，极大地提高了人民的生活水平，同时也不可避免地带来了一定的环境和生态问题。对区域的生态环境保护现状进行梳理和分析，归纳升金湖地区的生态环境问题，主要包括：频繁的渔业养殖活动，导致生物多样性减少；工农业排污增加，导致水质下降；生态保护意识薄弱。针对以上问题，国家及区域层面相继采取了一定的措施，以有效减轻生态破坏和环境恶化带来的影响，主要包括：控制人为干扰，依法保护珍稀鸟类；开展生态修复，改善生态环境；实施圩口统管，湿地管理得到创新；加强生态环境保护的宣传工作，提升居民的生态保护意识。

参考文献

[1] 安徽升金湖国家级自然保护区管理局. 历史沿革 [EB/OL] . (2010-03-02)[2021-08-20]. http://sjh.shidi.org/local.html.

[2] 安徽省统计局 . 安徽省统计年鉴 2020[G]. 北京 : 中国统计出版社，2020.

[3] 曹磊，潘晨，王晓辉 . 升金湖流域环境保护与生态建设研究 [J]. 广东化工，2018，45(5) : 198-199.

[4] 陈凌娜 . 越冬珍稀鹤类地理分布对湿地土地利用变化响应研究 [D]. 合肥 : 安徽农业大学，2018.

[5] 程启元，曹垒，巴特 M，等 . 安徽升金湖国家级自然保护区 2008/2009 年越冬水鸟调查报告 [M]. 合肥 : 中国科学技术大学出版社，2009.

[6] 迟传德 . 安徽省升金湖湿地土壤碳、磷的分布研究 [D]. 南京 : 南京农业大学，2006.

[7] 崔玉环，王杰，刘友存，等 . 长江下游沿江升金湖河湖过渡带地下水来源及水质影响因素分析 [J]. 湖泊科学，2021，33(5) : 1448-1457.

[8] 高祥，戚雨婷，董斌，等. 基于多光谱数据的湿地景观格局变化对越冬候鸟生境影响 [J]. 光谱学与光谱分析，2021，41(2) : 579-585.

[9] 何祥亮，许克祥. 池州市升金湖流域生态环境保护规划研究 [J]. 安徽农业科学，2018， 46(12) : 57-60.

[10] 刘靓靓，周忠泽，田焕新，等. 升金湖自然保护区维管植物群落类型及区系研究 [J]. 生物学杂志，2016，33(5) : 40-46.

[11] 潘晨，周立志，王晓辉，等. 人类活动对升金湖国家级自然保护区景观格局的影响 [J]. 生态科学，2021，40(2) : 116-124.

[12] 彭文娟. 升金湖自然湿地鹤类对土地利用变化的响应研究 [D]. 合肥：安徽农业大学，2017.

[13] 商乃萱，张坤，袁素强，等. 围网拆除后升金湖后生浮游动物群落结构及环境影响因子 [J]. 水生态学杂志，2022，43(1) : 86-94.

[14] 盛书薇. 升金湖国家自然保护区土地利用生态风险评价研究 [D]. 合肥：安徽农业大学，2015.

[15] 盛书薇，董斌，李鑫，等. 升金湖国家自然保护区土地利用生态风险评价 [J]. 水土保持通报，2015，35(3) : 305-310.

[16] 宋昀微. 升金湖湿地景观和农业活动对越冬水鸟群落结构的影响 [D]. 合肥：安徽大学，2019.

[17] 汪芳琳，宋火保，王风芹. 升金湖湿地生物多样性及其保护对策研究 [J]. 重庆科技学院学报 (自然科学版)，2020，22(4) : 120-124.

[18] 汪庆，董斌，李欣阳，等. 基于 TM 影像的升金湖湿地生态安全研究 [J]. 水土保持通报，2015，35(5) : 138-143.

[19] 王成，董斌，朱鸣，等. 升金湖湿地越冬鹤类栖息地选择 [J]. 生态学杂志，2018，37(3) : 810-816.

[20] 王维晴，周立志，陈薇，等. 长江下游升金湖湿地保护有效性评价 (1989—2019 年) [J]. 湖泊科学，2021，33(3) : 905-921.

[21] 王新建，周立志，陈锦云，等. 长江下游沿江湿地升金湖越冬水鸟觅食集团结构及生态位特征 [J]. 湖泊科学，2021，33(2) : 518-528，651-657.

[22] 杨少文，董斌，盛书薇，等. 升金湖湿地保护区植被覆盖变化及其主要驱动因子

分析 [J]. 西北农林科技大学学报（自然科学版），2016，44(8) : 177-184.

[23] 杨阳 . 升金湖越冬水鸟优势种及关键种生境适宜性研究 [D]. 合肥 : 安徽大学，2018.

[24] 叶小康 . 升金湖湿地人地关系及生态承载力演变机制研究 [D]. 合肥 : 安徽农业大学，2018.

[25] 张桃 . 升金湖国家级自然保护区湿地生态系统服务价值评估研究 [D]. 合肥 : 安徽大学，2018.

[26] 张晓川，王杰 . 基于遥感时空融合的升金湖湿地生态水文结构分析 [J]. 遥感技术与应用，2020，35(5) : 1109-1117.

[27] 赵抗抗 . 基于不同遥感影像的湿地信息分类方法研究 [D]. 合肥 : 安徽农业大学，2018.

[28] 中国林学会 . 中国林学会关于命名第五批全国林草科普基地的通知 [R]. 北京，2021.

[29] 周健 . 升金湖水生植物人工促进恢复对水鸟群落多样性的影响 [D]. 合肥 : 安徽大学，2020.

[30]FANG L, DONG B, WANG C, et al. Research on the influence of land use change to habitat of cranes in Shengjin Lake wetland[J]. Environmental science and pollution research international, 2020, 27 (7) : 7515-7525.

[31]JIANG Z G, WANG C, ZHOU L, et al. Impacts of pen culure on alpha and beta diversity of fish communities in a large food plain lake along the Yangtze River[J]. Fisheries research, 2019, 210 (1) : 41-49.

[32]ZHANG Y Q, ZHOUL Z, CHENG L, et al. Water level management plan based on the ecological demands of wintering waterbirds at Shengjin Lake[J]. Global ecology and conservation, 2021, 27 : e01567.

[33]ZHOU J, ZHOU L Z, XU W B. Diversity of wintering waterbirds enhanced by restoring aquatic vegetation at Shengjin Lake, China[J]. Science of the total environment, 2020, 737 : 140190.

第2章
升金湖国际重要湿地土地利用动态遥感监测

第2章 升金湖国际重要湿地土地利用动态遥感监测

土地作为人类生存和发展最基本的生态环境要素，是一切生产资料的来源和基础。土地利用是指人类通过某种手段对区域内的土地进行某种经营活动从而获得相应效益的一系列行为（廖霞等，2021）。土地利用的时空变化不仅制约着社会经济的发展，同时也对全球生态环境的变化产生重要影响（李卓等，2021）。在全球生态环境问题突出的大背景下，作为命运共同体的人类如何科学合理利用土地资源，优化土地利用结构布局成为当今世界范围内关注的重点。本章分析了升金湖国际重要湿地1986—2019年的全域土地利用空间格局。其中，2000—2010年，升金湖国际重要湿地的土地利用空间格局产生明显变化，也使保护区内珍稀动物数量产生波动，该区域的生态功能出现变化。因此，升金湖国际重要湿地的时空变化监测对湿地生态状况的实时跟踪和健康水平评估有一定的实际意义。利用遥感技术对升金湖国际重要湿地的土地利用空间格局变化进行监测，通过对多时相卫星图像进行比较分析来区分同一地理位置的时空变化信息（李晓东等，2021）。

2.1 数据来源、处理与外业调查

2.1.1 数据来源

数据是进行土地利用变化研究的基础。为获取准确的土地利用变化信息，首先要确保数据来源的可靠性（姜宁等，2021）。本章研究的主要数据源如下。

1. 遥感影像数据

为保障数据的真实性、可靠性，本章研究采用的遥感数据均来源于中国科学院计算机网络信息中心地理空间数据云平台（http://www.gscloud.cn）。时段选取1986年、1990年、1995年、2000年、2004年、2008年、2011年、2015年和2019年的Landsat影像，9期原始遥感影像数据的详细介绍见表2-1所列。选取影像过程中遵循了以下几项原则：所选取的 9 期影像成像于每年的 11 月—次年 2 月（与越冬鹤类迁徙至升金湖越冬时期相同），以便于研究，减少误差；尽量选取无云层影像或者云量低于 5% 的影像（张珂等，2021）；保证所选遥感影像地物对比度较高，画面清晰（Zhao et al.,2021）。在选取的 9 期影像中，1986 年和 1990 年为 Landsant-4 卫星数据，1995 年、2000 年、2008 年和 2011 年为 Landsat-5 卫星数据，2015 年和 2019 年为 Landsat-8 卫星数据。Landsat-4 和 Landsat-5 TM 数据均 7 个波段，Landsat-8 OLI 数据共 9 个波段。由于 Landsat-4 和 Landsat-5 均为 30m 分辨率，Landsat-8 为 15m 分辨率，为方便数据格式的统一和数据分析处理，数据解译完成后分类，将结果统一转换为 30m 分辨率（楼秀华和刘洪江，2021）。

表 2–1　原始遥感影像数据信息

年份	1986	1990	1995	2000	2004	2008	2011	2015	2019
卫星参数	Landsat-4	Landsat-4	Landsat-5	Landsat-5	Landsat-5	Landsat-5	Landsat-5	Landsat-8	Landsat-8
影像类型	TM	TM	TM	TM	TM	TM	TM	OLI	OLI
轨道号	120/39	121/39	121/39	121/39	121/39	121/39	121/39	121/39	121/39
获取时间	1986.01.21	1990.01.28	1995.12.07	2000.01.19	2004.01.15	2008.12.10	2011.02.02	2015.01.13	2019.01.23
波段数	7	7	7	7	7	7	7	9	9
地图投影	UTM–WGS84	UTM–WGS84	UTM–WGS84	UTM–WGS84	UTM–WGS84	UTM–WGS84	UTM–WGS84	UTM–WGS84	UTM–WGS84
平均云量	无	无	无	无	无	无	无	无	无
空间分辨率	30	30	30	30	30	30	30	15	15

2. 其他数据

（1）保护区现状图和规划图

本章研究搜集了升金湖国家级自然保护区的总体规划建设布局图、功能区划图、植被图、重点保护水禽分布图、旅游规划图（2011—2020 年）、农作物受损土地分布图、湿地生态修复布局图、生态修复 1：5 000 设计图、升金湖国家自然保护区 1：10 000 地形图，以及 SPOT5 数据图等，这些矢量图件为后续自然湖泊湿地的土地利用分析、

鹤类栖息地选择和生态补偿研究提供了重要的参考价值。

（2）社会经济统计数据

本章研究搜集的升金湖国家级自然保护区社会经济数据主要参考《中国统计年鉴》《安徽统计年鉴》《池州统计年鉴》及相关部门的农林牧渔调查数据等，这些数据为升金湖国际重要湿地的后续研究提供了有力支撑。

（3）其他数据

其他数据主要包括升金湖国家级自然保护区的土地利用变化情况野外调查数据、森林资源状况野外调查数据、鹤类栖息地环境调查数据和生态补偿标准问卷调查数据等。

2.1.2 数据处理

遥感影像预处理是数据处理过程中的重要一步，因为应用遥感技术获取数字图像的过程不仅会受到太阳辐射、大气传输、光电转换等一系列环节的影响，同时还会受到卫星的姿态与轨道、地球的运动与地表形态、传感器的结构与光学特性的影响，从而引起数字遥感影像的辐射畸变与几何畸变（刘姝岑和冉菊，2020）。所以遥感数据在接收后与应用前，必须进行原始遥感影像预处理，即需要进行几何校正、波段组合、影像裁剪、影像增强等处理工作。

1. 几何校正

受地球自转、云层干扰等外部条件影响，以及卫星平台传感器故障老化等自身因素的影响，原始遥感影像会出现形变扭曲等现象，因此对遥感影像进行几何校正十分必要，以减小影像形变量，提高数据的准确性（Sukhoterin et al.,2021）。对遥感影像进行几何校正的方法有很多，其中多项式模型是目前广泛采用的几何校正方法，因此本书遥感数据处理采用该方法。基本步骤如下：校正模型选择—地面控制点（Ground control point）选取—图像重采样—校正结果验证（Takehiko et al.,2021）。根据平均分布的原则，选取控制点，分布在道路交口、桥梁拐角和固定地物处。

2. 波段组合

Landsat-4 和 Landsat-5 卫星 TM 传感器具有 7 个多光谱波段，分别是红可见光波段、蓝可见光波段、绿可见光波段、近红外波段、热红外波段和短波红外波段（刘道芳等，2021），因此 1986 年、1990 年、1995 年、2000 年、2004 年、2008 年和 2011 年影像数据都是 7 个波段；2015 年和 2019 年影像使用的是 Landsat-8 OLI 数据，除了以上 7 个波段以外，还增加了蓝色波段和全色波段（牛婷等，2021）。结合研究所需要的信息和升金湖国家级自然保护区的地物特征，提取湿地土地利用类型，反映地表植被状态，根据波段特征和用途，选择 Band5、Band4、Band3 进行波段组合（Mou et al.,2021）。

3. 影像裁剪

由于遥感影像的大小为固定值，与升金湖国家级自然保护区所需范围不符，通常需要对影像进行裁剪或拼接。本章的升金湖国家级自然保护区面积为 333 km^2，而一幅遥感影像像幅大小为 185 km × 185 km，因此需要通过图像裁剪来确定研究区域的遥感影像。运用不规则裁剪工具裁剪后，输出 9 期升金湖国际重要湿地遥感影像图（Tu et al.,2020）。

4. 图像增强

在遥感影像中，不同土地利用类型差异性较小，为了突出不同地物的特征，增强遥感影像的整体性，提高图像的识别解译，需要对遥感影像进行图像增强处理，广泛采用的增强方法有自适应对比度增强、空间域增强处理、滤波处理和小波变换图像增强等。结合获取的 9 期遥感影像特征及研究需求，本章主要采用滤波处理法，辅助使用对比度增强的方法，对遥感影像进行增强处理（圣文顺等，2021）。同时，对遥感影像的明暗度进行合理调整，突出不同地物的对比度，提高影像解译的准确度。

2.1.3 外业调查

课题组两次赴升金湖国家级自然保护区开展相关资料收集和野外勘测工作。于 2016 年 6 月进行第一次野外调研，主要是获取遥感影像地面控制点的数据，用于内业影像几何校正，以及获取观测点周边湿地利用实况，包括湿地利用类型、植被覆盖情况、珍稀鹤类栖息地等。于 2017 年 3 月进行第二次实地调查，验证前期提取的信息的正确率和收集相关资料。第二次的野外实地调研，验证前期提取的信息准确率约为 90%，修正后信息提取的准确率在 95% 以上。

2.2 土地利用时空特征分析方法

2.2.1 分类系统与解译标志

土地利用分类是研究土地利用变化中最基础的工作。规范而合理的土地利用分类系统有助于充分了解研究区域内的土地利用类型的基本属性及其结构特征，还可为实现土地资源动态监测、有效管理及生态服务等奠定基础（赵传章和王鑫，2021）。

1. 湿地土地利用分类

目前，国内外的湿地分类标准差别较大，因为研究的目的、过程不同，且湿地类

型多样，所以湿地分类尚未形成完整的划分系统。近年来，众多学者对湿地分类进行了细致的研究，并结合自身需要提出了多种划分标准（王成等，2018）。《关于特别是作为水禽栖息地的国际重要湿地公约》（以下简称《湿地公约》）中将湿地划分为内陆湿地、人工湿地、海洋和海岸湿地，并细分了若干亚类。杨乐虹（2014）对南四湖湿地土地利用变化的生态效应进行研究，将湿地划分为自然湿地、人工湿地和其他用地。沃晓棠和孙彦坤（2010）在对扎龙湿地土地利用转移情况进行分析时，将湿地划分为耕地、明水沼泽、芦苇沼泽、草地、盐碱地、湖泊、居民地等。刘红玉等（2004）将三江平原流域湿地划分为 4 个一级类，并根据生态系统类型和植被类型，又细分了 11 个二级类、21 个三级类。王丽丽等（2009）对三江平原湿地土地利用变化进行研究，将土地利用类型划分为沼泽湿地、退耕还湿地、人工林地、水田和旱田。杨俊等（2014）将南四湖湿地的土地利用类型划分为耕地、其他农用地、城乡及其他建设用地、交通用地、水利用地、水域、滩涂沼泽和未利用地 8 种类型。因此，关于湿地土地利用分类尚未形成统一的标准，在确定湿地分类方案时，既要参照国内外相关研究成果，也要结合研究区的实地情况，建立科学准确的分类体系。

从升金湖国家级自然保护区的土地利用现状出发，依据《土地利用现状分类》（GB/T 21010—2017）、结合《湿地公约》和《全国湿地资源调查与监测技术规程（试行）》及土地的综合特性分类，建立适合升金湖国际重要湿地的土地利用分类系统，将研究区划分为 8 个不同的土地利用类别，主要分为水域、林地、芦苇滩地、草滩地、泥滩地、水田、旱地及建设用地（表 2–2）。

表 2–2　升金湖国际重要湿地的土地利用分类系统

土地利用类型	特　征
水域	永久性水域，包含河流、水塘等
林地	成片的天然林、次生林和人工林覆盖的土地
芦苇滩地	以芦苇、有一定高度的禾本科植物为主的地类
草滩地	以草本植物为主且覆盖度大于 30% 的地类
泥滩地	在淤泥质水岸边上的过渡地带
水田	可以经常蓄水，用于种植水稻等水生作物的土地
旱地	耕地的一种，指没有较好灌溉条件的耕地
建设用地	利用土地的承载能力或建筑空间，不以取得生物产品为主要目的的用地

2. 建立土地利用类型解译标志

因为不同地物在遥感影像上表现的色调、形状、纹理、位置、阴影各不相同，所以可以根据地物光谱特性，建立遥感信息解译标志，便于人工判读解译信息（表 2–3）。其中，色调是地物对可见光的反射，多光谱影像上反映为色别和色阶，通过色彩差提取色调信息；形状是物体在地面上投影的轮廓，由于影像分辨率的不同，需要防止物体形变对判别的影响；纹理是地物的形状特征，通过色调差别表现出来，不同的形状结构特征在影像上表现的色调频率不同；位置在影像解译中往往能够起到标记典型设施的作用，可以为其他地物提供位置参考；阴影是由于地物间相互遮蔽而呈现出的深色调表现形式，其特殊的色调形式有助于人工判读（王成等，2018）。基于以上判读要素，结合升金湖国际重要湿地的土地利用类型光谱特征，建立升金湖国际重要湿地的土地利用类型解译标准，为 9 期遥感影像的人工解译提供基础。

表 2– 3　升金湖国际重要湿地解译标志

土地利用类型	解译标志	颜色	描述
水域		深蓝色、蓝色	不规则形状，呈带状分布于湿地核心区域
林地		暗红色	纹理清晰，分布于湿地东南部山区
芦苇滩地		灰褐色	沿河岸分布，主要存在于下湖区沿岸
草滩地		红色、淡红色	呈条带状，沿上湖区河流两岸分布
泥滩地	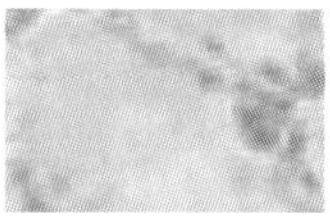	灰白色	沿水域分布，呈不规则形状，边界较为明显
水田		鲜绿色	形状规整，成片分布于村落附近

（续表）

土地利用类型	解译标志	颜色	描述
旱地		鲜红色	影像纹理细腻，规则分布于居民点附近
建设用地		亮白色	边界清晰，零星分布于农田附近

2.2.2 遥感制图技术与方法

遥感影像解译是根据影像的颜色、纹理等特征，以及地物几何特征、物理性质和空间分布等的先验知识，从遥感影像上获取地物的类型、分布、属性等信息的过程（王超等，2021）。传统的遥感影像解译方法适用于空间分辨率相对较低的多光谱影像数据，包括人工目视解译和计算机解译两种类型。人工目视解译是指专业人员通过直接观察或借助判读仪器，根据不同地物在遥感影像上的色调、颜色、阴影、形状、纹理特征等进行分析、判读的过程。计算机解译是计算机根据建立的完善的遥感信息解译模型，对地物进行自动处理的过程（Xu et al.，2021）。计算机解译虽然解译速度快，但解译的质量不如人工目视解译高，较适用于粗犷的调查。此外，计算机解译方法受到卫星影像数据中“同物异谱”和“异物同谱”现象的影响与制约，错判、误判问题较为突出，尤其是在研究区面积较大、时相较多的情况下，适用性较低（王超等，2021）。

本章研究采用人工目视解译的方法完成遥感影像解译，遵循“先图外、后图内，先整体、后碎步，勤对比、多分析”的原则，获得多时相的土地利用数据（Gwet，2021）。人工目视解译的判读方法主要有 3 种：①直接判读，有的地物属性较易区别分辨，可以依据影像直接进行解译；②对比分析，在直接判读的结果上进行分析和对比，对不能确定的地物可以根据已知的地物推断出；③信息覆盖法，这需要借助谷歌官方的影像，将处理过后的遥感影像与谷歌影像进行重合对比，判读出影像上的未知地物。对于未知地物把握不准，需要实地勘察内业纠正，提高人工目视解译判读的准确度。

遥感影像监督分类过程中，人工目视解译存在较强的主观性及分辨率的限制，使分类结果存在一定的误差。为了确保数据结果的可靠性，减少误差，需要对分类结果进行验证。目前，广泛采用的方法是基于误差矩阵的 Kappa 系数评价，该方法主要用于检验遥感影像分类结果的精度，使用 ERDAS 软件精确性评价模块对外业调查数据

与影像分类数据建立误差矩阵，计算其 Kappa 系数，计算公式为

$$K=\frac{P_o-P_e}{1-P_e} \tag{2-1}$$

$$P_o=\frac{\sum_{i=1}^{n}P_{ii}}{N} \tag{2-2}$$

式中，K 代表 Kappa 系数；P_o 代表随机样本分类精度；P_e 代表偶然因素造成的样本分类精度；n 代表土地利用类型分类数量；N 代表样本总量；P_{ii} 代表第 i 种土地利用类型分类正确数量。分类结果越接近实际，Kappa 系数值越接近 1。Feinstein 和 Cicchetti（1990）划分的 Kappa 系数分类标准见表 2-4 所列。

表 2-4　Kappa 系数分类标准

Kappa 系数	＜0.00	0.00~0.20	0.21~0.40	0.41~0.60	0.61~0.80	0.81~1.00
精度	极差	差	较差	一般	良好	最佳

升金湖国际重要湿地 1986—2019 年 9 期遥感影像分类结果精度见表 2-5 所列。结果显示，9 期遥感影像平均精度达到 90% 以上；平均 Kappa 系数达到 0.87 以上，表明分类结果具有真实性、可靠性，为后续研究提供保证。

表 2-5　遥感影像分类精度

年份	总体精度 /%	Kappa 系数
1986	88.38	0.850 9
1990	91.64	0.884 2
1995	90.85	0.871 3
2000	89.19	0.857 6
2004	89.49	0.859 7
2008	90.27	0.876 4
2011	91.68	0.890 4
2015	92.61	0.894 2
2019	91.67	0.883 6
平均	90.65	0.874 3

2.2.3 时空特征分析方法

1. 土地利用转移矩阵

土地利用转移矩阵能够细致全面地刻画研究区域内的土地利用的结构特征和变化过程，并能反映出土地利用类型内部的变化方向（王超等，2021）。通过土地利用类型面积作为转移矩阵中的向量，可以很好地揭示一定时间间隔内区域土地利用类型的格局特征和时空演变过程，其公式为：

$$S_{ij}=\begin{bmatrix} S_{11} & S_{12} & \cdots & S_{1n} \\ S_{21} & S_{22} & \cdots & S_{2n} \\ \vdots & \vdots & \vdots & \vdots \\ S_{n1} & S_{n2} & \cdots & S_{nn} \end{bmatrix} \tag{2-3}$$

式中，S_{ij} 表示不同土地利用类型的转移面积；n 表示土地利用分类的数量；ij 表示研究阶段内初期和末期的土地类型。

2. 土地利用变化速率

土地利用动态度可以定量地反映阶段内不同土地利用类型的变化速率以及对未来变化进行预测（孟晓乐和於忠祥，2013）。

（1）单一土地利用动态度

单一土地利用动态度表示某一种土地类型的年际变化率，具体可分为土地利用绝对动态度和土地利用相对动态度（汪清川等，2021）。

（2）土地利用绝对动态度

土地利用绝对动态度是以研究阶段内各种土地利用类型的绝对变化量来反映地区的土地利用变化强度（黄宝华，2021）。其计算公式为：

$$K=\frac{U_a-U_b}{U_a}\times\frac{1}{T}\times 100\% \tag{2-4}$$

式中，K 表示某一种土地类型的绝对动态度；U_a 和 U_b 代表初期和末期的某种土地利用类型的面积；T 为研究阶段的年份长。

（3）土地利用相对动态度

土地利用相对动态度可以反映研究阶段内的各种土地利用类型相对变化量，能够弥补绝对动态度不能反映某种土地利用类型具体变化的全过程的缺点。例如，当芦苇滩地的转入面积等于转出面积时，其土地利用绝对动态度为 0，但不能简单认为其土地利用未发生变化，否则会使该土地类型的真实变化情况无法体现。因此基于土地利用绝对动态度，建立土地利用相对动态度（杨佳佳等，2021）。其计算公式为：

$$L=\frac{V_i-V_j}{V}\times\frac{1}{T}\times 100\% \tag{2-5}$$

式中，L 为某种土地利用类型的相对动态度；V 为某种土地利用类型初始面积，V_i 和 V_j 分别为其转出面积与转入面积；T 为研究阶段的年份长。

（4）综合土地利用动态度

综合土地利用动态度表示整个研究区内全部土地利用的整体变化强度，其公式为：

$$S=\frac{\sum_{i=1}^{n}\Delta S_{i-j}}{2\sum_{i=1}^{n}S_i}\times\frac{1}{T}\times 100\% \tag{2-6}$$

式中，S 为综合土地利用动态度；S_i 为初期第 i 类土地利用类型的面积；ΔS_{i-j} 为第 i 类土地利用类型转为非类土地利用类型面积的绝对值；T 为研究阶段的年份长。

2.3 土地利用变化特征

2.3.1 时间变化特征

从1986—2019年土地利用/覆盖类型的数量结构（表2-6）和变化（表2-7）来看，旱地一直是升金湖国际重要湿地的主要利用类型，该类型土地面积占比常年稳定为17%~25%。建设用地面积随时间变化上下起伏，整体上维持较高占比水平。草滩地面积变化呈现单调递增的上升趋势，面积不断扩大。水田面积在1986—1990年内上升速率最快，面积占比从4.56%上涨到9.03%，之后面积变化浮动较小。泥滩地面积变化趋势高低起伏，1986—2000年阶段面积不断缩小，呈现下降趋势，2000—2004年面积呈现上升趋势，面积逐年扩大，2004—2011年一直维持10%左右的面积占比，2011年之后泥滩地面积占比呈现“先增后减”的变化。林地面积在1986—2011年内不断下降，整体呈现下降趋势，2011年后有上升趋势，但整体上来看林地面积上升的速率并不高，整体呈现缓慢增长的趋势。水域面积在1986—2019年呈现先上升后下降的趋势，2019年后回到1986年的18%左右。芦苇滩地面积在1986—2019年整体呈现单调递减的变化趋势，其面积占比也从4.51%下降到2.45%，面积逐年减少。

表 2-6 升金湖国际重要湿地土地利用 / 覆盖类型的数量结构

土地利用类型	1986 年		1990 年		1995 年		2000 年	
	面积 /hm^2	占比 /%	面积 /hm^2	占比 /%	面积 /hm^2	占比 /%	面积 /hm^2	占比 /%
林地	6 820.38	20.46	6 615.63	19.84	5 236.78	15.71	5 688.74	17.06
草滩地	1 983.78	5.95	1 950.03	5.85	2 243.16	6.73	2 118.58	6.35
旱地	10 195.74	30.58	10 002.7	30.00	9 863.79	29.59	9 836.79	29.50
水田	1 519.02	4.56	3 010.35	9.03	3 129.74	9.39	2 915.51	8.74
泥滩地	2 668.95	8.01	2 184.06	6.55	2 008.99	6.03	1 894.3	5.68
水域	6 107.89	18.32	6 193.95	18.58	7 564.78	22.69	8 454.53	25.36
芦苇滩地	1 502.28	4.51	1 299.24	3.90	1 163.79	3.49	1 158.4	3.47
建设用地	2 541.96	7.62	2 084.04	6.25	2 128.97	6.39	1 273.15	3.82

土地利用类型	2004 年		2008 年		2011 年		2015 年		2019 年	
	面积 /hm^2	占比 /%	面积 /hm^2	占比 /%	面积 /hm^2	占比 /%	面积 /hm^2	占比 /%	面积 /hm^2	占比 /%
林地	4 883.05	14.65	4 339.37	13.02	5 286.52	15.86	5 589.88	16.77	5 397.12	16.19
草滩地	2 723.41	8.17	3 372.68	10.12	3 531.85	10.59	3 825.07	11.47	4 130.19	12.39
旱地	8 506.92	25.52	6 684.08	20.05	6 875.92	20.62	6 282.9	18.84	5 729.51	17.19
水田	3 547.62	10.64	3 561.23	10.68	3 003.85	9.01	3 186.01	9.56	3 331.73	9.99
泥滩地	3 102.91	9.31	2 190.89	6.57	2 575.58	7.73	5 058.48	15.17	3 877.3	11.63
水域	8 216.65	24.65	8 092.26	24.27	7 902.16	23.70	5 446.16	16.34	6 019.81	18.06
芦苇滩地	1 213.47	3.64	1 573.97	4.72	1 053.53	3.16	915.08	2.74	817.26	2.45
建设用地	1 145.97	3.44	3 526.52	10.58	3 110.59	9.33	3 009.42	9.03	4 037.08	12.11

表 2-7　1986—2019 年升金湖国际重要湿地的土地利用类型变化

	1986—2000		2000—2015		1986—2015		1986—2019	
土地利用类型	变化量 / hm^2	变化率 /%	变化量 / hm^2	变化率 /%	变化量 / hm^2	变化率 /%	变化量 / hm^2	变化率 /%
水域	3 498.32	2.96	989.96	0.57	−88.08	−0.01	−88.08	−0.01
水田	1 396.49	3.42	1 666.98	1.8	1 812.71	1.19	1 812.71	1.19
林地	−474.9	−0.6	−3 073.76	−3.43	−1 423.26	−0.21	−1 423.26	−0.21
芦苇滩地	−1 352.30	−4.93	−2 895.62	−24.06	−685.02	−0.46	−685.02	−0.46
旱地	−2 358.95	−2.15	−5 412.84	−3.9	−4 466.23	−0.44	−4 466.23	−0.44
泥滩地	−1 969.40	−20.11	3 916.53	2.05	1 208.35	0.45	1 208.35	0.45
草滩地	1 834.80	3.18	3 541.29	2.1	2 146.41	1.08	2 146.41	1.08
建设用地	525.94	2.25	2 367.46	2.33	1 495.12	0.59	1 495.12	0.59

2.3.2　空间变化特征

基于升金湖国际重要湿地 9 期的 TM 解译图像，利用 ArcGIS 的面积计算功能分别对 1986 年、1990 年、1995 年、2000 年、2004 年、2008 年、2011 年、2015 年和 2019 年升金湖湿地的土地利用类型面积进行统计分析（图 2-1），获得各个时期的升金湖国际重要湿地的土地利用图（张天琪等，2021）。

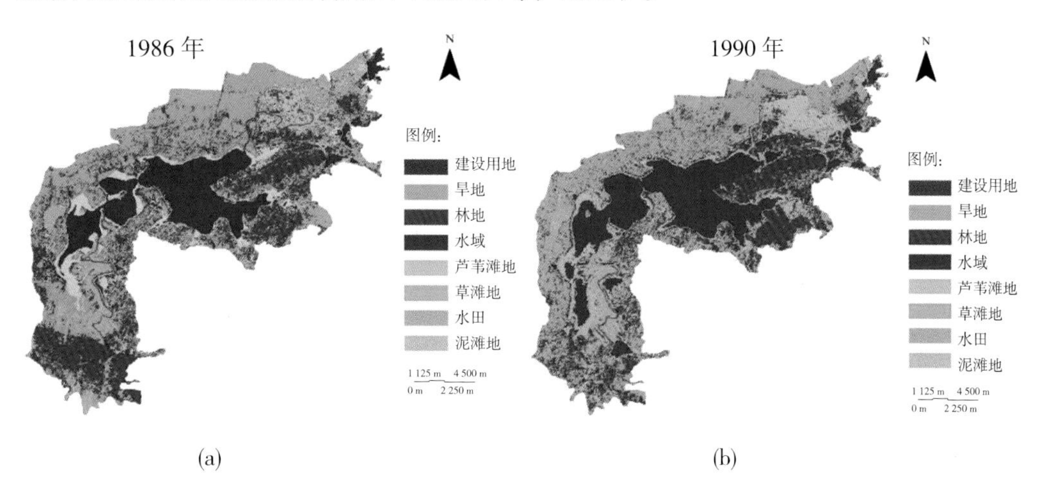

(a)　　(b)

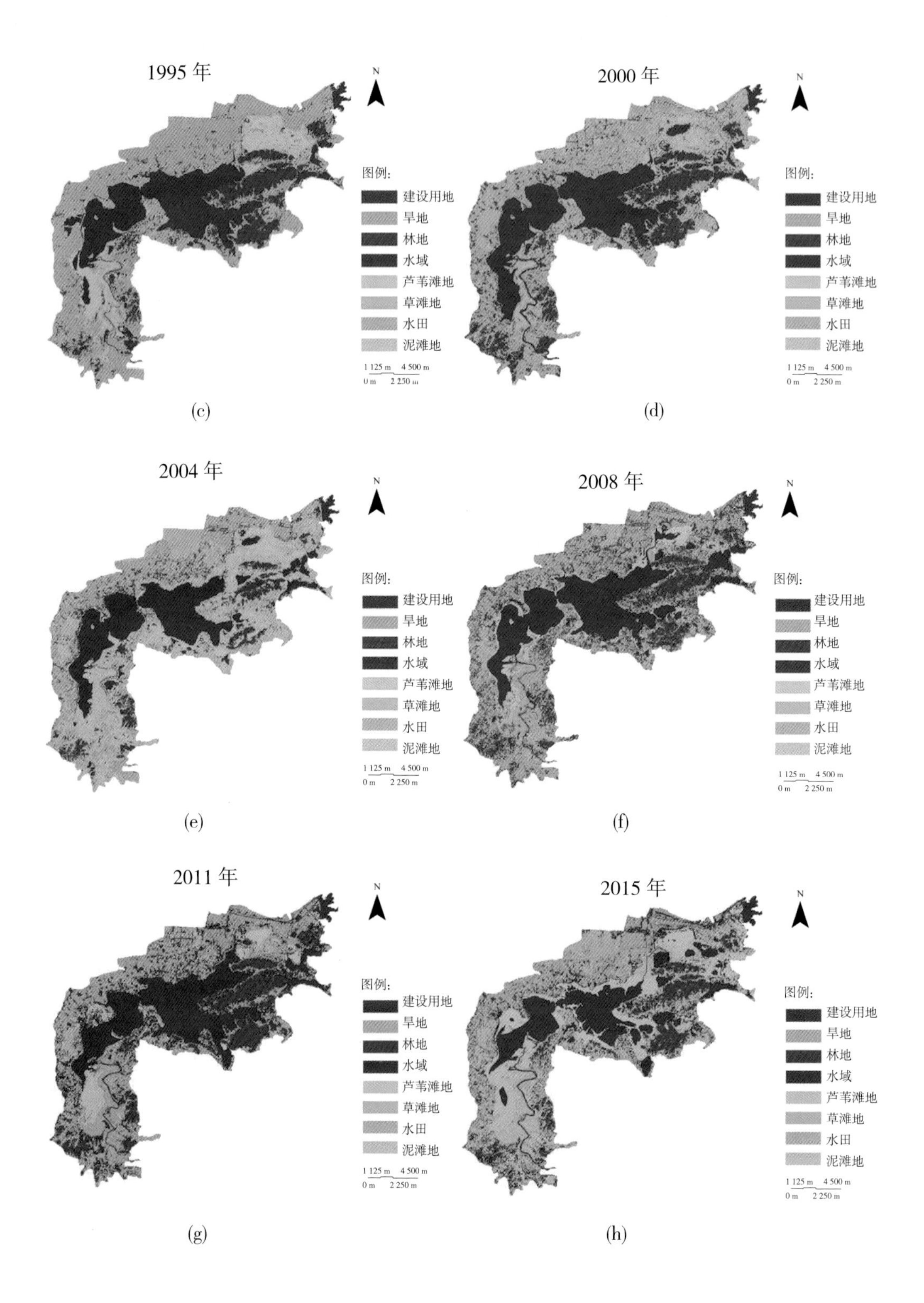
1995 年
N
图例:
建设用地
旱地
林地
水域
芦苇滩地
草滩地
水田
泥滩地
1 125 m 4 500 m
0 m 2 250 m
2000 年
2004 年
2008 年
2011 年
2015 年

(c)

(d)

(e)

(f)

(g)

(h)

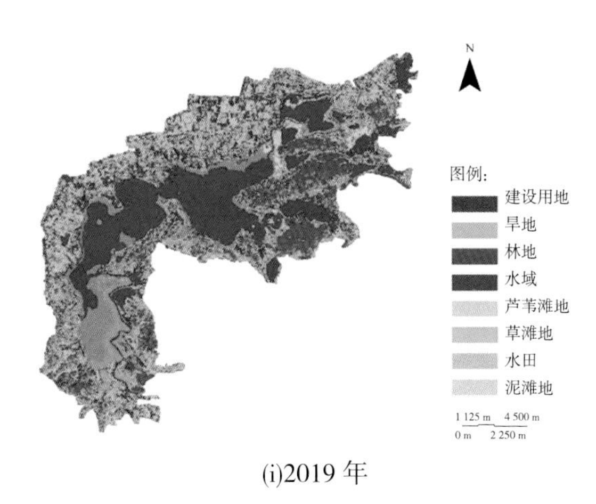

(i)2019 年

图 2-1 1986—2019 年升金湖国际重要湿地土地利用分布图

在此基础上，分析各时段各陆域的变化趋势。从图 2-1 和表 2-7 可以看出，虽然 1986—2019 年升金湖国际重要湿地的土地利用类型面积有所波动，但林地、旱地、水域和芦苇滩地面积整体上仍呈现减少趋势，草地、水田、泥滩地等面积普遍在增加。

1986—2008 年，林地面积出现明显下降。林地面积下降的原因，主要是分布在升金湖南部的大片林地转化为草地、旱地等；2000—2015 年，林地面积逐渐增加，其主要原因是当地政府认真落实党中央发布的退耕还林和人工造林政策，升金湖国际重要湿地范围内林木数量明显增加。

1986—2019 年，升金湖国际重要湿地的旱地面积呈现先减少后增加再减少的趋势。其中，2008—2011 年，旱地面积虽然出现短暂的增加趋势，但处于较低水平。旱地的减少面积主要转化为水田、建设用地和草滩地。

1986—2000 年，升金湖国际重要湿地的水域面积出现短暂增加，其主要原因是泥滩地和芦苇滩地两种类型用地不断转化为水域；2000 年后，水域面积逐年下降，主要转化为泥滩地、旱地和水田 3 种类型用地。

1986—2015 年，芦苇沼泽面积整体呈现下降趋势，但由于在总面积中的占比较小，变化相对平缓。

1986—2019 年，草滩地面积逐年增加，主要是因为大量的林地和旱地不断转变为草地。

1986—1990 年，水田面积整体稳定不变，除了在 1986—2000 年水田面积出现短暂增长之外，其余年份大多稳定在一定面积范围内，没有较大的面积变化。

总体来看，1986—2019年，水田面积稳定不变。1986—2000年滩涂面积逐渐减少，减少部分主要转为稻田。2000—2019年，泥滩地面积先增加后减少，再增加后减少。与1986年相比，泥滩地总面积仍呈现增加趋势。1986—2004年，建设用地面积持续减少，主要是由于建设用地区域的空地转为水田和旱地；2004—2008年，建设用地面积显著增加，增加主要来自旱地；2008年后，建设用地面积先减少后增加。

2.3.3 土地利用转移变化特征

为了更细致地掌握升金湖国际重要湿地的土地利用类型之间的变换转移状况，对草滩地、旱地、林地、建设用地、泥滩地、水域、芦苇滩地、水田这8种土地利用类型的转入、转出面积数据进行统计（祖立辉等，2021）。从数据利用效率的角度考虑，将时间段间隔设置为15年，并分为1986—2000年、2000—2015年两个时间段。同时，利用最新的数据资料，将转移矩阵资料更新到2019年，并从整体层面出发，宏观分析1986—2019年升金湖国际重要湿地的土地利用转移状况（牛乐乐等，2021）。利用ArcGIS转移矩阵的方法，直观显示景观动态变化的具体细节，计算上述8种土地利用类型15年内转移的面积大小、转移土地最终的土地利用类型及面积（表2-8~表2-10）。

表2-8　1986—2000年升金湖国际重要湿地土地利用转移矩阵　　单位：hm^2

	1986年									
	土地利用类型	草滩地	旱地	建设用地	林地	芦苇滩地	泥滩地	水田	水域	总计
2000年	草滩地	593.06	1 774.48	396.39	949.18	321.36	68.92	32.28	11.22	4 146.89
	旱地	421.19	4 540.05	855.61	1 288.16	176.27	362.27	251.71	36.95	7932.21
	林地	333.06	1 066.98	267	3 619.65	362.49	52	34.97	157	5 893.15
	芦苇滩地	196.64	909.75	105.18	306.36	361.22	50.03	23.83	3.97	1 956.98
	建设用地	23.9	109.81	20.64	49.61	20.01	21.04	21.87	7.93	274.81
	水田	121.49	868.85	378.57	339.17	123.11	518.96	414.4	173.43	2 937.98
	水域	255.25	754.56	354.42	189.56	80.8	1 448.88	627.23	4 742.47	8 453.17
	泥滩地	28.44	264.63	112.8	75.86	28.69	101.73	75.37	11.96	699.48
	总计	1 973.03	10 289.11	2 490.61	6 817.55	1 473.95	2 623.83	1 481.66	5 144.93	32 294.67

表 2-9 2000—2015 年升金湖国际重要湿地土地利用转移矩阵 单位：hm²

	2000 年									
	土地利用类型	草滩地	旱地	建设用地	林地	芦苇滩地	泥滩地	水田	水域	总计
2015 年	草滩地	1 608.98	1 768.38	49.48	1 501.77	482.01	66.33	273.79	59.14	5 809.88
	旱地	854.33	2 762.61	32.89	321.74	476.54	40.42	114.80	12.75	4 616.08
	建设用地	464.87	1 004.18	26.08	733.12	187.85	41.27	403.71	134.6	2 995.68
	林地	249.13	92.25	0.02	2 655.53	86.65	0.23	2.94	0.38	3 087.13
	芦苇滩地	50.62	63.03	5.50	22.81	121.76	28.62	101.13	21.30	414.77
	泥滩地	361.65	816.97	66.95	191.98	181.93	214.24	1 156.47	3 592.52	6 582.71
	水田	442.26	1 228.20	73.88	228.01	272.42	249.83	426.89	259.41	3 180.90
	水域	113.10	193.04	20.02	80.23	147.22	58.45	458.04	4 372.86	5 442.96
	总计	4 144.94	7 928.66	274.82	5 735.19	1 956.38	699.39	2 937.77	8 452.96	32 130.11

表 2-10 1986—2019 年升金湖国际重要湿地土地利用转移矩阵 单位：hm²

	1986 年									
	土地利用类型	建设用地	旱地	草滩地	泥滩地	水田	芦苇滩地	水域	林地	总计
2019 年	建设用地	450.99	1 664.87	37.05	78.34	246.58	281.65	57.87	658.94	3 476.28
	旱地	919.40	2 751.37	556.21	299.19	1 065.02	1 218.78	740.84	2 469.13	10 019.94
	草滩地	44.63	134.52	467.26	34.41	107.43	156.47	94.20	226.15	1 265.07
	泥滩地	83.19	192.69	403.93	472.72	325.53	275.27	1 373.64	117.87	3 244.83
	水田	259.96	1 025.97	239.84	203.68	858.96	636.09	532.64	531.52	4 288.66
	芦苇滩地	12.62	28.02	62.33	29.00	23.54	85.34	68.59	68.89	378.32
	水田	96.04	218.42	253.41	351.48	396.68	267.09	4 219.17	240.14	6 042.42
	水域	364.46	554.82	76.00	42.69	225.74	283.94	59.65	2 716.20	4 323.49
	总计	2 231.28	6 570.68	2 096.03	1 511.50	3 249.47	3 204.62	7 146.59	7 028.83	33 039.00

由表 2-8 可知，1986—2000 年，升金湖国际重要湿地的 8 种土地利用类型转移过程主要表现如下：草滩地在人为因素影响下整改为旱地；芦苇滩地在多因素综合作用下转变为草滩地；林地缓慢扩张兼并部分芦苇滩地；建设用地转移为旱地；距离升金湖国际重要湿地主体水面较远的水域转变为旱地；沿岸泥滩地随着水体流动被不断冲刷，转变为水域。

由表 2-9 可知，2000—2015 年，升金湖国际重要湿地的土地利用类型转移过程主要表现如下：分布在升金湖国际重要湿地中间位置的草滩地被批量整改为水田，草滩地逐渐被整改为建设用地，距离升金湖国际重要湿地主体水面距离较远的泥滩地转变为水田，旱地周围的芦苇滩地由于人为因素转变为旱地，芦苇滩地生态环境质量逐渐下降退化为草滩地，林地转变为草滩地，草滩地转变为旱地，距离陆地较近的水域转变为泥滩地。这些土地利用类型的转移过程基本反映了研究区域内土地动态变化的主导因素。

由表 2-10 可知，1986—2019 年，升金湖国际重要湿地景观格局发生了较为明显的变化。1986 年升金湖国际重要湿地以林地、旱地及水域为主，而 2019 年升金湖国际重要湿地则以林地、旱地、水域、泥滩地、水田为主，其中水田和泥滩地的面积不断增长，先成为主要的土地利用类型之一。水田、泥滩地、建设用地及旱地的面积总体增加，分别增加了 1 038.76hm^2、1 733.67hm^2、1 249.74hm^2、3 453.77hm^2；而林地、水域、草滩地及芦苇滩地面积总体减少，分别减少了 2 707.14hm^2、1 105.69hm^2、2 833.54hm^2、831.59hm^2。林地、水田、旱地、草滩地及水域的景观破碎度加剧，原分布于升金湖南部的大片林地转变为草地、旱地及其他用地，使研究区南部呈林地、草滩地、建设用地及旱地相间交错的小斑块状分布格局；西北部大片旱地转变为水田及其他用地，使研究区西北部呈旱地、水田、其他用地及草滩地交错分布的格局；水域面积逐渐变小，裸露出来的地表主要转变为泥滩地。泥滩地在水域中间相间分布，使水域景观的破碎度进一步加剧。

小　结

本章以 1986 年、1995 年、2000 年、2004 年、2011 年、2015 年和 2019 年遥感影像作为基本数据源，结合升金湖国际重要湿地 1∶10 000 地形图、功能规划图以及 SPOT5 影像数据、《中国统计年鉴》（1986—2019 年）等资料，在 3S 技术的支持下，利用 ERDAS 软件对遥感影像进行几何校正、波段组合、图像裁剪、图像增强等处理，并建立土地利用类型分类模板，进行监督分类，解译结果的总体精度均高于 88%，形成 9 期土地利用分类景观图，获取土地利用变化信息。

升金湖国际重要湿地的土地利用状况深刻影响着该区域的生态环境质量，是合理保护和开发该区域的关键性研究变量。结合上述分析，在 1986—2019 年，升金湖国际重要湿地的土地利用状况可归纳为以下两个方面的变化。

（1）从土地利用时间变化来看，水田面积在1986—1990年上升速率最快。泥滩地面积在1986—2000年面积不断缩小，在2000—2004年呈现增长趋势；林地面积在1986—2011年不断下降，在2011年后有上升趋势，但整体增长速率并不高；水域面积在1986—2019年呈现先上升后下降的趋势；芦苇滩地面积在1986—2019年单调递减，逐年减少。

（2）从土地利用空间变化来看，水田、泥滩地、建设用地及旱地的面积总体呈增加态势，林地、水域、草滩地及芦苇滩地面积总体呈减少态势。升金湖国际重要湿地南部的大片林地转变为草滩地、旱地、建设用地，使原来集中成片的大片林地转化为细小破碎的草滩地、旱地斑块；西北部的旱地转换为水田、建设用地、草滩地。水域面积逐年减少，升金湖国际重要湿地主体水面的部分水域逐渐转变为泥滩地，集中分布于水域中间部分，水域的景观破碎度逐渐加剧。北部的成片的芦苇滩地逐渐消失，主要转变为旱地和水田，升金湖国际重要湿地内珍稀鹤类理想的栖息地面积逐渐缩小。

参考文献

[1] 黄宝华. 基于时序变化的山东土地利用对生境质量影响研究 [J]. 国土资源科技管理，2021，38(4)：41-50.

[2] 姜宁，王斌，谢永刚. 黑龙江省黑土地质量评价指标体系构建 [J]. 中国农学通报，2021，37(33)：98-104.

[3] 李晓东，闫守刚，宋开山. 遥感监测东北地区典型湖泊湿地变化的方法研究 [J]. 遥感技术与应用，2021，36(4)：728-741.

[4] 李卓，胡起源，韩文超，等. 基于社会－生态系统理论的土地健康诊治框架 [J]. 中国农业大学学报，2021，26(12)：166-179.

[5] 梁旭，刘华民，纪美辰，等. 北方半干旱区土地利用/覆被变化对湖泊水质的影响：以岱海流域为例 [J]. 湖泊科学，2021，33(3)：727-738.

[6] 廖霞，舒天衡，申立银，等. 城乡融合背景下半城市化地区识别与演变研究——以苏州市为例 [J]. 地理科学进展，2021，40(11)：1847-1860.

[7] 刘道芳，王景山，李胜阳. 高分六号卫星红边波段及红边植被指数对水稻分类精度的影响 [J]. 河南科学，2021，39(9)：1417-1423.

[8] 刘红玉，吕宪国，张世奎．三江平原流域湿地景观多样性及其 50 年变化研究 [J]. 生态学报，2004，24(7) : 1472-1479.

[9] 刘姝岑，冉菊．Landsat 8 OLI−TIRS 遥感影像云层去除的 3 种方法对比分析研究 [J]. 云南地理环境研究，2020，32(4) : 72-76.

[10] 楼秀华，刘洪江．国土空间生态修复中的地理信息监测技术应用 [J]. 山西建筑，2021，47(23) : 160-162.

[11] 孟晓乐，於忠祥．基于 GIS 技术的土地利用空间结构变化研究 [J]. 地理空间信息，2013，11(4) : 119-121，189.

[12] 牛乐乐，张必成，贾天忠，等．青海省海西州土地利用变化强度分析与稳定性研究 [J]. 水土保持学报，2021，35(2) : 152-159.

[13] 牛婷，陈丽，白泽龙，等．基于 Landsat-8 数据的博斯腾湖透明度反演 [J]. 新疆环境保护，2021，43(3) : 1-9.

[14] 圣文顺，薛龙花，戴坤，等．基于图像边缘保持的反距离加权插值算法 [J]. 科学技术与工程，2021，21(32) : 13793-13800.

[15] 汪清川，奚砚涛，刘欣然，等．生态服务价值对土地利用变化的时空响应研究——以徐州市为例 [J]. 自然资源遥感，2021，33(3) : 219-228.

[16] 王超，常勇，侯西勇，等．基于土地利用格局变化的胶东半岛生境质量时空演变特征研究 [J]. 地球信息科学学报，2021，23(10) : 1809-1822.

[17] 王成，董斌，朱鸣，等．升金湖湿地越冬鹤类栖息地选择 [J]. 生态学杂志，2018，37(3) : 810-816.

[18] 王丽丽，宋长春，葛瑞娟，等．三江平原湿地不同土地利用方式下土壤有机碳储量研究 [J]. 中国环境科学，2009，29(6) : 656-660.

[19] 沃晓棠，孙彦坤．扎龙湿地土地利用与土地覆盖变化分析 [J]. 东北农业大学学报，2010，41(1) : 56-60.

[20] 杨佳佳，张一鹤，冯雨林，等．松嫩平原东部土地利用时空动态变化分析 [J]. 地质与资源，2020，29(6) : 627-634，602.

[21] 杨俊，单灵芝，席建超，等．南四湖湿地土地利用格局演变与生态效应 [J]. 资源科学，2014，36(4) : 856-864.

[22] 杨乐虹．南四湖湿地土地利用变化及其生态效应研究 [D]. 徐州：中国矿业大学，

2014.

[23] 伊木然江·阿卜来提，张永福，孜比布拉·司马义．基于 Globe Land 30 的哈密市 2000—2020 年土地利用格局变化研究 [J]. 水土保持通报，2021，41(1)：182-189，196.

[24] 张珂，吴南，徐国鑫，等．GF-1 遥感影像结合等高线消除云层干扰的连续水体重建法 [J]. 河海大学学报（自然科学版），2021，49(4)：295-302.

[25] 张天琪，杨光，刘峰，等．呼伦贝尔沙地 2000—2020 年土地利用变化及生态服务价值 [J]. 水土保持通报，2021，41(4)：331-338，349，369.

[26] 赵传章，王鑫．浅谈无人机技术在地理国情监测项目外业调查中的应用 [J]. 测绘与空间地理信息，2021，44(10)：218-219.

[27] 祖立辉，杨静，苗世源．基于遥感影像的临湘市土地利用 / 覆盖时空变化研究 [J]. 测绘地理信息， 2021，46(2)：30-35.

[28]CICCHETTI D V, FEINSTEIN A R. High agreement but low kappa: II. Resolving the paradoxes[J]. Journal of clinical epidemiology, 1990, 43(6): 551-558.

[29]FEINSTEIN A R, CICCHETTI D V. High agreement but low kappa: I. The problems of two paradoxes[J] . Journal of clinical epidemiology, 1990, 43(6): 543-549.

[30]GWET KILEM L. Large-sample variance of fleiss generalized kappa[J]. Educational and psychological measurement, 2021, 81(4) : 32-36.

[31]MOU H W, LI H, ZHOU Y G, et al. Response of different band combinations in gaofen-6 WFV for estimating of regional maize straw resources based on random forest classification[J]. Sustainability, 2021, 13(9) : 15-24.

[32]SUKHOTERIN M V, KNYSH T P, PASTUSHOK E M, et al. Stability of an elastic orthotropic cantilever plate[J]. St.Petersburg State Polytechnical University journal physics and mathematics, 2021, 14(52) : 12-14.

[33]TAKEHIKO A, TATSUAKI O, SATOSHI T, et al. Geometric correction for thermographic images of asteroid 162173 Ryugu by TIR (thermal infrared imager) onboard Hayabusa [J]. Earth ,planets and space, 2021, 73(1) : 15-56.

[34]TU Y, NIU L, ZHAO W J, et al. Image cropping with composition and saliency aware aesthetic score map[J]. Proceedings of the AAAI Conference on Artifical Intelligence,

2020, 34(7) : 45-89.

[35]XU F, ZHANG T, HUAI B D, et al. Effects of land use changes on soil fungal community structure and function in the riparian wetland along the downstream of the songhua river[J]. Huanjing ke xue, 2021, 42(5) : 26-32.

[36]ZHAO X L, ZHANG J, TIAN J M, et al. Multiscale object detection in high- resolution remote sensing images via rotation invariant deep features driven by channel attention [J]. Internationaljournal of remote sensing, 2021, 42(15) : 125- 156.

第3章
升金湖国际重要湿地生物多样性研究

第3章　升金湖国际重要湿地生物多样性研究

升金湖国际重要湿地的鱼类、软体动物、水生植物、湿生植物十分丰富，大量越冬候鸟排出的粪便补充了湖区的肥力，不仅使植物生长更为繁茂，又促进了鱼类及软体动物的生长，湿地生态系统呈现良性循环。升金湖国际重要湿地优美的环境和充足的饵料，吸引了大量珍稀水禽来此觅食越冬。升金湖国际重要湿地有多种物种的数量达到了国际重要湿地的标准，其中包括全球受威胁物种的白头鹤和鸿雁。在升金湖国际重要湿地越冬的国际重要物种有白头鹤、东方白鹳、鸿雁、豆雁、黑鹳、白琵鹭和小天鹅等。在此越冬的鸿雁占全球种群数量20%以上，在此越冬的白头鹤占迁徙路线中种群数量20%以上，黑鹳占迁徙路线中种群数量10%以上，白琵鹭占迁徙路线中种群数量5%以上。本章对升金湖国际重要湿地中生存的主要动植物的特征及生存习性进行简要介绍，并分析人类活动对鸟类的影响。

3.1　植物多样性

3.1.1　植物群系概述

升金湖国际重要湿地的维管束植物共113科308属452种，包括蕨类植物13科13属15种，种子植物100科293属437种，其中种子植物中裸子植物4科7属7种，被子植物96科286属430种。升金湖国际重要湿地的水生维管束植物共有37科63属94种，包括蕨类植物4科4属4种，被子植物33科58属90种，其中双子叶植物19科26属46种、单子叶植物12科30属44种。沿岸非湿生植物、水生植物（包括距湖岸边200m以内的低山丘有维管束植物）78科248属359种（程元启等，2009）。

3.1.2 主要植被种类与特征

1. 芦苇

图 3–1 芦苇（王立龙摄）

芦苇（*Phragmites australis*）属多年水生或湿生的高大禾草，生长在灌溉沟渠旁、河堤沼泽地等（图 3–1）。除在森林生境不生长外，在各种有水源的空旷地带，其常以迅速扩展的繁殖能力，形成连片的芦苇群落，在世界各地均有生长。其芦叶、芦花、芦茎、芦根、芦笋均可入药，芦茎、芦根还可以用于造纸行业及生物制剂，经过加工的芦茎还可以做成工艺品。

2. 菰

图 3–2 菰（徐文彬摄）

菰（*Zizania latifolia*）属多年生浅水草本，具匍匐根状茎（图 3–2）。秆高大直立，高 1~2m。叶舌膜质，长约 1.5cm，顶端尖；叶片扁平宽大，长 50~90cm，宽 15~30mm。圆锥花序长 30~50cm，分枝多数簇生，上升，果期开展。颖果圆柱形，长约 12mm，胚小形，为果体的 1/8。菰属喜温性植物，生长适宜温度为 10~25℃，不耐寒冷和高温干旱。平原地区种植双季菰为多，双季菰对日照长短要求不严，对水肥条件要求高，而温度是影响孕菰的重要因素。

3. 苦草

图 3–3 苦草

苦草（*Vallisneria natans*）别称蓼萍草、扁草，为多年生无茎沉水草本，有匍匐茎（图 3–3）。生于溪沟、河流、池塘、湖泊等环境中，分布在中国的多个省区，伊拉克、印度、中南半岛、日本、马来西亚和澳大利亚等地也有。有药用、观赏、经济等多种价值。

图 3-4 竹叶眼子菜

4. 竹叶眼子菜

竹叶眼子菜（*Potamogeton wrightii*）为多年生沉水草本，根茎发达，白色，节处生有须根（图 3-4）。茎圆柱形，直径约 2mm，不分枝或具少数分枝，节间长约 10 余 cm。果实倒卵形，长约 3mm，两侧稍扁，背部明显 3 脊，中脊狭翅状，侧脊锐。花果期 6—10 月。生于灌渠、池塘、河流等静、流水体中，水体多呈微酸性。产于中国南北多省区，苏联、朝鲜、日本、东南亚各国及印度也有分布。

5. 菹草

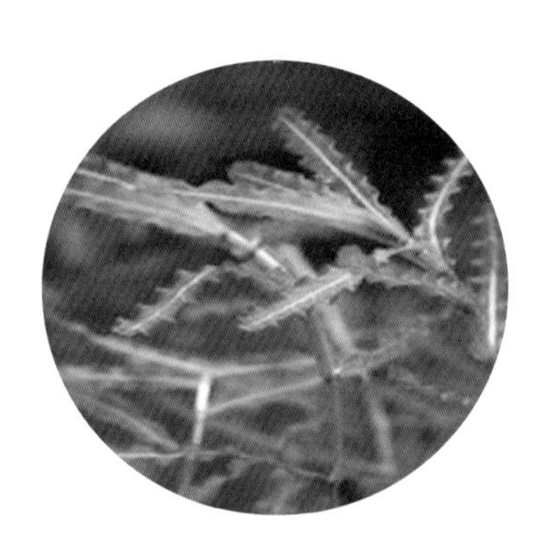
图 3-5 菹草

菹草（*Potamogeton crispus*）为眼子菜科，眼子菜属（图 3-5），又称为虾藻、虾草、麦黄草，多年生沉水草本植物。生于池塘、湖泊、溪流中，静水池塘或沟渠较多，水体多呈微酸至中性。茎扁圆形，具有分枝。叶披针形，先端钝圆，叶缘波状并具锯齿。具叶托，无叶柄。花序穗状。秋季发芽，冬春生长，4—5 月开花结果，6 月后逐渐衰退腐烂，同时形成鳞枝（冬芽）以度过不适环境。在水温适宜时再开始萌发生长。叶条形，无柄。花果期 4—7 月。菹草生于池塘、水沟、水稻田、灌渠及缓流河水中，水体多呈微酸至中性。

图 3-6 香蒲

6. 香蒲

香蒲（*Typha orientalis*）为香蒲科香蒲属的一个种，多年生水生或沼生草本植物，根状茎乳白色，地上茎粗壮，向上渐细，叶片条形，叶鞘抱茎，雌雄花序紧密连接，果皮具长形褐色斑点（图 3-6）。种子褐色，微弯。花果期 5—8 月。香蒲喜高温多湿气候，生长适宜温度为 15~30℃，当气温下降到 10℃以下时，生长基本停止，越冬期间能耐低温（－9℃），当气温升高到35℃以上时，植株生长缓慢。其适宜水深为20~60cm，亦能耐70~80cm的深水。在长江流域，其6—7月抽薹开花。对土壤要求不严，在黏土和沙壤土上均能生长，但以有机质达2%以上、淤泥层深厚肥沃的土壤为宜。

图3–7 芡实

7. 芡实

芡实（*Euryale ferox*）为一年生水生草本植物（图3–7）。沉水叶箭形或椭圆肾形，浮水叶革质，椭圆肾形至圆形，叶柄及花梗粗壮，花内面紫色；萼片披针形，花瓣紫红色矩圆披针形或披针形，浆果球形，污紫红色，种子球形，黑色。7—8月开花，8—9月结果。芡实喜温暖、阳光充足，不耐寒也不耐旱。生长适宜温度为20~30℃，水深30~90cm。适宜生长在水面不宽、水流动性小、水源充足、能调节水位高低、便于排灌的池塘、水库、湖泊和大湖湖边，生长时需要肥沃、含有机质多的土壤。

3.2 鸟类多样性

3.2.1 主要鸟类种类与特征

升金湖国际重要湿地越冬水鸟数量众多，珍稀濒危物种的数量也多，因此升金湖被认为是长江流域3个特别重要的湿地之一。升金湖国际重要湿地的主要保护对象为湿地生态环境及越冬水禽。

近些年来，随着经济的快速发展，长江中下游的众多湖泊受到污染或被围垦从而不再适合水禽栖息，升金湖却得以保存下来，成为难得的保存十分完好的重要湿地。升金湖水质良好，有机质丰富，浮游生物种类结构合理，软体动物种类多、含量高，水生维管束植物分布广、生物量大，生态系统具有很好的完整性和典型性。每年10月，升金湖随长江水位下降，露出大片浅水、泥滩、沼泽，成为水禽的良好栖息地，吸引大批雁鸭类、鹤类、鹳类、鸻鹬类、鸥类水禽前来越冬、停歇。每年，在升金湖国家级自然保护区内越冬的水鸟有66种，越冬水鸟数量超过10万只。其中属国家一级保护的有白头鹤（*Grus monacha*）、东方白鹳（*Ciconia boyciana*）、黑鹳（*Ciconia nigra*）、白鹤（*Grus leucogeranus*）、卷羽鹈鹕（*Pelecanus crispus*）、白肩雕（*Aquila*

heliaca）、白枕鹤（*Grus vipio*）、青头潜鸭（*Aythya baeri*）8 种；属国家二级保护的有灰鹤（*Grus grus*）、白琵鹭（*Platalea leucorodia*）、白额雁（*Anser albifrons*）、豆雁(*Anser faballs*)、鸿雁(*Anser cygnoides*)、小白额雁(*Anser erythropus*)、小天鹅(*Cygnus columbianus*)、红隼（*Falco tinnunculus*）等 29 种。

1. 白头鹤

图 3–8 白头鹤（平阳摄）

白头鹤(*Grus monacha*)也称锅鹤、玄鹤、修女鹤，大型涉禽（图 3–8）。颈长，喙长，腿长，胫下部裸露，蹼不发达，后趾细小，着生位较高；翼圆短；尾短，无真正的嗉囊；性情温雅，机警胆小，不易驯养。白头鹤除了额和两眼前方有较密集的黑色刚毛，从头到颈是雪白的柔毛外，其余部分体羽是石板灰色，它的身体呈浅灰色，颈部以上一片雪白，眼睛旁有黑色羽毛。白头鹤被国际自然保育联盟红皮书列为易危物种，是我国一级重点保护动物。

在升金湖越冬的白头鹤，每年 10 月下旬迁至升金湖，次年 3 月下旬飞离，居留期约 145d，越冬数量为 150~500 只，其主要越冬地点在升金湖上湖区域的大洲、烂稻陈、联合、杨娥头等处，越冬期喜在软泥地及草滩觅食，以苦草、肉根毛茛的地下茎为食，有时也取食蚌类及软体动物，具原始性和自然性，不同于在日本、朝鲜等国家的白头鹤在稻田越冬，主要以稻谷为食。

2. 白鹤

图 3–9 白鹤（王继明摄）

白鹤（*Grus leucogeranus*）为大型涉禽，体型略小于丹顶鹤，全长约 130cm，翼展 210~250cm，体重 7~10kg（图 3–9）；头前半部裸皮猩红色，嘴橘黄，腿粉红，除初级飞羽黑色外，全体洁白色，站立时其黑色初级飞羽不易被看见，仅飞翔时黑色翅端明显。虹膜为黄色。幼鸟金棕色。白鹤的寿命为 50~60 年，在我国文化中是长寿的象征。广东省珠海乡民有专门的“耍白鹤”活动。

图 3–10 白枕鹤

3. 白枕鹤

白枕鹤（*Grus vipio*）体形与丹顶鹤相似，但略小于丹顶鹤，大于白头鹤（图 3–9）。上体为石板灰色。尾羽为暗灰色，末端具有宽阔的黑色横斑。取食时主要用喙啄食，或用喙先拨开表层土壤，然后啄食埋藏在下面的种子和根茎，边走边啄食。该鸟为稀有的笼养观赏鸟类，主要繁殖在黑龙江、吉林等省或更北的广大地区，冬天部分迁徙到江苏、安徽、江西等省的湿地越冬。白枕鹤为我国国家一级保护珍禽。

4. 灰鹤

灰鹤（*Grus grus*）为大型涉禽，略大于白头鹤，略小于白枕鹤，全长约 1 100mm；全体灰色，头顶裸出部分红色，两颊至颈侧灰白色，喉、前颈和后颈灰黑色（图 3–11）。杂食性，但以植物为主，包括根、茎、叶、果实和种子，喜食芦苇的根和叶，夏季也吃昆虫、蚯蚓、蛙、蛇、鼠等，是世界上 15 种鹤类中分布最广的物种，分布于欧亚大陆及非洲北部。

图 3–11 灰鹤

图 3–12 黑鹳

5. 黑鹳

黑鹳（*Ciconia nigra*）是一种体态优美、体色鲜明、活动敏捷、性情机警的大型涉禽，也是白俄罗斯的国鸟（图 3–12）。成鸟的体长为 1~1.2m，体重 2~3kg；嘴长而粗壮，头、颈、脚均甚长，嘴和脚红色。身上的羽毛除胸腹部为纯白色外，其余为黑色，在不同角度的光线下，可以映出变幻多种颜色。以鱼为主食，也捕食其他小动物。

图3 13 白琵鹭

6. 白琵鹭

白琵鹭（*Platalea leucorodia*）是大型涉禽（图3–13）。全长85cm，全身羽毛白色，眼先、眼周、颏、上喉裸皮黄色；嘴长直、扁阔似琵琶；胸及头部冠羽黄色（冬羽纯白）；颈、腿均长，腿下部裸露呈黑色。栖息于沼泽地、河滩、苇塘等处，涉水啄食小型动物，有时也食水生植物。白琵鹭繁殖于欧亚大陆和非洲西南部的部分地区，在非洲、印度半岛、中国东北、华北、西北和东南亚越冬。白琵鹭广泛分布于升金湖上湖和下湖的东北部，群体通常较大。

在升金湖越冬的白琵鹭，越冬期为140d左右，一般年越冬数量为3 000~4 600只。白琵鹭喜群体活动，个体间越冬行为表现有很强的一致性。觅食地水深为5~20cm，休息地水深小于70cm或水边陆地。在升金湖越冬的白琵鹭，主要分布于上湖的大洲、联合、小西湖及下湖的3 000亩农田等浅水水域，以小鱼为主食。

7. 东方白鹳

东方白鹳（*Ciconia boyciana*）常在沼泽、湿地、塘边涉水觅食，主要以小鱼、蛙、昆虫等为食（图3–14）。性宁静而机警，飞行或步行时举止缓慢，休息时常单足站立。3月开始繁殖，筑巢于高大乔木或建筑物上，每窝产卵3~5枚，白色，雌雄轮流孵卵，孵化期约30d。广泛分布于整个湖区。

图3–14 东方白鹳（朱国威摄）

在升金湖越冬的东方白鹳，每年11月下旬迁至升金湖，次年3月飞离，居留期为130d左右，一般年越冬数量为20~400只。东方白鹳以水生动物小鱼虾等为主要食物，是典型的肉食性水鸟。越冬期主要分布在升金湖上湖的大洲、联合及下湖的3 000亩农田等浅水水域。

图 3-15 小天鹅

8. 小天鹅

小天鹅（*Cygnus columbianus*）全长约 110cm，体重 4~7kg，雌鸟略小（图 3-15）。体羽洁白，头部稍带棕黄色。颈部和嘴均比大天鹅稍短。小天鹅与大天鹅在体形上非常相似，均有长的脖颈，纯白羽毛，黑色脚和蹼，但其身体稍小，颈部和嘴比大天鹅略短，较难分辩。最容易区分的方法是比较嘴基的黄颜色的大小，大天鹅嘴基的黄色延伸到鼻孔以下，而小天鹅嘴基的黄色仅限于两侧，沿嘴缘不延伸到鼻孔以下。

在升金湖越冬的小天鹅，数量为 5 000~8 000 只，以水生植物的地下根茎为食。主要分布在上湖的联合、小西湖、赤岸、小路嘴等水深的区域。

9. 白额雁

白额雁（*Anser albifrons*）是雁属中体形大、个体重的鸟类（图 3-16）。飞行时双翼拍打用力，振翅频率高（图 3-16）。脖子较长。腿位于身体的中心支点，行走自如。有扁平的喙，边缘锯齿状，有助于过滤食物。有迁徙的习性，迁飞距离也较远。喜群居，飞行时成有序的队列，如一字形、人字形等。白额雁为一夫一妻制，雌雄共同参与雏鸟的养育。冬季主要栖息在开阔的湖泊、水库、河湾、海岸及其附近开阔的平原、草地、沼泽和农田。

图 3-16 白额雁（徐文彬摄）

图 3-17 豆雁（徐文彬摄）

10. 豆雁

豆雁（*Anser faballs*）为大型雁类，体长 69~80cm，体重约 3kg。外形大小和形状似家鹅，是升金湖最常见的物种（图 3-17）。上体灰褐色或棕褐色，下体污白色，嘴黑褐色、具橘黄色带斑。喜群居，飞行时成有

序的队列（如一字形、人字形等）。以植物性食物为食。繁殖季节主要食用苔藓、地衣、植物嫩芽、嫩叶，包括芦苇和一些小灌木，也食用少量动物性植物。为一夫一妻制，雌雄共同参与雏鸟的养育。

图 3–18 鸿雁（徐文彬摄）

11. 鸿雁

鸿雁（*Anser cygnoides*）为大型水禽，高 88cm 左右（图 3–18）。嘴黑且与前额呈现直线，嘴基有白线环，胸前羽缘皮黄。从远处看起来，其头顶和后颈黑色，前颈近白色，黑白两色分明，反差强烈。鸿雁以苦草块茎为食物，喜欢在浅水中或松软的泥滩上挖掘食物，对水位变化较为敏感。

12. 小白额雁

小白额雁（*Anser erythropus*）体长 62cm 左右，翼展 120~135cm，嘴基白色斑块延伸至额部，眼圈黄色（图 3–19）。小白额雁极似白额雁，冬季常与其混群。不同处在于，小白额雁体型较小，嘴、颈较短。飞行时双翼拍打用力，振翅频率高。脖子较长。腿位于身体的中心支点，行走自如。有扁平的喙，边缘锯齿状，有助于过滤食物。有迁徙的习性，迁飞距离较远。在升金湖栖息的数量较少。

图 3–19 小白额雁

表 3–1 升金湖湿地主要鸟类特征及保护级别

序号	中文名	学名	特征	保护级别
	鹤科			
1	白头鹤	*Grus monacha*	颈长，喙长，腿长，头颈雪白，身体浅灰色	I
2	白鹤	*Grus leucogeranus*	头前半部裸皮猩红色，嘴橘黄，腿粉红，除初级飞羽黑色外，全体洁白色	I
3	白枕鹤	*Grus vipio*	上体为石板灰色，尾羽为暗灰色，末端具有宽阔的黑色横斑	I

（续表）

序号	中文名	学名	特征	保护级别
4	灰鹤	*Grus grus*	前额和眼先黑色，背有稀疏的黑色毛状短羽，冠部几乎无羽，裸出的皮肤为红色	Ⅱ
			鹳科	
5	东方白鹳	*Ciconia boyciana*	白色，休息时单足站立	Ⅰ
6	黑鹳	*Ciconia nigra*	嘴长而粗壮，头、颈、脚均甚长，嘴和脚红色。身体上胸腹部为纯白色外，其余都是黑色，在不同角度的光线下，可以映出变幻多种颜色	Ⅰ
			鹰科	
7	白肩雕	*Aquila heliaca*	全身黑褐色，背部具有光泽，肩有白羽，头、颈为褐色，缀以黑斑，尾灰褐色	Ⅰ
8	苍鹰	*Accipiter gentilis*	眉纹白而具黑色羽干纹；耳羽黑色；上体到尾灰褐色；飞羽有暗褐色横斑，内翈基部有白色块斑	Ⅱ
9	赤腹鹰	*Accipiter soloensis*	翅膀尖而长，因外形像鸽子，也叫鸽子鹰	Ⅱ
10	雀鹰	*Accipiter nisus*	翅阔而圆，尾长。雄鸟上体暗灰色，雌鸟灰褐色，头后杂有少许白色	Ⅱ
11	白尾鹞	*Circus cyaneus*	雌鸟褐色，头部色彩平淡且翼下覆羽无赤褐色横斑	Ⅱ
12	黑鸢	*Milvus migrans*	上喙边端具弧形垂突，适于撕裂猎物吞食；基部具蜡膜或须状羽；翅强健，翅宽圆而钝	Ⅱ
			鸨科	
13	大鸨	*Otis tarda*	无冠羽或皱领，雄鸟喉部两侧有刚毛状的须状羽，其上生有少量的羽瓣	Ⅰ
			隼科	
14	红隼	*Falco tinnunculus*	喙短，先端两侧有齿突，基部须状羽；鼻孔圆形，自鼻孔向内可见一柱状骨棍；翅长而狭尖，扇翅节奏快；尾较细长	Ⅱ
			鹮科	
15	白琵鹭	*Platalea leucorodia*	全身羽毛白色，眼先、眼周、颏、上喉裸皮黄色；嘴长直、扁阔似琵琶；胸及头部冠羽黄色；颈、腿均长，腿下部裸露呈黑色	Ⅱ
16	黑头白鹮	*Threskiornis melanocephalus*	体型中等大小，体羽全白。头与颈部裸出，裸出部皮肤黑色。翼覆羽有一条棕红色带斑	Ⅰ
			鸭科	
17	白额雁	*Anser albifrons*	有扁平的喙，边缘锯齿状	Ⅱ
18	小天鹅	*Cygnus columbianus*	体羽洁白，头部稍带棕黄色	Ⅱ
19	斑嘴鸭	*Anas poecilorhyncha*	鸭脚趾间有蹼，但很少潜水	

（续表）

序号	中文名	学名	特征	保护级别
20	绿头鸭	*Anas platyrhynchos*	雄鸟嘴黄绿色，脚橙黄色，头和颈辉绿色，颈部有一明显的白色领环	
21	赤麻鸭	*Tadorna ferruginea*	全身赤黄褐色，翅上有明显的白色翅斑和铜绿色翼镜；嘴、脚、尾黑色	
22	绿翅鸭	*Anas crecca*	头侧有 1 条辉绿色带斑自眼周延至后颈	
23	花脸鸭	*Anas formosa*	个体较绿翅鸭稍大，而较针尾鸭稍小。体长 37~44cm，体重 0.5kg 左右	Ⅱ
24	青头潜鸭	*Aythya baeri*	体圆，头大，雄鸟头和颈黑色，并具绿色光泽，眼白色	Ⅰ
25	鸳鸯	*Aix galericulata*	雌雄异色，雄鸟嘴红色，脚橙黄色，羽色鲜艳而华丽，头具艳丽的冠羽	Ⅱ
26	赤颈鸭	*Anas penelope*	雄鸭特征为头栗色而带皮黄色冠羽，胸灰棕色，尾下覆羽绒黑色，下体余部纯白色	
27	豆雁	*Anser faballs*	体灰褐色或棕褐色，下体污白色，嘴黑褐色、具橘黄色带斑	
28	鸿雁	*Anser cygnoides*	嘴黑与前额呈现直线，嘴基白线环胸前羽缘皮黄	Ⅱ
29	小白额雁	*Anser erythropus*	嘴基白色斑块延伸额部，眼圈黄色，极似白额雁	Ⅱ
		鹭科		
30	黄嘴白鹭	*Egretta eulophotes*	身体纤瘦而修长，嘴、颈、脚均很长	Ⅰ
		鹈鹕科		
31	卷羽鹈鹕	*Pelecanus crispus*	嘴铅灰色，长而粗，上下嘴缘的后半段均为黄色，前端有一个黄色爪状弯钩	Ⅰ
		鸱鸮科		
32	斑头鸺鹠	*Glaucidium cuculoides*	俗称小猫头鹰，体小而遍具棕褐色横斑	Ⅱ
		鸥科		
33	银鸥	*Larus argentatus*	夏羽头、颈白色	
34	红嘴鸥	*Larus ridibundus*	嘴脚皆红色，羽毛白色，尾羽黑色	
		鸬鹚科		
35	普通鸬鹚	*Phalacrocorax carbo*	体羽黑色，紫色金属光泽，嘴强而长，锥状，先端具锐钩下喉有小囊	
		鹬科		
36	扇尾沙锥	*Gallinago gallinago*	背部及肩羽褐色，有黑褐色斑纹，羽缘乳黄色，形成明显的肩带	
37	青脚鹬	*Tringa stagntills*	下体白色，前颈和胸部有黑色纵斑	
		杜鹃科		
38	小鸦鹃	*Centropus bengalensis*	头、颈、上背及下体黑色，具深蓝色光彩和亮黑色的羽干纹	Ⅱ

3.2.2 主要鸟类的生境选择

1. 水鸟分布的重要区域

升金湖国际重要湿地的水鸟广泛分布于全湖，其中水鸟最密集的区域是上湖东部杨鹅头至白联圩沿岸，其次为上湖南部和下湖西北部。这 3 个区域的水鸟总数量占升金湖的 70% 以上。水鸟种类较为丰富的区域是上湖南部大洲、烂稻陈、王坝沿岸区域，主要分布于泥滩地、草滩地和芦苇滩地等处（表 3–2）（杨少文，2015）。

表 3–2 升金湖湿地鸟类栖息地类型描述及分布的鸟类

栖息地类型	说明	分布的主要鸟类
水体	湖泊和养殖的池塘	水生生物丰富，是鹭类、鹳类、鸭类、鹬类和鸬鹚等越冬鸟类的主要觅食和栖息场所
泥滩地	枯水期时出露的泥沙淤积物	主要分布对水位敏感的鸟类，如鸿雁
草滩地	以莎草和苔草为主的矮草草甸	植被主要有苔草和莎草，主要分布的鸟类有豆雁、白额雁、小白额雁及赤麻鸭等
芦苇滩地	主要是芦苇和苦草等高草草甸	分布的鸟类较少，以小天鹅为主
水田	稻田	主要是豆雁、白头鹤在此觅食
旱地	主要是棉花、油菜、蔬菜及小麦等旱作作物	分布的鸟类很少
林地	主要是针叶林、阔叶林、灌丛等植被	林鸟，鹭科鸟类繁殖地
居民地	城镇、农村及交通干线	极少鸟类分布

2. 升金湖观鸟点及常见鸟种

越冬水鸟于每年的 9 月底开始陆续到达升金湖国际重要湿地，12 月达到高峰，每年 11 至次年 1 月为观鸟的最佳时机，吸引了许多摄影爱好者来此拍摄（图 3–20）。升金湖国际重要湿地内全湖可见苍鹭、大白鹭、小白鹭（表 3–3）。

表 3–3 升金湖国际重要湿地观鸟点及观鸟种类

观鸟点	主要鸟类种类
①唐田保护站	豆雁、白额雁、鸿雁、赤颈鸭、斑嘴鸭、白头鹤、鹏鹛等
②三千亩	豆雁、白额雁、鸿雁、白琵鹭、小天鹅、鹏鹛、徬鹬、鹤类等
③八百丈及龙口咀	豆雁、白额雁、鸿雁、白头鹤，有时见黑鹳等

（续表）

④小路咀桥	豆雁、白额雁、小天鹅、斑嘴鸭等
⑤赤岸	豆雁、白头鹤、罗纹鸭、鸊鷉、凤头麦鸡等
⑥横州及其稻田	赤颈鸭、罗纹鸭、白头鹤等
⑦联合保护站	白头鹤、小天鹅、白鹤、白琵鹭、东方白鹳、鸻鹬、豆雁、白额雁、鸿雁、赤颈鸭、罗纹鸭、赤麻鸭、斑嘴鸭、白骨顶等
⑧大洲	白头鹤、小天鹅、东方白鹳、白琵鹭、豆雁、白额雁、鸿雁、斑嘴鸭、鸻鹬等
⑨佘下	白额雁、豆雁、鸿雁、白头鹤、东方白鹳、小天鹅等
⑩白联圩	白头鹤、东方白鹳、豆雁、白额雁、鸿雁、白鹤、小天鹅、赤麻鸭、灰鹤、鸻鹬、凤头麦鸡、斑嘴鸭等
⑪杨峨头保护点	白头鹤、东方白鹳、豆雁、白额雁、鸿雁、白鹤、小天鹅、赤麻鸭、绿头鸭、绿翅鸭、灰鹤、鸻鹬、凤头麦鸡、斑嘴鸭等，偶尔见鹈鹕
⑫刘家叉	豆雁、鸿雁、鸻鹬、小天鹅等
⑬英山	豆雁、小天鹅、鸊鷉、斑嘴鸭等
⑭唐田闸	小天鹅、豆雁、普通秋沙鸭、斑嘴鸭、绿头鸭、绿翅鸭等

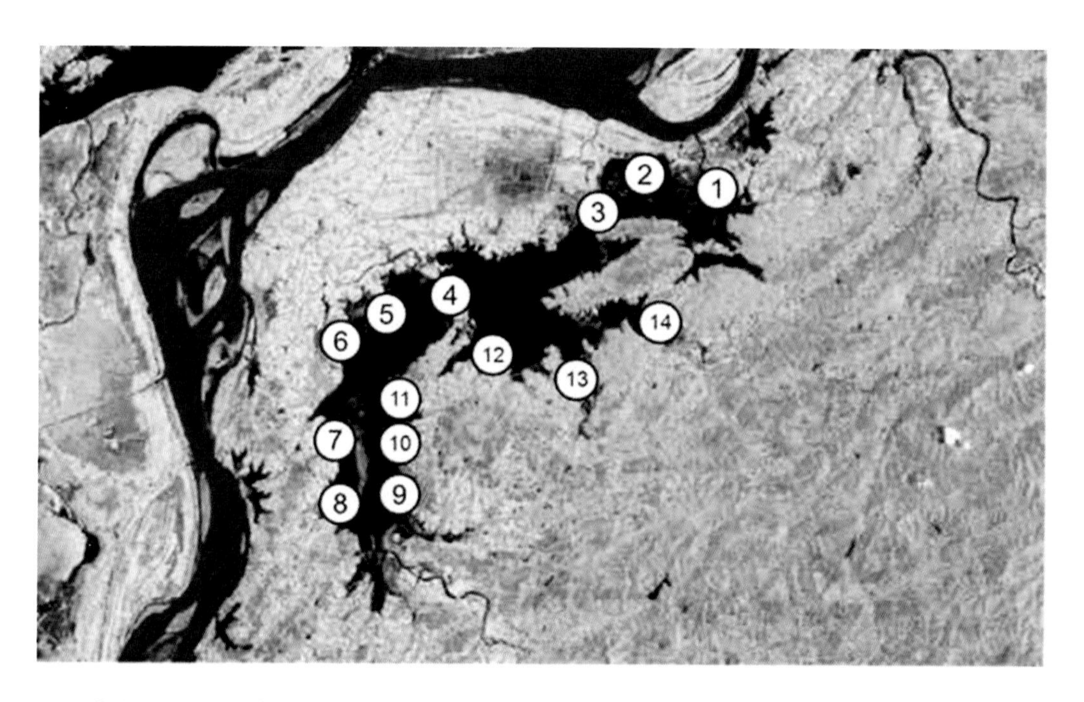

①唐田保护站；②三千亩；③八百丈；④小路咀桥；⑤赤岸；⑥横州及其稻田；⑦联合保护站；⑧大洲；⑨佘下；⑩白联圩；⑪杨峨头保护点；⑫刘家叉；⑬英山；⑭唐田闸

图 3–20 升金湖国际重要湿地观鸟点

3.2.3 人类活动对鸟类的影响

升金湖国际重要湿地早期人类活动较少，主要以农业和渔业为主。随着人口的不断增加，人地矛盾凸显。投入机制，即生活在升金湖国际重要湿地的人们为了满足自身需求，对升金湖国际重要湿地各项资源进行索取及改造，如为了满足食物需求而开垦耕地、为了满足居住需求而开发建设用地、为满足经济利益而围湖养鱼等。产出机制，即资源消耗给升金湖国际重要湿地的人们带来各项收益，以及变化的生态环境对人们的生产生活活动的影响，如为人们从湿地中获取到了满足自身生存的食物、满足居住的场所、满足发展的收益及生态环境改变等。投入与产出机制运作的核心即为人的需求。在人的各项需求结构的推动下，升金湖国际重要湿地的地理环境被附加了众多人文要素。当自然要素与人文要素累加在一起并附有相应的调控措施时，人地关系会处于协调发展中；反之，则导致升金湖国际重要湿地生态环境的破坏及承载能力的减弱，严重威胁到在此生存的各种珍稀水禽（叶小康，2018）。

在升金湖国际重要湿地，水鸟所面临的来自人类活动主要威胁可以分为以下几个方面：

（1）水鸟食物可利用度的降低，这主要是过牧现象使数量众多的水牛食用更多的水生植物；湖边大群的家鸭和家鹅取食，可能存在食物竞争。

（2）水鸟栖息地质量下降面积减少，这主要是栖息地的退化和转换，尤其是下湖南岸湖汊围垦成为鱼塘，而西部密集的围网养鱼活动，投放过多饵料影响栖息地的质量。

（3）水鸟的觅食时间和觅食区域减少，这主要是人、移动的船只、来往的车辆及放养在湖区的家禽、家畜的干扰所造成的。

沉水植物为无脊椎动物和鱼类提供食物及隐蔽与繁殖的场所，这一食物链为水鸟提供了一系列的食物，包括为鸿雁、小天鹅和白头鹤等（统称为食块茎的鸟类）提供块茎，如苔草块茎等。此外，沉水植物原本的优势种，如竹叶眼子菜与苔草在湖区水生植物中所占比例逐年减少，对水鸟生境的变化造成了显著影响。

有证据表明，近年来升金湖中苔草属植物的分布面积显著下降，尤其是在上湖区域。豆雁和白额雁觅食的草滩地，也是大群水牛的觅食地。尽管没有证据表明水牛与雁之间存在食物竞争，从而影响雁类的分布，因此未来的研究应该着重于水牛数量、草场承载力和雁的数量之间的关系，研究在保护雁类觅食地的前提下，人们应确定最优的放牧数量。此外，在升金湖下湖北部，大群鸿雁在软泥中挖掘苦草的块茎，而当

地居民也会把数千只家鹅放养在这些地方。大群家鹅的存在，不仅与雁群竞争食物，而且干扰雁群的正常取食行为，也造成交换禽流感病毒的潜在可能。

水鸟栖息地质量下降、面积减少，这也是水鸟面临的重要威胁。例如，升金湖下湖西部水鸟的数量明显少于其他区域，这可能与密集的渔网有关；湖汊中鱼排水位的管理也极大影响了水鸟的数量；下湖南岸湖汊同样也是大群雁和天敌分布的重要区域，而当湖汊内的鱼塘被排放、捕鱼开始后，这一区域就不可能被水鸟利用了。

3.3 鱼类多样性

3.3.1 鱼类群落概述

升金湖诞生于300万年前的喜马拉雅运动，长江沿岸以上升为主，山峦起伏，河流发育，个别地方有小型湖泊，水系汇入古长江，并在江岸湖边堆积、冲积了泥沙、砾石。升金湖国际重要湿地的地表径流丰富，自然生态资源多样。经调查，升金湖优良的水质中生长着虾蟹、鳙鱼、鳜鱼、乌鳢、螺等水产品及国家二级重点保护动物胭脂鱼等。

升金湖国际重要湿地水产资源丰富，过去素有“日产升金”之说，湖名由此而来。20世纪50年代水产品最高年产量超过300万kg，1965年黄湓闸的建成，长江鱼类洄游受阻，年鱼产量下降到100万kg，因此渔民由捕鱼转向人工围湖养鱼，面积达450hm^2。60—70年代，渔民修建人工圩15处，多处围湖造田面积达4 000hm^2，其中1 000hm^{2}用于人工养鱼，虽然鱼类资源得到恢复，但是严重影响了升金湖国际重要湿地的生态环境，不利于珍稀鸟类的保护（程元启等，2009）。有调查表明，安庆沿江湖泊湿地区域仍具有较为丰富的江湖洄游性鱼类。调查还发现除鲢、鳙鱼、青鱼、草鱼由于人工繁殖苗投放具有较高数量外，与湖泊定居性鱼类比，调查中江湖洄游性鱼类数量只占总捕获量的一小部分，如日本鳗鲡、鳍、鳃等5种现已属稀有物种（中国科学院水生生物研究所，1976）。

3.3.2 主要鱼类种类与特征

升金湖中的鱼类以青鱼、草鱼、鲢鱼、鳙鱼“四大家鱼”为主，占渔获物数量的30%左右，但没有在湖中发现溯河和降海洄游鱼类。升金湖各湖虽然与长江阻隔，但长江中的鱼类会通过江水倒灌的机会进入湖泊；另外一个原因是，部分湖泊周边渔民仍有捕江苗投放的习惯，而这些江苗大多数是江湖洄游鱼类。一般情况下，只有湖泊中的鱼类能进入长江，而长江中的鱼类很少有机会进入湖泊中。然而，当遇到干旱或其他一些情况时，水利部门会进行一定时间的倒灌，此时长江中鱼类才会有机会进入湖泊。沿江湖泊湿地各主要湖泊鱼类物种数具有两大特点：首先，鱼类物种数与湖泊面积之间基本符合物种–面积关系，即湖泊面积越大，鱼类物种数越多；其次，渔业模式影响鱼类物种数，以养为主的湖泊鱼类物种数基本上低于半养半天然的湖泊。及时采取措施保护和合理利用升金湖沿江湖泊湿地鱼类资源是目前迫切需要解决的问题之一（汪芳琳等，2020）。

1. 胭脂鱼

胭脂鱼（*Myxocyprinus asiaticus*）为口鲤科，胭脂鱼属，胭脂鱼体侧扁，背部在背鳍起点处特别隆起。头短，吻圆钝。口下位，呈马蹄状。唇发达，上唇与吻褶形成一深沟。下唇翻出呈肉褶，唇上密布细小乳状突起，无须。下咽骨呈镰刀状，下咽齿单行，数目很多，排列呈梳妆，末端呈钩状。

2. 青鱼

青鱼（*Mylopharyngodon piceus*）是鲤科、青鱼属鱼类。体长可达145cm。体长为体高的3.3~4.1倍，为头长的3.5~4.4倍，体粗壮，近圆筒形，腹部圆，无腹棱。背鳍位于腹鳍的上方，无硬刺，外缘平直。体呈青灰色，背部较深，腹部灰白色，鳍均呈黑色。个体大，最大可达70kg。青鱼通常栖息在水的中下层，生性不活泼。其主要的食物来源为螺蛳、蚌、蚬、蛤等，偶尔也捕食虾和昆虫幼虫。主要分布于中国、俄罗斯、越南、阿尔巴尼亚、亚美尼亚、奥地利、保加利亚、哥斯达黎加、古巴、捷克、匈牙利、日本、哈萨克斯坦、拉脱维亚、马来西亚、墨西哥、摩尔多瓦、摩洛哥、巴拿马、塞尔维亚、斯洛伐克、泰国、土库曼斯坦、乌克兰、美国、乌兹别克斯坦。

3. 鳙鱼

鳙鱼（*Hypophthalmichthys nobilis*）是鲤科、鲢属鱼类。体延长而侧扁，腹部肉棱起自腹鳍基部至肛门前。头大而圆畔。吻宽钝。眼位于头侧中轴之下方。口端位，口裂向上倾斜，下颌稍突出。鳃耙狭长而细密，但不相连，400枚以上。体被细小圆鳞；侧线完全，侧线鳞91~108。各鳍均无硬棘，背鳍软条3（不分枝软条）+7（分枝软条）；臀鳍3（不分枝软条）+12~13（分枝软条），腹鳍1（不分枝软条）+8（分枝软条）。咽头齿仅一列，齿式4~4，平扁，齿面宽大而有细粒状突起。体背侧灰黑而稍具金黄光泽，腹侧银白色；体侧具许多不规则的黑色小点。各鳍呈灰白色，上有许多黑色微细小点。

鳙鱼生活于江河干流、平缓的河湾、湖泊和水库的中上层，幼鱼及未成熟个体一般在沿江湖泊和附属水体中生长，为温水性鱼类，适宜水温为25~30℃，能适应较肥沃的水体环境。性情温驯，行动迟缓。从鱼苗到成鱼阶段都是以浮游动物为主食，兼食浮游植物，是典型的浮游生物食性的鱼类。原产于中国。在中国分布极广，南起海南岛，北至黑龙江流域的中国东部各江河、湖泊、水库均有分布，但在黄河以北各水体的数量较少，东北和西部地区均为人工迁入的养殖种类。

4. 草鱼

草鱼（*Ctenopharyngodon idella*）鲤科、草鱼属鱼类。俗称有鲩、油鲩、草鲩、鲩鱼、白鲩、草根（东北）等。体长为体高的3.4~4.0倍，为头长的3.6~4.3倍，为尾柄长的7.3~9.5倍，为尾柄高的6.8~8.8倍。体长形，吻略钝，下咽齿2行，呈梳形。背鳍无硬刺，外缘平直，位于腹鳍的上方，起点至尾鳍基的距离较至吻端为近。鳃耙短小，数少。体呈茶黄色，腹部灰白色，体侧鳞片边缘灰黑色，胸鳍、腹鳍灰黄色，其他鳍浅色。

草鱼是典型的草食性鱼类，栖息于平原地区的江河湖泊，一般喜居于水的中下层和近岸多水草区域。性活泼，游泳迅速，常成群觅食。草鱼幼鱼期则食幼虫、藻类等，草鱼也吃一些荤食，如蚯蚓、蜻蜓等。分布广，在中国分布于黑龙江至云南元江（西藏、新疆地区除外）。亚洲、欧洲、美洲、非洲等地区也有养殖。草鱼是中国重要的淡水养殖鱼类，它和鲢鱼、鳙鱼、青鱼一起，构成了中国的“四大家鱼”。

3.4 微生物多样性

3.4.1 微生物群落概述

随着工业的发展和人口的增加，江河、湖泊等水体受到越来越严重的污染，对其评价水质时依据生物和非生物学参数，其中最具有指示意义的是微生物类群。如果对生态系统中的细菌按不同生理群进行研究，将会更加深刻地了解微生物在水生态系统中的作用。

水体中微生物与区域环境有密切联系，在物质循环与能量流动中起着非常重要的作用。本节研究的目的是通过研究分析细菌生理类群的分布及与环境因子间的关系，为长江生态系统的结构与功能、生物生产力提供科学资料；探讨微生物在湖泊物质循环和能量流动中的作用，为长江流域环境质量评价提供生物学参数，为保护并开发有价值的菌种提供依据（柴晓娟等，2008）。

升金湖国家级自然保护区是国际重要湿地，也是我国东部重要的生态功能区。2000年以来，湖泊周边开始施行渔业围网养殖，围网养殖面积达到湖面75%以上，渔业过度养殖造成湖体水生植被匮乏，尤其是沉水植被基本消失，使升金湖逐渐由草型湖泊转化为藻型湖泊。2018年年初，升金湖国际重要湿地采取了严格的渔业养殖围网清除措施，实现了湖面“三无”（无网、无船、无人），促进升金湖国际重要湿地的水生植被的快速恢复，水生生态系统得到显著改善。

3.4.2 主要微生物种类与特征

浮游植物作为湖泊生态系统的初级生产者之一，也是食物链的重要组成部分，为其他生物生长提供营养和氧气。近年来，一些学者对我国大型湖泊浮游植物群落结构特征的研究发现，通江湖泊的浮游植物群落结构组成存在一些普遍现象，如在鄱阳湖、洞庭湖的浮游植物群落中，硅藻门是仅次于绿藻门的第二大优势类群。升金湖作为典型的通江湖泊，最主要的特征是周期性的水文变化，枯水期通过张溪河和唐田河接收山区来水，丰水期经黄温河的黄湓闸与长江贯通。升金湖的周期性水文变化造就了湖泊较多类型的湿地生境，如涨落区、浅滩、滩涂等，经过长期的自然选择，逐渐演化发育形成了通江湖泊特有的浮游植物群落结构，因此升金湖是研究通江湖泊浮游植物群落结构特征的理想实验区。

浮游植物的群落结构特征反映水环境的现状及其变化，而主要环境因子，如pH、水温、透明度、鸟粪的变化也会影响浮游植物的群落结构，如在不同营养状态的水体中分布着不同群落结构的浮游植物，证明浮游植物的群落结构与其生活水域的水环境因子密切相关。近年来，我国学者利用浮游植物及环境因子的监测和评价多集中在通江湖泊的鄱阳湖、洞庭湖，发现温度、透明度、营养盐是影响浮游植物时空分布的主要影响因素。调查期间，通过对升金湖的浮游植物样品进行镜检和鉴定，共鉴定出浮游植物210种（包括变种和变型），隶属于8门91属，其中绿藻门最多，有89种，占物种总数的41.20%；硅藻门次之，有62种，占28.70%;蓝藻门32种，占14.82%；裸藻门、金藻门、甲藻门和隐藻门分别有13种、6种、3种和3种，占6.02%、2.78%、1.39%和1.39%；而黄藻门种数最少，只有2种，仅占0.93%。夏季物种种类数最多，达到133种，冬季物种种类数相对较少，只有92种（商乃萱等，2022）。

河岸湿地是位于陆地与河水发生作用的区域，受河流直接影响。在生态系统角度上，河岸湿地是一种水陆过渡带，受河水侵蚀作用，其植被类型较为多样。河岸湿地也是一类独特而重要的湿地类型，具有边缘性、过渡性、变动性和复杂性等特点；在地理位置上，其成为水陆生态系统之间物质、能量和信息的广泛交换和通过区。因此，河岸湿地在调节气候、净化水质、维持生物多样性和地下水平衡等方面发挥着重要的生态服务功能，并且是陆地与河流生态系统间碳、氢、氧、氮、磷等元素生物地球化学循环的重要交换地带，已成为生态系统研究的“热点”区域之一。

河岸湿地土壤是生物和非生物等物质转化过程中的主要媒介，可反映河岸带生境变化，其生态化学计量特征可以作为草原区河岸湿地退化的评价指标。虽然河岸带在流域生态系统中面积所占比例不高，但其土壤性质在水陆生态系统间的物质迁移转化中发挥着重要作用，其截流和转化氮的效率高，且对陆地向河流的可溶性有机碳输出有控制作用。有研究发现，河岸带土壤微生物活跃，已成为温室气体排放的“热点”区域。气候变化可改变多年冻土区河岸带的植被类型、土壤侵蚀、水热及冻融过程等，这都将对河岸带湿地及相邻流域产生多重影响，也增加了研究的不确定性（李金业等，2021）。

微生物在湿地的生物地球化学循环和生态功能调节中发挥着重要作用，对全球气候变化具有重大影响，对维持全球生态系统的健康至关重要。通过采集代表性植被群落的土壤表层和部分植物根系，探究土壤微生物群落组成、根际微生物、环境因子及其内在的关联性和影响机制。土壤细菌主要为厚壁菌门、变形菌门、拟杆菌门和放线菌门；而根际细菌主要是蓝藻门、变形菌门和放线菌门，二者在属水平上的菌群结构差异更加明显。

在所有湿地土壤样本中，土壤微生物表现出较高的多样性。主要包括变形菌门（*Proteobacteria*）、厚壁菌门（*Phylum Firmicutes*）、拟杆菌门（*Bacteroidetes*）、放线菌门（*Actinobacteria*）、蓝藻门（*Cyanophyta*）、疣微菌门（*Verrucomicrobia*）、绿弯菌门（*Chloroflexi*）、浮霉菌门（*Planctomycetes*）、酸杆菌门（*Acidobacteria*）、软壁菌门（*Phylum Tenericutes*）。其中，细菌分布以厚壁菌门、变形菌门、拟杆菌门和放线菌门为主。与土壤微生物相比，根际微生物的优势菌群发生了变化，以蓝藻门细菌为主，丰度较高的菌群还有变形菌门、放线菌门和厚壁菌门，和占比约为总菌群的 90%，特有的细菌为 *Patescibacteria*（王宪伟等，2021）。

变形菌门（*Proteobacteria*）是细菌中最大的一门（图 3-21），包括很多病原菌，

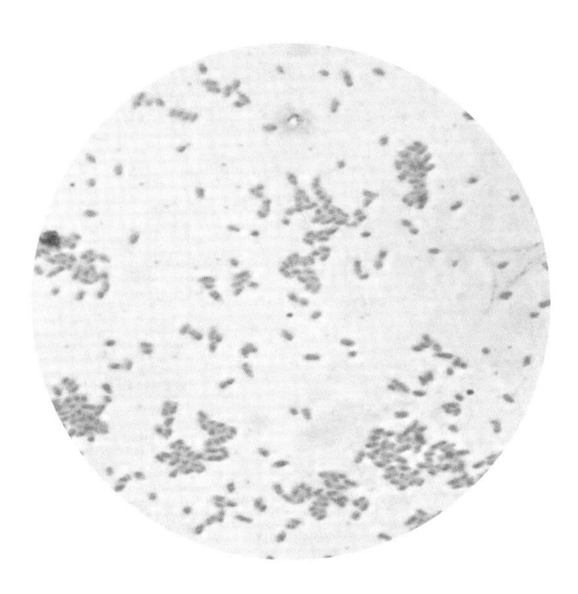

图 3-21 变形菌门

如大肠杆菌、沙门氏菌、霍乱弧菌、幽门螺杆菌等著名的种类。也有自由生活的种类，包括很多可以进行固氮的细菌。变形菌门主要是由核糖体的核糖核酸（*Ribonucleic acid*,RNA）序列定义的，名称取自希腊神话中能够变形的神普罗透斯（这同时也是变形菌门中变形杆菌属的名字），因为该门细菌的形状具有极为多样的形状。所有的变形菌门细菌为革兰氏阴性菌，其外膜主要由脂多糖组成。很多种类利用鞭毛运动，但有一些非运动性的种类，或者依靠滑行来运动。此外还有一类独特的黏细菌，可以聚集形成多细胞的子实体。变形菌门包含多种代谢种类，大多数细菌兼性或者专性厌氧及异养生活，但有很多例外。很多并非紧密相关的属可以利用光合作用储存能量，因其多数具有紫红色的色素，被称为紫细菌。

厚壁菌门（*Phylum Firmicutes*）的细胞壁含肽聚糖量高，为50%~80%，细胞壁厚10~50nm（图 3-22），革兰氏染色反应阳性，菌体有球状、杆状或不规则杆状、丝状或分枝丝状等，二分裂方式繁殖，少数可产生内生孢子（称为芽孢）或外生孢子（称分生孢子），都是化能营养型，没有光能营养型的。厚壁菌门包括各种革兰氏阳性细菌。厚壁菌门被分为3个纲：厌氧的梭菌纲、兼性或者专性好氧的芽孢杆菌纲和没有细胞壁的柔膜菌纲。在系统发育树上前两类显示出并系或者复系，因此它们的分类有待进一步研究。

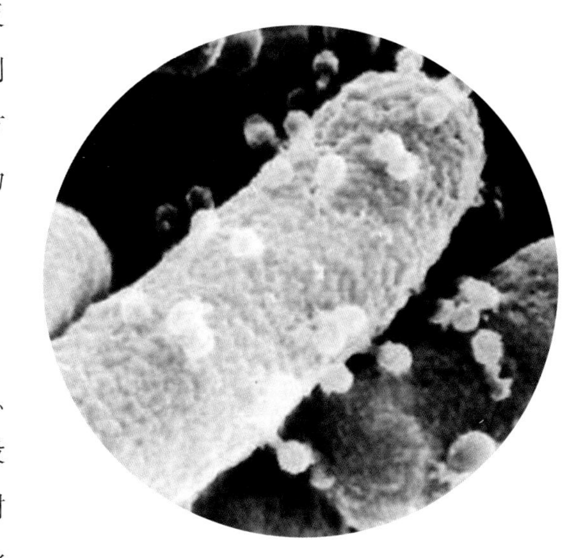

图 3-22 厚壁菌门

拟杆菌门的种类很多生活在人或者动物的肠道中，有些时候成为病原菌。在粪便中，以细胞数目计，拟杆菌属（*Bacteroides*）是主要微生物种类（图 3–23）。

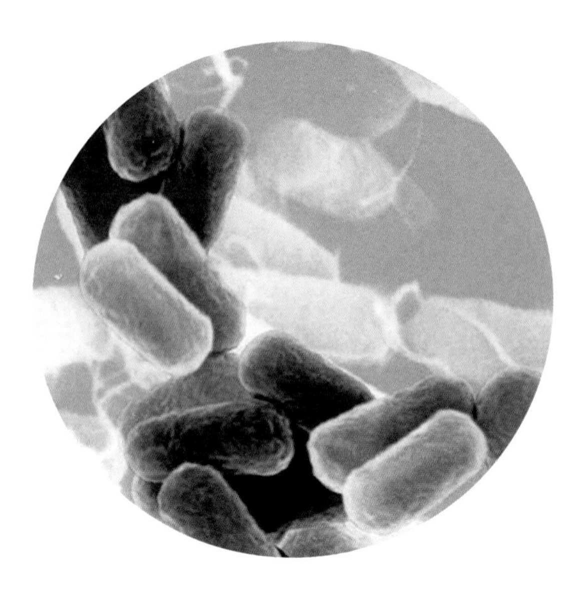
图 3–23 拟杆菌门

放线菌门（*Actinobacteria*）是原核生物中的一个类群，是一类革兰氏阳性细菌，曾经由于其形态被认为是介于细菌和霉菌之间的物种（图 3–24），是一种没有细胞核的原核生物，因其菌落呈放射状而得名。大多有基内菌丝和气生菌丝，少数无气生菌丝，多数产生分生孢子，有些形成孢囊和孢囊孢子，依靠孢子繁殖。表面上和属于真核生物的真菌类似，从前被分类为“放线菌目”。但因为放线菌没有核膜，且细胞壁由肽聚糖组成，和其他细菌一样。目前，通过分子生物学方法，放线菌的地位被肯定为广义细菌的一个大分支。放线菌用革兰氏染色可染成紫色（阳性），和另一类革兰氏阳性菌——厚壁菌门相比，放线菌的含量 [鸟嘌呤（G）和胞嘧啶（C）所占比例] 较高。

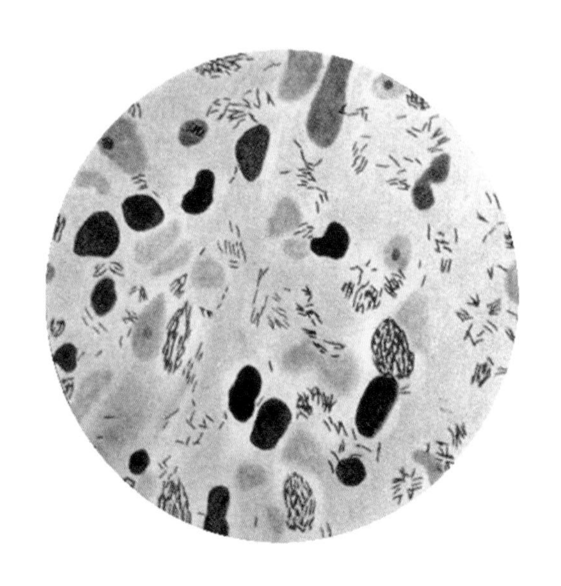
图 3–24 放线菌门

蓝藻菌门又称为蓝绿藻，是一类进化历史悠久、革兰氏染色阴性、无鞭毛、含叶绿素 a 但不含叶绿体（区别于真核生物的藻类）、能进行产氧性光合作用的大型单细胞原核生物（图 3–25）。与光合细菌的区别如下：光合细菌（红螺菌）进行较原始的光合磷酸化作用，反应过程中不放氧，为厌氧生物；而蓝细菌能进行光合作用，并且放氧。它的发展使

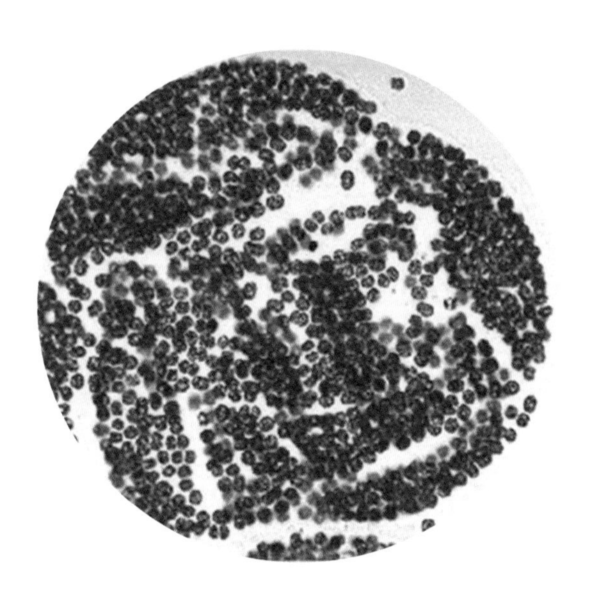

图 3-25 蓝藻菌门

整个地球大气从无氧状态发展到有氧状态，从而孕育了一切好氧生物的进化和发展。已有120多种蓝细菌具有固氮能力，特别是与满江红鱼腥蓝细菌（*Anabaena azollae*）共生的水生蕨类满江红，是一种良好的绿肥。但是，有的蓝细菌在受氮、磷等元素污染后引起富营养化的海水“赤潮”和湖泊的“水华”，给渔业和养殖业带来严重危害。此外，还有少数水生种类，如微囊蓝细菌属（*Microcystis*）会产生可诱发人类肝癌的毒素。蓝细菌广泛分布于自然界，除可在各种水体、土壤中和部分生物体内外，在岩石表面和其他恶劣环境（高温、低温、盐湖、荒漠和冰原等）中也可找到它们的踪迹（有“先锋生物”之美称）。它们在岩石风化、土壤形成及水体生态平衡中起着重要的作用。另外，蓝细菌具有一定经济价值，包括许多食用种类，如普通木耳念珠蓝细菌（即葛仙米，俗称地耳）、盘状螺旋蓝细菌（*Spirulina platensis*）、最大螺旋蓝细菌（*Smaxima*）等，后两种已开发成有一定经济价值的“螺旋藻”产品。

湿地土壤具有较厚的有机质层，其温度和氧含量比其他类型的土壤更稳定，这使湿地细菌群落具有相对稳定的组成，以保证其生态功能，同时解释了不同类型的湿地土壤中菌群结构的相似性。在门和属水平上，微生物群落存在差异，土壤中细菌以变形菌门、厚壁菌门、拟杆菌门为主，但在不同类群中仍存在明显的类群丰度差异，如HW5中，蓝藻菌门的丰度较高；YWS3中，变形菌门的丰度较高；YWS5中，拟杆菌门的丰度较高。同时，细菌的丰度和结构还受到植被的影响，因此植物多样性可以用来预测土壤微生物群落的多样性。

小　结

本章简要介绍了升金湖生物多样性，包括植物、鸟类、鱼类和微生物。对升金湖国际重要湿地中生存的主要动植物，从特征、分布、生存环境、习性等方面进行介绍。

经调查，升金湖中共有鱼类62种，优良的水质中生长着虾蟹、鳙鱼、鳜鱼、乌鳢、螺等水产品及国家二级重点保护动物胭脂鱼等。调查报告记录到，升金湖国际重要湿地有种子植物和蕨类植物等大量湿生或水生的维管束植物等，且种类丰富，分布较广。丰富的植物和微生物也是鸟类和鱼类的食物来源。升金湖水质良好，有机质丰富，浮游生物种类结构合理，软体动物种类多。水生维管束植物分布广，生物量大，生态系统具有很好的完整性和典型性。每年10月，升金湖随长江水位下降，露出大片浅水、泥滩、沼泽，成为水禽的良好栖息地，吸引大批雁鸭类、鹤类、鹳类、鸻鹬类、鸥类水禽前来越冬、停歇。其中，白头鹤、白鹤、白枕鹤、灰鹤、黑鹳、白琵鹭、白额雁、东方白鹳、小天鹅、豆雁、鸿雁、小白额雁为国家一、二级保护动物，也是升金湖重点保护鸟类。随着经济的发展，除食物资源以外的需求逐渐增加，人们也越来越多地从经济利益的角度对自然资源进行开发利用。过度放牧、围网养鱼、过度围垦、不合理的建设等行为，对鸟类栖息地的环境造成严重的破坏，直接导致鸟类数量和种类减少，因此合理规划和合理开发才是保证人鸟和谐的关键。

参考文献

[1] 安徽升金湖国家级自然保护区管理局. 历史沿革 [EB/OL] . (2010-03-02)[2021-08-20]. http://sjh.shidi.org/local.html.

[2] 柴晓娟，骆大伟，吴春笃，等. 水体中微生物分布及环境因素的相关性研究 [J]. 人民长江，2008，39(33) : 45-47，110.

[3] 陈凌娜，董斌，彭文娟，等. 升金湖自然湿地越冬鹤类生境适宜性变化研究 [J]. 长江流域资源与环境，2018，27(3) : 556-563.

[4] 程元启，吴建勋，邵建章. 安徽升金湖国家级自然保护区水生植物区系研究 [J]. 安徽师范大学学报，2009，32(3) : 256-260.

[5] 李金业，陈庆锋，李青，等. 黄河三角洲滨海湿地微生物多样性及其驱动因子 [J]. 生态学报，2021，41(15) : 6103-6114.

[6] 商乃萱，张坤，袁素强，等 . 围网拆除后升金湖后生浮游动物群落结构及环境因子的影响 [J]. 水生态学杂志，2022，43(1) : 86-94.

[7] 汪芳琳，宋火保，王风芹 . 升金湖湿地生物多样性及其保护对策研究 [J]. 重庆科技学院学报 (自然科学版)，2020，22(4) : 120-124.

[8] 王成，董斌，彭文娟，等 . 升金湖湿地土地利用对鹤类栖息地及种群数量的影响 [J]. 浙江农林大学学报，2018，35(3) : 511-518.

[9] 王成，董斌，朱鸣，等 . 升金湖湿地越冬鹤类栖息地选择 [J]. 生态学杂志，2018，37(3) : 810-816.

[10] 王宪伟，谭稳稳，宋长春，等 . 大兴安岭北部多年冻土区河岸森林湿地土壤性质和微生物呼吸活性特征 [J]. 应用生态学报，2021，32(12) : 4237-4246.

[11] 许李林，徐文彬，孙庆业，等 . 升金湖植物区系及其群落演变 [J]. 武汉植物学研究，2008，27 (3) : 264-270.

[12] 杨少文 . 升金湖湿地植被覆盖变化和鸟类栖息地动态特征研究 [D]. 合肥：安徽农业大学，2015.

[13] 叶小康 . 升金湖湿地人地关系及生态承载力演变机制研究 [D]. 合肥：安徽农业大学，2018 .

[14] 中国科学院水生生物研究所 . 长江鱼类 [M]. 北京：科学出版社，1976.

[15]FANG L, DONG B, WANG C, et al. Research on the influence of land use change to habitat of cranes in Shengjin Lake wetland[J]. Environmental science and pollution research , 2020, 27(7) : 7515-7525.

[16]PENG L, DONG B, WANG P, et al. Research on ecological risk assessment in land use model of Shengjin Lake in Anhui province, China[J]. Environmental geochemistry and health, 2019, 41(6) : 2665-2679.

[17]ZHOU G H, ZHOU L Z, DONG Y Q, et al. The gut microbiome of hooded cranes

(Grumonacha) wintering at Shengjin Lake, China[J]. Microbiology open, 2017, 6(3): e447.

[18]ZHOU J, ZHOU L Z, XU W B. Diversity of wintering waterbirds enhanced by restoring aquatic vegetation at Shengjin Lake,China[J]. Science of the total environment, 2020, 737 : 140190.

第 4 章
升金湖国际重要湿地评估

第4章　升金湖国际重要湿地评估

升金湖国际重要湿地是珍稀鸟类赖以生存的栖息地，也是长江中下游极少受到污染的浅水湖泊，其水质优良。升金湖国家级保护区湿地以升金湖为主体，由升金湖及周围的滩地组成，区内生物资源极其丰富，生物种类繁多，生境类型多样。但是，随着社会经济的飞速发展和人类活动干扰范围越来越广，升金湖国际重要湿地的土地利用及其景观格局发生了巨大变化，生态环境日益恶劣，给升金湖国家级保护区的生态保护与可持续发展带来了严峻挑战。本章首先分析了升金湖国际重要湿地土地利用动态度变化和土地利用变化程度，并根据景观格局指数和景观类型面积转移矩阵，分析升金湖的景观格局特征与变化规律；其次采用层次分析和模糊数学法建立土地利用生态风险评价模型，计算土地利用生态风险指数，进行风险等级的判定，对其进行评价分析；最后通过构建鹤类生境适宜性模型及使用生态系统服务和权衡综合评估模型（Integrated valuation of ecosystem services and trade-offs, InVEST）的栖息地质量模块，对升金湖国际重要湿地鹤类生境适宜性和生境质量（Habitat quality）进行综合评价，得出升金湖国际重要湿地鹤类生境适宜性、生境退化程度（Habitat degradation）及生境质量时空变化特征。通过对升金湖国际重要湿地进行评估，以期为湿地保护与管理等工作提供数据基础和决策依据。

4.1　土地利用评价

升金湖国际重要湿地土地利用评价主要通过土地利用动态度变化和土地利用变化程度两个方面进行分析。依据影像的监督分类结果，通过统计分析工具得出1986—2019年升金湖国际重要湿地各种土地利用类型面积的变化情况，进而获取各种土地类型的动态度和变化程度数据。

4.1.1 土地利用动态度变化

1. 土地利用变化趋势

基于升金湖国际重要湿地的9期TM影像，对其1986年、1990年、1995年、2000年、2004年、2008年、2011年、2015年、2019年共9期数据进行统计分析（见图2-1），得到该区域各土地利用类型面积（表4-1），并据此分析各时间段内各土地利用类型面积变化的趋势。

表4-1 升金湖国际重要湿地各土地利用类型面积 单位：hm²

年份/年	林地	草滩地	旱地	水田	泥滩地	水域	芦苇滩地	建设用地
1986	6 820.38	1 983.78	10 195.74	1 519.02	2 668.95	6 107.89	1 502.28	2 541.96
1990	6 615.63	1 950.03	10 002.7	3 010.35	2 184.06	6 193.95	1 299.24	2 084.04
1995	5 236.78	2 243.16	9 863.79	3 129.74	2 008.99	7 564.78	1 163.79	2 128.97
2000	5 688.74	2 118.58	9 836.79	2 915.51	1 894.3	8 454.53	1 158.4	1 273.15
2004	4 883.05	2 723.41	8 506.92	3 547.62	3 102.91	8 216.65	1 213.47	1 145.97
2008	4 339.37	3 372.68	6 684.08	3 561.23	2 190.89	8 092.26	1 573.97	3 526.52
2011	5 286.52	3 531.85	6 875.92	3 003.85	2 575.58	7 902.16	1 053.53	3 110.59
2015	5 589.88	3 825.07	6 282.90	3 186.01	5 058.48	5 446.16	915.08	3 009.42
2019	5 397.12	4 130.19	5 729.51	3 331.73	3 877.30	6 019.81	817.26	4 037.08

从图2-1和表4-1可以看出，虽然1986—2019年各土地利用类型的面积大小存在波动，但林地、旱地、水域和芦苇滩地面积总体呈现减少趋势；草滩地、水田、泥滩地等土地面积总体增加。1986—2008年，林地面积急剧减少；原本分布在升金湖南部的大片林地被转化为草滩地、旱地等；2008—2015年，林地面积逐渐增加，增加的主要原因是退耕还林和人工造林。1986—2019年，旱地面积呈现减少—增加—减少的趋势；其中2008—2011年，旱地面积略有增加，但总面积仍在减少；减少面积主要转化为了水田、建设用地和草滩地。1986—2000年，水域面积逐渐增加，增加的主要原因是泥滩地和芦苇滩地转化为水域；2000年后，水域面积不断减少，减少的部分主要转化为泥滩地、部分旱地和水田。1986—2015年，芦苇滩地面积总体呈减少趋势，但由于其占总面积的比例较小，变化相对平缓。1986—2019年，草滩地面积持续增加，增加部分主要来自林地和旱地。1986—1990年，水田面积迅速增长，此后水田面积虽

有波动，但增减较为平缓；1986—2019 年，水田面积有所增加，增加部分主要来自旱地和其他土地。1986—2000 年，泥滩地面积逐渐减少，减少的部分主要转为水田；2000—2019 年，泥滩地面积先增加后减少，再增加后减少；与 1986 年相比，泥滩地总面积仍呈现增加趋势。1986—2004 年，建设用地区域面积持续减少，主要是由于建设用地区域的空地转为了水田和旱地；2004—2008 年，建设用地面积显著增加；增加部分主要来自旱地；2008 年以后，建设用地面积先减少后增加。

2. 单一土地利用动态度

单一土地利用动态度表示区域某一时段某种土地利用类型的数量变化速度（鲍文楷等，2021；付建新等，2020；李秀芬等，2014）。基于 1986—2019 年各类土地利用类型总面积，计算出其 1986—2019 年各类土地利用类型面积的动态度变化，结果见表 4–2 所列，如图 4–1 所示。

表 4–2　1986—2019 年升金湖国际重要湿地的土地利用类型动态度变化　　单位：%

土地利用类型	时间 / 年								
	1986—1990	1990—1995	1995—2000	2000—2004	2004—2008	2008—2011	2011—2015	2015—2019	1986—2019
林地	–0.75	–4.17	1.73	–3.54	–2.79	7.21	1.44	–0.86	–0.63
草滩地	–0.43	3.01	–1.11	7.14	5.96	1.56	2.08	2.00	3.25
旱地	–0.47	–0.28	–0.05	–3.38	–5.36	0.95	–2.16	–2.20	–1.31
水田	24.55	0.79	–1.37	5.42	0.10	–5.16	1.52	1.14	3.58
泥滩地	–4.54	–1.60	–1.14	15.95	–7.35	5.79	24.36	–5.84	1.36
水域	0.35	4.43	2.35	–0.70	–0.38	–0.78	–7.77	2.63	–0.04
芦苇滩地	–3.38	–2.09	–0.09	1.19	7.43	–10.91	–3.29	–2.67	–1.37
建设用地	–4.50	15.96	–8.04	–2.50	51.93	–3.89	–0.81	8.54	1.76

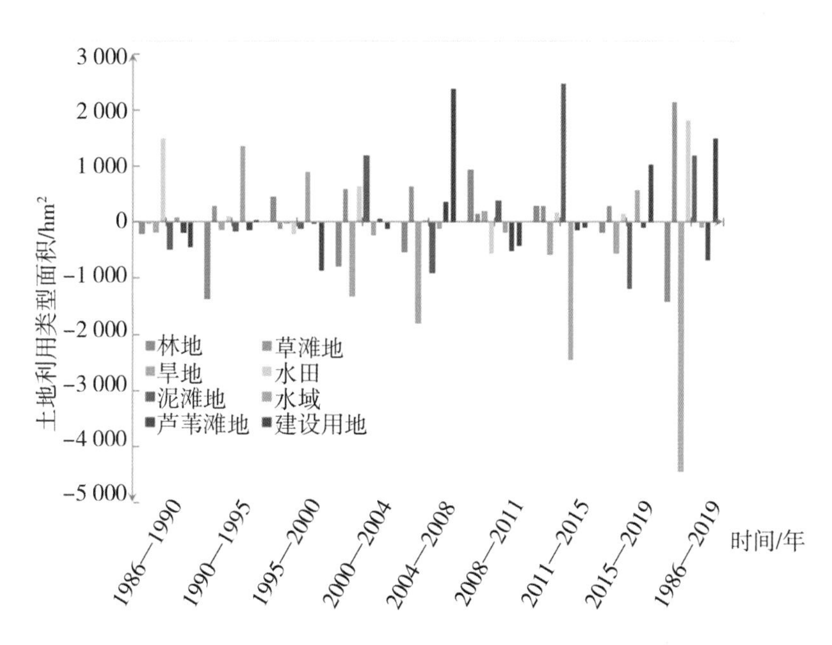

图 4–1 1986—2019 年升金湖国际重要湿地的土地利用类型面积变化图

从表4–2和图4–1可以看出，1986—2019年，升金湖国际重要湿地各种土地利用类型中，变化最大的是旱地，面积减少4 466.23 hm²，占比减少43.8%。其余依次为草滩地、水田、建设用地、林地、泥滩地、芦苇滩地、水域；变化面积如下：草滩地面积增加2 146.41hm²，水田面积增加1 812.71hm²，建设用地面积增加1 495.12hm²，林地面积减少1 423.26hm²，泥滩地增加1 208.35hm²，芦苇滩地面积减少685.02hm²，水域面积减少88.08hm²。

1986—2019年，升金湖国际重要湿地各种土地利用类型中，水田变化幅度最大，动态度为3.58%。其余为草滩地、建设用地、芦苇滩地、泥滩地、旱地、林地和水域。草滩地的动态度为3.25%，建设用地利用的动态度为1.76%，芦苇滩地的动态度为 –1.37%，泥滩地的动态度为1.36%，旱地的动态度为 –1.31%，林地的动态度为 –0.63%，水域的动态度为 –0.04%。

4.1.2 土地利用变化程度

土地利用程度主要体现在土地利用的广度和深度上，它不仅反映了土地利用过程中土地本身的自然属性，同时也反映了人类因素和自然环境因素的综合效应（陈万旭和曾杰，2021；傅伯杰和于丹丹，2016；朱会义和李秀彬，2003；赵景柱等，2000）。根据庄大方和刘纪远（1997）提出的土地利用程度综合分析方法，将土地利用程度按照土地自然综合体在社会因素影响下的自然平衡状态分成若干等级，并赋予

分级指数，见表 4-3 所列。

表 4-3　土地利用类型分级表

项目	未利用土地级	林、草、水用地级	农业用地级	城镇聚落用地级
土地利用类型	泥滩地、芦苇滩地	林地、草滩地、水域	水田、旱地	居住用地、交通用地
分级指数	1 级	2 级	3 级	4 级

土地利用程度综合指数的计算公式为

$$L_a=100\times\sum_{i=1}^{n}A_i\times C_i, L_a\in(100, 400) \quad (4\text{–}1)$$

式中：L_a 为研究区域内的土地利用程度综合指数；i 为各类土地利用类型的分级指数；A_i 为研究区域内的第 i 级土地利用程度分级指数；C_i 为研究区域内的第 i 级土地利用类型面积百分比。

利用式（4–1）计算 1986—2019 年升金湖国际重要湿地土地利用程度综合指数（图 4–2）。结果表明，1986—2019 年，升金湖国际重要湿地土地利用程度综合指数一般为 200~300，这说明该地区土地利用程度总体处于中等水平，土地利用处于发展期，受人类活动影响较大。

1986—1995 年，土地利用程度综合指数呈上升趋势，由 1986 年的 225.87 上升到 2000 年的 236.73，变化量为 10.86，年平均变化量约为 0.776。这表明升金湖国际重要湿地在该时期的土地利用程度逐渐提高，土地利用处于发展期。2000—2004 年，土地利用程度的综合指数呈现下降趋势，从 2000 年的 236.73 下降到 2004 年的 230.08，变化量为 –6.65，这表明升金湖国际重要湿地该时期的土地利用处于调整阶段；2004—2008 年，土地利用程度综合指数从 230.08 上升到 240.59，变化量为 10.51，年平均变

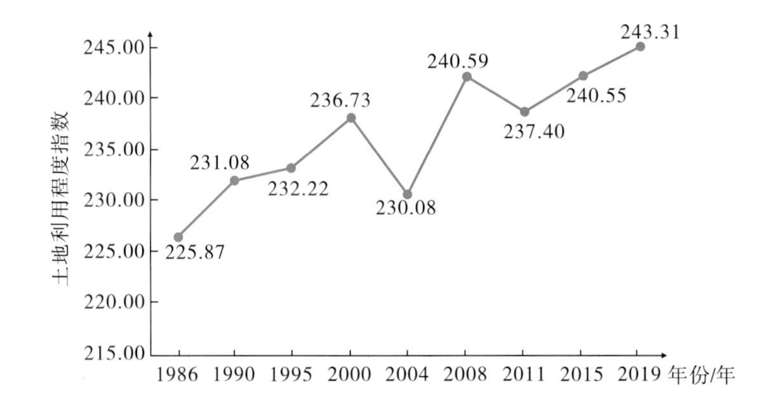

图 4–2 1986—2019 年升金湖国际重要湿地土地利用程度综合指数变化

化量为 2.627 5，土地利用处于发展阶段，土地利用程度稳步上升。2008—2011 年，土地利用程度综合指数逐渐下降，之后土地利用程度综合指数从 2011 年的 237.40 上升到 2019 年的 243.31，变化量为 5.91，年平均变化量为 0.739。这主要是由于近年来人类活动的增加，建设用地面积也在增加。

4.2 土地利用生态风险评价

4.2.1 评价模型的建立

1. 评价指标因子的选择

升金湖国家级自然保护区土地利用生态风险研究的主要内容为由土地利用的变化所引起的土地利用生态风险变化，包括土地因素、景观因素和人类活动等的影响（黄小羽，2017）。因此，选择评价指标的时候应涉及以上方面。对土地利用生态风险评价因子进行选择并确定其权重是进行评价的关键步骤。升金湖国家级自然保护区土地利用生态风险评价主要是对其土地利用对人类及社会持续发展的适宜程度进行评价，研究土地利用生态系统受到的人口、环境和经济发展水平压力的大小。

根据升金湖国家级自然保护区土地利用的特点及相关资料的可获取性，运用相关分析方法选取能体现土地利用生态风险的评价因子，评价因子分为土地利用因子、景观生态因子、社会经济因子和环境因子 4 个类别，即 4 个准则层指标。根据获取的土地利用数据和相关统计年鉴数据，初步提取了 28 个指标，见表 4–4 所列。

表 4–4 土地利用生态风险评价指标

准则层指标	指标因子
土地利用因子	建设用地百分比
	耕地垦殖指数
	植被覆盖率
	土地利用率
	单位面积水资源总量
	土地利用优势度指数
	土地多样性指数

（续表）

准则层指标	指标因子
景观生态因子	斑块平均大小
	景观分割度
	斑块数量
	景观破碎度
	香农多样性指数
	边缘面积分维
	蔓延度指数
	散布与并列指数
	分维度指数
社会经济因子	人口密度
	国内生产总值
	人均收入
	工业总产值
	粮食总产量
	基本建设投资
环境因子	年均降水量
	年均气温
	农村农药使用量
	农村化肥施用量
	“三废”综合排放量
	自然灾害发生数量

为了更准确地选取影响土地利用生态风险的指标，运用相关统计软件，对每个指标层的指标因子进行相关性分析，将指标相关性大的指标进行删除，从而选取评价指标因子，建立评价指标体系。首先筛选土地利用因子，运用 SPSS 统计分析软件中的相关分析模块，对 7 个土地利用因子进行相关性分析计算，计算结果见表 4–5 所列。

表 4-5 土地利用因子相关系数矩阵

项目	建设用地百分比 %	耕地垦殖指数	植被覆盖率 %	土地利用率 %	单位面积水资源总量	土地利用优势度指数	土地多样性指数
建设用地百分比	1	0.702	−0.455	0.215	−0.363	−0.437	0.406
耕地垦殖指数	0.702	1	0.756	0.407	−0.975	−0.669	−0.08
植被覆盖率	−0.455	0.756	1	0.435	−0.866	−0.831	0.045
土地利用率	0.215	0.407	0.435	1	−0.437	−0.321	0.023
单位面积水资源总量	−0.363	−0.975	−0.866	−0.437	1	0.77	−0.021
土地利用优势度指数	−0.437	−0.669	−0.831	−0.321	0.77	1	−0.181
土地多样性指数	0.406	−0.08	0.045	0.023	−0.021	−0.181	1

由表 4-5 可以看出，建设用地百分比、植被覆盖率、土地利用率、单位面积水资源总量和土地多样性指数的相关性较小，可作为土地利用指标因子，其中建设用地百分比和单位面积水资源总量及植被覆盖率是呈负相关的。再运用同样的方法，选取景观生态因子、社会经济因子和环境因子，其相关系数矩阵见表 4-6、表 4-7、表 4-8 所列。

表 4-6 景观生态因子相关系数矩阵

项目	斑块平均大小	景观分割度	斑块数量	景观破碎度	香农多样性指数	边缘面积分维	蔓延度指数	散布与并列指数	分维度指数
斑块平均大小	1	−0.773	−0.585	−0.502	−0.071	−0.166	0.868	−0.523	−0.62
景观分割度	−0.773	1	0.525	0.577	0.074	0.056	−0.871	0.554	0.896
斑块数量	−0.585	0.525	1	0.784	−0.057	0.246	−0.37	0.227	0.355
景观破碎度	−0.502	0.577	0.784	1	−0.062	−0.175	−0.478	0.134	0.31
香农多样性指数	−0.071	0.074	−0.057	−0.062	1	−0.288	−0.031	−0.325	0.067
边缘面积分维	−0.166	0.056	0.246	−0.175	−0.288	1	0.031	0.563	0.13
蔓延度指数	0.868	−0.871	−0.37	−0.478	−0.031	0.031	1	−0.575	−0.758
散布与并列指数	−0.523	0.554	0.227	0.134	−0.325	0.563	−0.575	1	0.59
分维度指数	−0.62	0.896	0.355	0.31	0.067	0.13	−0.758	0.59	1

表 4-7　社会经济因子相关系数矩阵

项目	人口密度	国内生产总值	人均收入	工业总产值	粮食总产量	基本建设投资
人口密度	1	0.634	0.658	-0.436	0.573	0.297
国内生产总值	0.634	1	0.812	-0.473	0.519	0.782
人均收入	0.658	0.812	1	-0.554	0.401	0.603
工业总产值	-0.436	-0.473	-0.554	1	0.189	-0.334
粮食总产量	0.573	0.519	0.401	0.189	1	0.207
基本建设投资	0.297	0.782	0.603	-0.334	0.207	1

表 4-8　环境因子相关矩阵

项目	年均降水量	年均气温	农村农药使用量吨	农村化肥施用量吨	“三废”综合排放量	自然灾害发生数量
年均降水量	1	-0.876	-0.748	0.116	0.278	0.592
年均气温	-0.876	1	0.890	0.257	-0.099	-0.468
农村农药使用量/t	-0.748	0.890	1	0.385	-0.002	-0.506
农村化肥施用量/t	0.116	0.257	0.385	1	0.693	0.283
“三废”综合排放量	0.278	-0.099	-0.002	0.693	1	0.482
自然灾害发生数量	0.592	-0.468	-.0506	0.283	0.482	1

最终选取了 16 个指标因子，分别为建设用地百分比、植被覆盖率、土地利用率、单位面积水资源总量、土地多样性指数（土地利用指标）、景观分割度、斑块数量、景观破碎度、蔓延度指数、散布与并列指数（景观生态指标）、人口密度、国内生产总值、粮食总产量（社会经济指标）、年均降水量、农村农药使用量、“三废”综合排放量（环境指标）。这 16 个指标因子建立了升金湖湿地土地利用生态风险评价指标体系。

2. 指标权重的确定

对选取的土地利用生态风险评价指标进行权重确认是评价研究的重点。本节运用 Yaahp 层次分析软件对土地利用生态风险影响因子权重进行确定。Yaahp 层次分析软件的原理主要是专家打分，根据指标之间重要性的对比，选取相关的专家，通过软件计算得出权重。生态风险评价指标包含 4 个指标层，即土地利用因子、景观生态因子、社会经济因子和环境因子。首先，确定该指标层的权重，其中土地利用因子和景观生态因子对生态风险的影响较大，因为本节研究的是土地利用生态风险，土地利用数据与景观数据是反映土地利用生态风险的主要因素；社会经济因子和环境因子的影响较小，本节研究的是升金湖国家级自然保护区，社会经济活动的影响相对于城市区域的影响要小，因此这两个指标因子的权重较低。其次，确定指标层的权重后，再确定 4 个指标层下的子指标权重。

运用 Yaahp 层次分析软件计算得出各类指标权重，判断矩阵均采用群体判断的方法构造，根据 4 个指标层的 16 个指标的递阶层次结构，以上一层次元素为准则，对它所支配的下一层次各元素的相对重要性进行两两比较，使用 1~9 比例标度法，请有关专家给出判断矩阵的元素值，从而形成层次分析的判断矩阵。构造了 *A–B*、*B–C* 的判断矩阵，再进行层次单排序的一致性检验。随机一致性比率 CR 的计算公式为

$$CR=(\lambda_{max}-n)/[(n-1)\cdot RI] \quad (4\text{–}2)$$

式中，λ_{max} 为判断矩阵的最大特征值，RI 为平均随机一致性指标。

当 CR< 0.1 时，层次单排序结果的一致性较为满意，不然需要重新调整方法再进行计算。最后计算得出层次总排序总一致性比例 CR 的值为 0.043 8，小于规定的 0.1，因此土地利用生态风险评价指标层次总排序具有满意的一致性。土地利用生态风险评价指标体系及权重值见表 4–9 所列。

表 4–9　土地利用生态风险评价指标体系及权重

<table>
<tr><th rowspan="2">目标层 A</th><th colspan="2">准则层 B_i</th><th colspan="2">指标层 C_{ij}</th><th rowspan="2">总权重</th><th rowspan="2">总排序</th></tr>
<tr><th>准则名称</th><th>权重</th><th>指标名称</th><th>权重</th></tr>
<tr><td rowspan="5">升金湖湿地土地利用生态风险评价</td><td rowspan="5">土地利用因子 B_1</td><td rowspan="5">0.563 8</td><td>建设用地百分比（C_{11}）</td><td>0.474 8</td><td>0.267 7</td><td>1</td></tr>
<tr><td>植被覆盖率（C_{12}）</td><td>0.249 4</td><td>0.140 6</td><td>2</td></tr>
<tr><td>土地利用率（C_{13}）</td><td>0.095 7</td><td>0.054 0</td><td>7</td></tr>
<tr><td>单位面积水资源总量（C_{14}）</td><td>0.121 8</td><td>0.068 7</td><td>5</td></tr>
<tr><td>土地多样性指数（C_{15}）</td><td>0.058 2</td><td>0.032 8</td><td>11</td></tr>
</table>

（续表）

目标层 A	准则层 B_i		指标层 C_{ij}		总权重	总排序
	准则名称	权重	指标名称	权重		
升金湖湿地土地利用生态风险评价	景观生态因子 B_2	0.263 4	景观分割度（C_{21}）	0.339 8	0.089 5	3
			斑块数量（C_{22}）	0.103 3	0.027 2	13
			景观破碎度（C_{23}）	0.279 2	0.073 5	4
			蔓延度指数（C_{24}）	0.133 2	0.035 1	10
			散布与分列指数（C_{25}）	0.144 4	0.038 0	8
	社会经济因子 B_3	0.117 8	人口密度（C_{31}）	0.195 8	0.023 1	14
			国内生产总值（C_{32}）	0.310 8	0.036 6	9
			粮食总产量（C_{33}）	0.493 4	0.058 1	6
	环境因子 B_4	0.055 0	年均降水量（C_{41}）	0.250 0	0.013 8	15
			农村农药使用量（C_{42}）	0.500 0	0.027 5	12
			“三废”综合排放量（C_{43}）	0.250 0	0.013 8	15

由表 4–9 可以看出，建设用地百分比、植被覆盖率、景观分割度、景观破碎度、单位面积水资源总量和粮食总产量这 6 个指标所占权重较大，它们对保护区生态风险变化影响较大。

3. 评价模型的建立

（1）确定评价集

按照升金湖国际重要湿地的实验区、核心区、缓冲区 3 个功能区，将反映土地利用生态风险特征的 16 个评价指标建立评价集。其中，评判对象集为 $Y=\{Y_i(i=1,2,3)\}$，Y_i 为升金湖国际重要湿地第 i 个功能区，评判指标集为 $X=\{(X_j(j=1，2，3，\cdots，16)\}$，$X_j$ 为第 j 个评价指标。

（2）确定隶属矩阵

本节选取的土地利用生态风险指标的隶属度需要由隶属函数确定，针对定量指标所采用的隶属函数是指对 n 个方案的 m 个指标建立目标特征值矩阵，升金湖国家级自然保护区三个功能区的 16 个指标组成的目标特征值矩阵为

$$\boldsymbol{Y}=\begin{bmatrix} y_{11} & \cdots & y_{1n} \\ \vdots & & \vdots \\ y_{m1} & \cdots & y_{mm} \end{bmatrix} \tag{4–3}$$

式中：$m=1，2，\cdots，16$；$n=1，2，3$。

升金湖国际重要湿地属于池州市，地跨贵池区和东至县，其研究区内的各类指标

不易直接获取，因此，本节选取的数据是将每个县的平均值或者按照单位面积进行平均分配计算的；然后再对所有指标进行归一化处理，以消除不同量纲的影响，从而建立起比较可靠的模型。上述各项指标通过层次分析法确立权重后，再对升金湖国际重要湿地 3 个功能区的 16 个指标的实测和统计数据建立隶属度函数，由于各指标的性质不同，各指标采取隶属度函数也不同。具体方法如下：

$$x(i,j)=\frac{x^*(i,j)}{x_{\max}(j)} \tag{4-4}$$

$$x(i,j)=\frac{x_{\max}(j)}{x^*(i,j)} \tag{4-5}$$

式中：$x(i,j)$ 为指标特征值规格化的序列；$x^*(i,j)$ 为第 i 样本的第 j 个指标；$x_{\max}(j)$ 为第 i 个指标的最大值；$x_{\max}(j)$ 为第 j 个指标的最小值。

在土地利用生态风险指标体系的 16 个指标中，值越大从而生态风险越大的指标因子包括：建设用地百分比、人口密度、农村化肥施用量、农村农药使用量，其余 12 个指标因子都是值越大风险越小。由此组成 1986 年、1995 年、2000 年、2004 年、2011 年、2019 年 6 期升金湖国际重要湿地 3 个功能区的 16 个评价指标的隶属度矩阵：

$$\boldsymbol{G}_{1986}=\begin{bmatrix}0.68&0.31&1.00\\0.82&1.00&0.75\\0.51&1.00&0.51\\0.90&0.24&1.00\\1.00&0.99&0.96\\1.00&0.55&0.65\\0.56&1.00&0.94\\1.00&0.55&0.65\\0.87&0.88&1.00\\1.00&0.86&0.84\\0.24&0.18&1.00\\0.28&1.00&0.54\\1.00&0.62&0.36\\0.36&0.58&1.00\\1.00&0.46&0.93\\1.00&0.28&0.53\end{bmatrix}\quad \boldsymbol{G}_{1995}=\begin{bmatrix}1.00&0.18&0.84\\0.32&1.00&0.40\\1.00&0.18&1.00\\0.96&0.91&1.00\\1.00&0.98&1.02\\1.00&1.00&0.92\\1.00&0.45&0.56\\0.88&0.84&1.00\\1.00&0.86&0.88\\0.85&0.44&1.00\\0.11&1.00&0.37\\1.00&0.18&0.84\\1.00&1.00&1.00\\1.00&0.47&1.00\\0.98&0.47&1.00\\1.00&0.11&0.30\end{bmatrix}\quad \boldsymbol{G}_{2000}=\begin{bmatrix}1.00&0.18&0.74\\0.16&1.00&0.18\\0.36&1.00&0.37\\1.00&0.27&0.92\\0.27&1.00&0.27\\0.94&0.58&1.00\\0.30&1.00&0.81\\1.00&0.25&0.45\\0.93&0.71&1.00\\0.89&1.00&0.88\\1.00&0.36&0.61\\0.11&1.00&0.43\\1.00&0.18&0.74\\1.00&1.00&1.00\\1.00&0.36&1.00\\1.00&0.11&0.27\end{bmatrix}$$

$$
\boldsymbol{G}_{2004}=\begin{bmatrix}0.21&1.00&1.00\\1.00&0.32&0.35\\0.31&1.00&0.31\\0.21&1.00&0.86\\1.00&0.36&0.32\\0.93&0.65&1.00\\0.25&1.00&0.54\\1.00&0.25&0.55\\0.82&0.60&1.00\\0.94&1.00&0.89\\0.86&1.00&1.00\\0.14&1.00&0.37\\0.20&0.97&1.00\\0.99&1.00&1.00\\0.32&1.00&0.93\\1.00&0.14&0.37\end{bmatrix}\quad
\boldsymbol{G}_{2011}=\begin{bmatrix}1.00&0.45&1.00\\0.15&1.00&0.14\\0.33&1.00&0.32\\0.75&0.20&1.00\\0.96&1.00&0.96\\0.94&0.73&1.00\\0.35&1.00&0.83\\1.00&0.37&0.52\\0.86&0.70&1.00\\1.00&1.00&0.95\\0.98&0.45&1.00\\0.28&1.00&0.78\\1.00&0.62&0.36\\0.98&0.96&1.00\\1.00&0.25&0.37\\1.00&0.28&0.36\end{bmatrix}\quad
\boldsymbol{G}_{2019}=\begin{bmatrix}1.00&0.45&1.00\\0.16&1.00&0.18\\0.36&1.00&0.37\\0.90&0.27&1.00\\0.96&1.00&0.98\\1.00&0.58&0.92\\0.56&1.00&0.94\\0.88&0.55&0.65\\0.93&0.86&1.00\\1.00&1.00&0.84\\0.98&0.36&0.61\\0.11&1.00&0.84\\1.00&0.62&0.38\\0.98&0.96&1.00\\1.00&0.36&0.93\\1.00&0.28&0.27\end{bmatrix}
$$

由上述矩阵可知，土地利用生态风险评价 16 个指标的权重矩阵 $\boldsymbol{A}$ 为：

$\boldsymbol{A}$= [0.267 7 0.140 6 0.054 0 0.068 7 0.032 8 0.089 5 0.027 2 0.073 5 0.035 1 0.038 0 0.023 1 0.036 6 0.058 1 0.013 8 0.027 5 0.013 8]

（3）建立评价模型

根据升金湖国际重要湿地土地利用生态风险评价指标及各指标的权重，选取的 16 个指标因子均对土地利用生态风险有影响，所以采用模糊数学中的加权平均模型建立该研究区的土地利用生态风险评价模型，具体如下：

$$
\mathrm{ERI}=\mathrm{A}\times\mathrm{G}=\sum_{i=1}^{n}(A_i\cdot G_i)\times 100 \tag{4-6}
$$

式中：ERI 是土地利用生态风险指数；G_i 为第 i 个土地利用生态风险评价指标的值；A_i 为评价指标 G_i 的权重。该模型中乘以 100 是为了使评价结果便于运用。按照式（4–6）的综合评价模型分别计算 1986 年、1995 年、2000 年、2004 年、2011 年、2019 年升金湖国际重要湿地功能区的土地利用生态风险值，结果见表 4–10 所列。

表 4–10　升金湖国际重要湿地功能区土地利用生态风险值

年份 / 年	功能区	风险值
1986	实验区	40.72
	核心区	31.25
	缓冲区	48.84

（续表）

年份 / 年	功能区	风险值
1995	实验区	58.50
	核心区	34.51
	缓冲区	50.01
2000	实验区	65.10
	核心区	41.21
	缓冲区	52.13
2004	实验区	60.52
	核心区	54.83
	缓冲区	58.41
2011	实验区	75.47
	核心区	57.41
	缓冲区	66.88
2019	实验区	78.56
	核心区	60.84
	缓冲区	63.72

按照 3 个功能区的土地利用生态风险指数，根据功能区的面积比例，计算整个升金湖国际重要湿地的土地利用生态风险值，见表 4–11 所列。

表 4–11　整个升金湖国际重要湿地的土地利用生态风险值

年份 / 年	1986	1995	2000	2004	2011	2019	年均变化率
风险值	40.27	47.67	51.14	59.58	66.58	70.42	2.27%

由表 4–10 和表 4–11 可以看出，30 多年来，升金湖国际重要湿地土地利用生态风险变化较大，3 个功能区土地利用生态风险都有所增强，其中实验区土地利用生态风险变化最剧烈，土地利用生态风险指数上升了 37.84，升金湖国家级自然保护区整体土地利用生态风险上升了 30.15。保护区的主体为升金湖水域，整个保护区生态风险区域差异较大，参考土地利用生态风险评价分级标准，根据研究区域内的实际情况，将升金湖国际重要湿地土地利用生态风险分为四个等级，即低风险区、较低风险区、中风险区和高风险区。根据分级标准将生态风险值小于 35 的定义为低风险区，(35–55]

则为较低风险区，(55–75] 则为中风险区，大于 75 的则为高风险区。土地利用生态风险分级标准见表 4–12 所列。

表 4–12　土地利用生态风险分级标准

级别	低风险	较低风险	中风险	高风险
指数	$E \leqslant 35$	$35 < E \leqslant 55$	$55 < E \leqslant 75$	$E > 75$

根据计算出的土地利用生态风险指数和分级标准，可以得知升金湖土地利用生态风险等级，见表 4–13 所列；通过 ArcGIS 软件，可以将升金湖国家级自然保护区的土地利用情况制作成图，如图 4–3 所示。

表 4–13　土地利用生态风险总体分级

功能区	1986 年	1995 年	2000 年	2004 年	2011 年	2019 年
实验区	较低风险	中风险	中风险	中风险	高风险	高风险
核心区	低风险	低风险	较低风险	较低风险	中风险	中风险
缓冲区	较低风险	较低风险	较低风险	中风险	中风险	中风险
保护区	较低风险	较低风险	较低风险	中风险	中风险	中风险

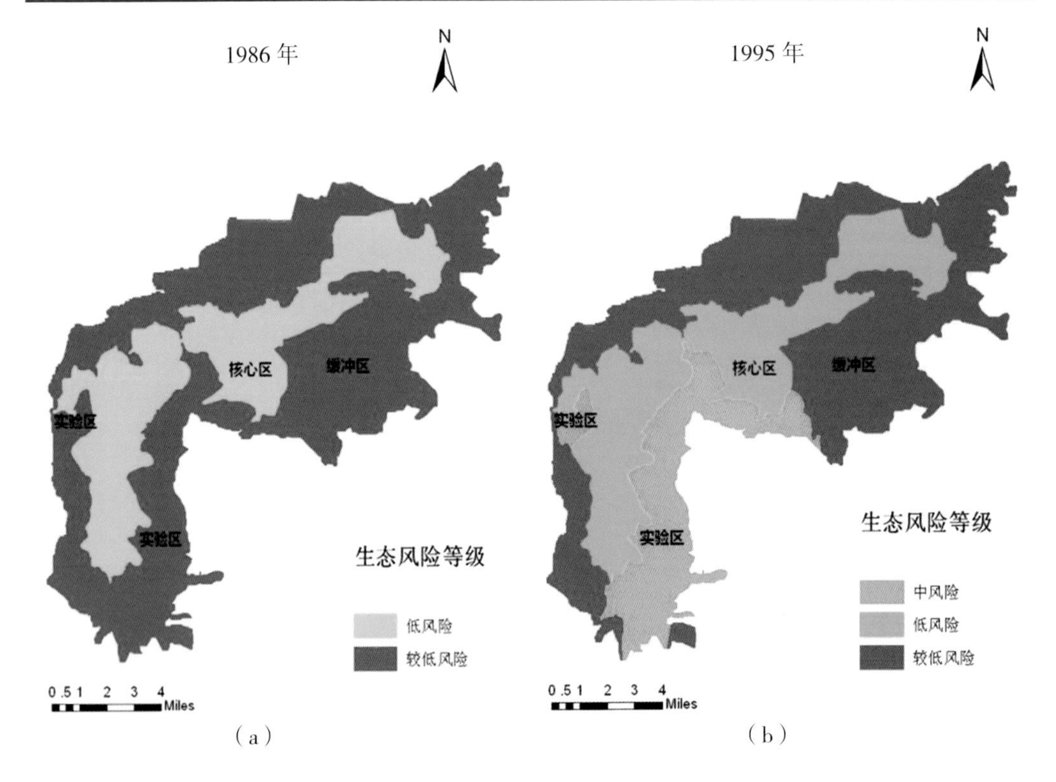

（a）　　　　（b）

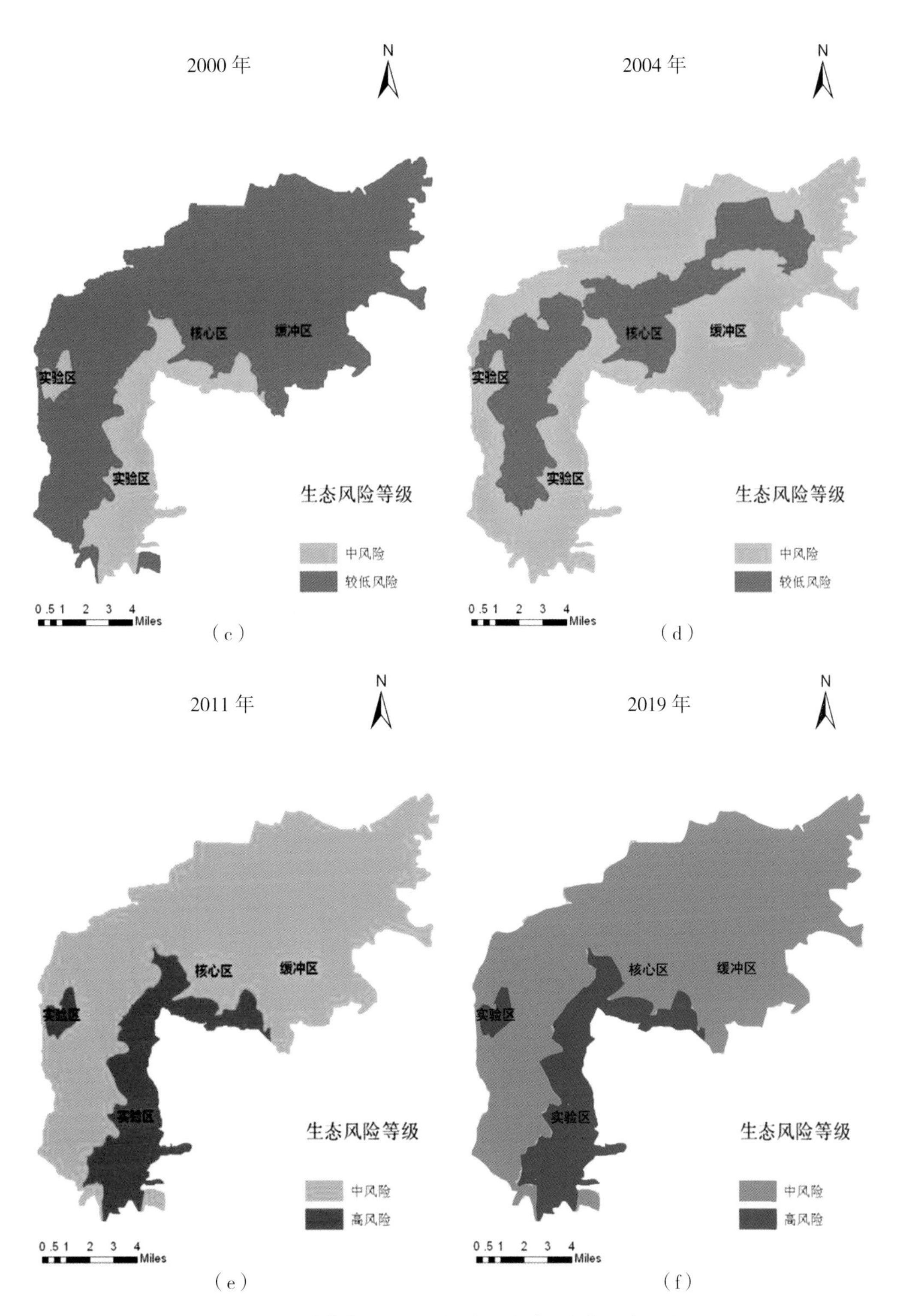

图4-3 升金湖国际重要湿地土地利用生态风险评价

升金湖国际重要湿地1986年、2005年、2000年、2004年、2011年和2019年的土地利用生态风险评价结果具体如下：保护区6期的土地利用生态风险呈不断上升趋势，从较低风险等级上升到中风险等级，但总体上处于生态安全状态，并未达到高风险等级。因为保护区的核心区土地利用生态风险较低，所以整体生态风险上升速度没有过快，处于安全范围内。保护区内的每个功能区的土地利用生态风险不相同，实验区和缓冲区两个功能区的土地利用生态风险较高，核心区的土地利用生态风险相对较低。

从表4–13可以看出，核心区和缓冲区的土地利用生态风险指数都有上升，核心区的风险指数上升得比较快。核心区是升金湖的主体部分，主要由水域组成，30多年来，水产养殖业的发展及人类活动的影响使核心区的土地利用生态风险增加，围湖造田等活动也使核心区的生态环境遭到了破坏，生态风险有所提升。缓冲区的土地利用生态风险变化明显，建设用地和交通用地面积增加较多，耕地面积有所减少，人类活动比较频繁，对该区的生态风险影响较大。实验区的土地利用生态风险指数呈先增、后降、再增的趋势，1986—2000年土地利用生态风险增加，粗放的生产方式、纯粹地加大投入来提高产出，以及农药化肥的使用，使该区域生态风险增加；2000—2004年，土地利用生态风险有所缓和，这段时间实验区的林地面积增加较多，森林覆盖率增加，这与国家要求“退耕还林”等政策有关，使实验区的土地利用生态风险指数有所降低；2004—2019年，土地利用生态风险呈现持续升高趋势，这段时间经济发展迅速，对升金湖的生态环境有所影响，导致土地利用生态风险值增高。

4.2.2 评价结果及分析

升金湖国家级自然保护区自建立30多年来，土地利用类型发生了一定的变化，耕地面积减少，主要转化为建设用地、交通用地和水域。水域面积虽然增多了，但是水质变差了，农药、化肥的使用及废水的排放使升金湖的水质受到一定的影响，升金湖的生态风险值增高，且东北和西南地区的土地利用生态风险呈现恶化的趋势。升金湖栖息的鸟类数量也有所减少，珍稀鸟类变少，它们栖息的草地数量减少，种种迹象表明，对升金湖进行保护十分必要。因此根据升金湖国家级自然保护区1986—2019年土地利用生态风险指数，并结合保护区实地调研的数据和统计资料，分析升金湖国家级自然保护区土地利用生态风险的上升原因是研究的关键，通过发现原因，从而找到解决方法，为升金湖国家级自然保护区管理者提出合理建议进行科学管理，从而保护升金湖的生态环境（穆飞翔等，2016；张丽等，2014；谢菲等，2011）。

1. 生态风险增加原因分析

（1）粗放的农业生产模式

近年来，升金湖国家级自然保护区的农业生产水平有所提升，农业结构有所调整，生产投入加大，但未从根本上改变生产方式，当地还是以粗放的生产方式为主。农药化肥的使用量还在加大，农产品产量提高的同时也在一定程度上破坏了土壤。农药化肥的包装袋及使用后的塑料薄膜主要通过填埋或者焚烧的方式进行处理。粗放的农业生产虽然使生产量有所增加，但是不利于升金湖国家级自然保护区土地资源的保护，最终还是会影响到其经济的发展（许洛源等，2011；于兴修等，2004；秦丽杰等，2002）。

（2）落后的生活模式

虽然，现在农村生活水平有了一定提高，但生活水平的提高并不只包括收入的提高，也包括人们生活习惯的日趋科学化和生活基础设施的完善，包括生活质量的提高。在实地调查时发现当地缺乏较为统一的垃圾处理系统，居民的生活垃圾处理得不好，大多丢弃在屋外，生活污水直接排放到河流湖泊中。随意丢弃的生活垃圾会一定程度上影响土地的质量，导致土壤肥力的下降，使宜耕地变成产量低的耕地，甚至是农业价值较低的荒地，对当地的生态环境产生影响。

（3）人口的增长

1986—2019年，升金湖国家级自然保护区的人口总量呈现逐年增长的趋势，尤其是2006—2007年这段时间，总人口数从20.52万人增长到26.37万人，增长率达到28.51%。虽然人口的快速增长给升金湖国家级自然保护区的经济发展提供了充足的劳动力，但也给升金湖国家级自然保护区的土地资源带来了压力，过快的人口增长是导致土地利用结构变化和土地利用生态风险提高的原因之一。

（4）环境保护意识淡薄

环境保护意识淡薄的问题不仅仅局限在农村偏远地区，城市和发达地区也存在同样的问题。在实地调研中，升金湖国家级自然保护区的居民对环境保护的定义及环保的重要性了解较少，对于日常生活中应该怎样保护环境没有明确的意识，怎样提高家庭的收入才是他们关心的首要问题。近年来，虽然国家加大了对于环境保护的宣传力度，但是想要让环境保护意识深入人心还需要做很大的努力。

（5）环境保护投入力度不足

土地利用需要达到经济、社会，环境效益的统一，升金湖国家级自然保护区的社

会经济发展和环境保护之间还存在很大矛盾。虽然国家一直强调国内生产总值不是衡量一个国家和地区政绩的唯一指标，但是受各方面因素的影响，不管是当地政府还是居民都将注意力放在了社会经济发展和生产上，以经济发展为第一要义，疏忽对环境的保护，近年来城市雾霾情况越来越严重，正是这一现象的真实反映。农村对环境保护的投入力度不够，依旧存在秸秆焚烧、生活垃圾没有很好处理的现象，这是当地环境恶化的主要原因之一。

2. 生态风险降低措施

根据升金湖国家级自然保护区土地利用生态风险形成的原因，制定相应的保护和防治策略，是进行土地利用生态风险评价的重要目的之一。本节给出以下的解决方法，缓解升金湖国家级自然保护区人地矛盾，构建和谐的人地关系，实现人类发展与环境保护和谐的局面。

（1）转变经济发展方式，完善研究区域产业结构

社会不断发展是人类历史发展的规律，阻碍社会经济发展的生产方式必将被淘汰，但社会经济发展并不应以牺牲生态环境来获得。以前的经济发展大多靠大量的投入提高产量，如农业靠大量投入农药化肥，渔业靠盲目地加大捕捞量，矿业靠不断开采等，这些粗放的生产方式只能带来短期的获利，以破坏环境带为代价的经济发展必将也会被社会所淘汰。因此，国家和当地政府提出“科学富农、技术强农”的经营发展模式。近年来，中央一号文件一直关注农业问题，2013 年提出充分发挥科学技术在促进农业发展上的作用，加快我国农业发展模式的转变。但在实地调研中发现升金湖国家级自然保护区在农业上的科学技术投入仍然较少，人们采用的大多是传统的粗放型生产模式，因此，今后需要加大科学技术推广力度，加快转变经济发展方式，积极开展“科技兴农”战略，鼓励农业科技创新。

此外，单一的产业结构也是导致当地生态环境被破坏、土地利用生态风险上升的主要原因。近年来，虽然升金湖国家级自然保护区的耕地面积有所减少，工业用地和其他用地面积有所增加，但升金湖国家级自然保护区仍然以农业和渔业第一产业为主，工业和第三产业发展得仍然相对较薄弱。单一的产业模式使当地居民的经济增长主要依赖于开采新的自然资源以扩大规模，这种粗放的生产模式使环境遭到破坏。因此，改变单一的产业结构，开发新的产业模式，发展第三产业，是解决生态风险的有效措施。

（2）积极开展研究区的恢复与保护建设工程

为了改变升金湖国家级自然保护区的环境现状，在进行治理和预防的同时，对已经遭到破坏的地方要采取相应的措施，使其恢复到可利用的状态。升金湖国家级自然保护区恢复与保护建设工程主要包括研究区植被的恢复、鸟类数量的监测、土地利用管理信息系统的建设等。在实际调查过程中发现核心区的水域已经出现了干枯的草滩地，在这些地方实施植物恢复可以有效防止升金湖国家级自然保护区土地利用生态风险等级的继续提升，减缓核心区面积缩小的趋势。由于升金湖国家级自然保护区是我国重要的候鸟越冬区域，候鸟作为湿地生态系统的一部分，其数量的变化也会对土地利用生态风险起到一定的影响作用，为此，需要建立鸟类观测站，实时监测鸟类数量的变化信息（该项工作已经由升金湖国家级自然保护区管理局进行）。不仅要对鸟类的数量进行监测，还要让当地居民树立保护鸟类的意识，禁止居民捕杀鸟类，保护生态平衡。对生态风险进行监测也是预防生态风险恶化的一个重要手段，运用3S技术建立升金湖国家级自然保护区土地利用信息管理系统，进行实施监控，并对重点区域制定有效防治跟进措施，从而减缓生态风险的提高。

（3）建立升金湖国家级自然保护区土地利用生态环境教育基地，推行村民共建工程

升金湖国家级自然保护区的土地利用及生态环境保护需要当地政府和居民的共同努力，但目前，人们的环境保护意识淡薄，土地利用方式仍然是传统的生产方式。为此，可以加强升金湖国家级自然保护区的环境保护宣传力度，建立升金湖国家级自然保护区土地利用生态环境教育基地，在丰富居民业余生活的同时采用较为轻松的方法向他们灌输环境保护意识，加强居民保护环境的观念。同时，还可以以升金湖国家级自然保护区土地资源保护为核心，开展一些农田水利项目，使当地居民能够真正感受到环境保护带来的便利性，为居民自发主动地进行环境保护提供可能，最大限度地调动人们的积极性，从而改善居民生活环境。

（4）集中升金湖国家级自然保护区土地资源利用管理权限，加强土地资源利用管理力度

在实地调研中发现，升金湖国家级自然保护管理局虽然采取了一些措施，但是执行力度较差，因为升金湖国家级自然保护管理局主要的问题是管理权限不够、管理分散，无法对升金湖国家级自然保护区的土地资源利用状况进行总体把握。为此，需要

将土地资源但不仅仅是水域或者林地，而是将涉及整个升金湖国家级自然保护区域的整体土地资源保护和管理统归到一个部门，进行统一管理，使管理作用得到最大发挥，从而制定行之有效的政策，起到保护环境的效果，改善当地的环境现状。

4.3 湿地评估

湿地与人类的生存、繁衍、发展息息相关，是自然界富有生物多样性的生态景观和人类重要的生存环境之一，它不仅为人类的生产、生活提供了多种资源，而且具有巨大的环境功能和效益，在抵御洪水、调节径流、蓄洪防旱、控制污染、调节气候、控制土壤侵蚀、促淤造陆、美化环境等方面有其他系统不可替代的作用，因此，湿地被誉为“地球之肾”。在世界自然保护大纲中，湿地与森林、海洋一起并称为全球三大生态系统。本节从湿地景观格局、候鸟栖息地质量等方面对升金湖国际重要湿地进行综合评估，分析湿地的景观格局变化及生境质量，结合评估结果了解升金湖国际重要湿地的基本状况，以期为升金湖国际重要湿地的保护和管理提供参考依据。

4.3.1 景观格局评估

1. 景观格局指数及意义

运用 Fragstats 软件对升金湖国际重要湿地的景观指数进行计算，结合各景观指数的生态意义，分析升金湖国家级自然保护区景观水平和斑块类型水平对景观空间结构的影响。1995 年美国俄勒冈州立大学开发处了 Fragstats 软件，该软件可以计算出景观水平指数、斑块类型水平指数和斑块水平指数 3 类指数（共 277 个景观指数）。根据升金湖国际重要湿地特点，综合景观指数的生态意义，并参考相关文献，基于便捷有效的原则，斑块类型选取 PD、LPI、AREA-MN 三个指标；景观水平选取 NP、AI、SHDI、SHEI 4 个指标。景观指数说明表见表 4-14 所列。

表 4-14 景观指数说明表

景观指数	缩写	意义	范围
斑块数量	NP	指景观中某一类斑块类型的总数量，能够简单的反映景观的破碎度和优势度	NP ≥ 1
斑块密度	PD	指单位面积中斑块类型的数量	PD ＞ 1
最大斑块指数	LPL	指景观的最大斑块面积在总面积中的比重	0 ＜ LPL ≤ 100
平均斑块面积	AREA-MN	某种斑块类型总面积除以其斑块数量	AREA-MN ＞ 0

（续表）

景观指数	缩写	意义	范围
优势度指数	LDI	指少数主要景观类型在整个景观中的支配程度	$\mathrm{LDI} \geqslant 0$
聚集度指数	AI	指某种类型或整个景观在斑块类型上的相邻特征和空间配置	$0 \leqslant \mathrm{AI} \leqslant 100$
景观形状指数	LSI	指斑块形状复杂性的体现，同时也能够反映人类活动的影响	$\mathrm{LSI} > 1$
蔓延度	CONTAG	指某种斑块类型与其他斑块类型之间的空间连接性和延展程度	$0 < \mathrm{CONTAG} \leqslant 100$
香农多样性指数	SHDI	主要指景观里各类斑块面积的比重与不同类型的自然对数乘积相加求和，最后取其相反数	$\mathrm{SHDI} \geqslant 0$
香农均匀度指数	SHEI	指景观类型里不同类型的斑块面积所占比重均衡度及最大值的比值	$0 \leqslant \mathrm{SHEI} \leqslant 1$

2. 景观斑块类型水平特征分析

根据升金湖国际重要湿地斑块类型水平上的景观指数变化，并进行分析，结果如表 4–15 所示。不同景观类型在斑块密度（PD）、最大斑块指数（LPI）和平均斑块面积（AREA–MN）上大体呈现类似的变化特征。由 3 个景观指数的波动变化起伏，可知景观在其间交替演变频繁。

表 4–15　升金湖湿地景观斑块类型水平指数变化

景观指数	年份 / 年	林地	草滩地	旱地	水田	泥滩地	水域	芦苇滩地	建设用地
斑块密度（PD）	1986	8.584	4.002	8.755	4.533	7.860	0.976	5.381	6.179
	1990	9.957	8.407	8.963	8.025	5.198	1.255	3.986	8.444
	1995	3.153	8.099	3.362	8.711	0.907	1.979	1.485	1.327
	2000	10.872	39.089	24.799	11.166	6.611	2.338	34.747	5.823
	2004	2.004	8.488	7.683	7.680	14.070	1.264	4.334	6.711
	2008	2.737	11.653	10.231	10.240	2.694	1.081	6.276	14.291
	2011	1.404	11.818	8.211	10.669	8.292	4.162	0.684	6.757
	2015	2.097	9.994	9.631	6.583	7.034	1.678	1.827	14.844
	2019	2.746	10.735	11.056	7.145	8.639	2.867	2.851	9.568

（续表）

景观指数	年份 / 年	林地	草滩地	旱地	水田	泥滩地	水域	芦苇滩地	建设用地
最大斑块指数（LPI）	1986	7.077	2.990	15.652	0.751	1.131	13.233	1.367	0.004
	1990	6.561	1.661	13.951	1.298	1.515	16.334	1.767	0.021
	1995	3.807	1.690	24.857	0.706	1.858	19.683	1.967	0.023
	2000	3.589	1.225	6.521	0.590	0.150	11.013	0.601	0.023
	2004	1.544	4.796	1.621	1.970	1.239	9.100	1.074	0.117
	2008	2.215	2.105	2.279	0.659	0.022	19.816	0.683	0.230
	2011	4.404	3.514	6.117	0.272	1.562	23.055	0.643	0.243
	2015	2.009	3.758	1.352	2.917	13.830	5.281	0.663	0.766
	2019	3.512	3.985	3.521	2.512	12.960	8.531	1.864	0.360
平均斑块面积（AREA-MN）	1986	2.594	2.317	3.618	1.041	1.055	17.056	1.911	0.574
	1990	2.064	0.721	3.467	1.398	1.305	16.074	1.013	0.436
	1995	4.025	0.860	11.889	1.033	3.455	12.241	2.435	2.999
	2000	1.638	0.330	0.989	0.817	0.331	11.318	0.176	0.897
	2004	3.459	2.278	2.227	1.435	1.126	17.731	0.870	1.064
	2008	3.789	1.566	1.801	1.070	2.296	24.690	0.532	0.655
	2011	9.483	1.454	2.223	0.584	0.778	3.120	7.971	1.200
	2015	4.578	1.811	1.543	1.504	2.909	11.011	0.706	0.734
	2019	5.631	2.851	2.639	1.869	2.481	10.564	2.693	1.557

由表 4-15 可以看出，升金湖国际重要湿地水域的景观斑块密度（PD）变化幅度最小，基本范围为（0~5）；其他景观斑块类型的 PD 值变化很大，如草滩地的 PD 最高值与最低值分别为 39.089 和 4.002，可知景观交替演变较频繁，斑块密度的剧增与剧减，是造成景观破碎化原因之一；最大斑块指数（LPI）反映出该区域景观中的优势类型等生态特征，该值可以反映人类主要活动的方向与强弱，整体呈现波动变化，其中林地、旱地、草滩地最大斑块指数呈明显波动下降趋势，建设用地最大斑块指数呈稳步上升趋势，其他景观均呈降低趋势，说明升金湖国际重要湿地景观均趋于破碎化。因此，由景观斑块类型总体水平来看，升金湖国家级自然保护区在 1986—2015 年整体呈现破碎化加剧的发展趋势。

3. 升金湖湿地景观水平格局演化特征分析

对升金湖国际重要湿地景观水平上的景观指数变化进行分析，结果见表 4–16 所列，即从斑块数（NP）、斑块密度（PD）、聚集度指数（AI）、香农多样性指数（SHDI）与香农均匀度指数（SHEI）景观指数进行分析。

由表 4–16 可以看出，研究期间斑块数（NP）整体呈波动式上升趋势，景观密度整体先增加，2011 年后斑块密度（PD）值开始减少，这主要是因为升金湖国家级自然保护区的保护政策加强，人类干扰程度降低。聚集度指数（AI）1995 年和 2000 年均在 80 以上，该值的降低则表明景观斑块呈现分散程度加剧。香农多样性指数（SHDI）1986—1990 年均在 0.8 左右，1995 年出现下降，之后又开始增加，于 2015 年达到峰值 0.848；香农多样性指数（SHDI）和香农均度指数（SHEI）整体变化趋势相似，主要是由于林地、草地、建设用地和芦苇滩地占比减少，水田占比增加，水域景观为主体优势景观，同时反映出其他景观类型差异越来越大，即意味着景观破碎化情况越来越剧烈。

表 4–16　升金湖国家级自然保护区景观水平上景观格局指数变化

年份 / 年	斑块数（NP）	斑块密度（PD）	聚集度指数（AI）	香农多样性指数（SHDI）	香农均匀指数（SHEI）
1986	14 506	0.520	77.215	0.810	0.925
1990	17 457	0.662	77.247	0.816	0.932
1995	9 342	0.487	84.971	0.750	0.857
2000	43 268	0.653	81.527	0.809	0.924
2004	16 813	0.606	75.334	0.838	0.958
2008	19 057	0.693	74.227	0.829	0.948
2011	18 346	0.647	77.208	0.812	0.928
2015	17 281	0.601	76.361	0.848	0.969
2019	18 653	0.589	77.431	0.826	0.978

4. 不同景观类型间的转移变化

土地利用转移矩阵可以较为全面详细地描述升金湖国家级自然保护区的土地利用在研究时期内的变化特征，对于研究各土地类型的变化有参考价值。利用 ArcGIS 软件进行研究分析，得到 1986—2019 年升金湖景观类型面积转移矩阵见表 4–17 所列。

由表 4–17 可以看出，水域景观保留面积最多，为 8 751.74hm^2，水域面积虽然在汛期与枯水期变化大，但在较长时间尺度上较为稳定。泥滩地保留面积最小，为

58.16hm²，主要原因是水域面积发生变化，被湖水淹没。由表 4–17 可以看出 1986—2019 年，水域转出面积最大，为 4 251.74hm²，其中主要转变为水田景观，面积为 1 283.47hm²；其次是水田景观，为 4 163.70hm²，其中主要转移为旱地，面积为 1 826.81hm²。建设用地转出的面积最小，为 397.87hm²。水田景观转出与转入面积较为凸显，分别为 4 251.74hm² 与 3 795.14hm²，旱地景观是水田景观主要转出的去向，转入来源是草滩地。建设用地与草滩地转移面积较小，建设用地转出的面积为 397.87hm²，草滩地转入的面积为 902.81hm²。转入面积最大的景观类型为水田景观与旱地景观，其他景观均有相互转移的状况，并且转移凸显。

表 4–17　1986—2019 年升金湖景观类型面积转移矩阵　　单位：hm²

1986—2019 年									
景观类型	林地	草滩地	旱地	水田	泥滩地	水域	芦苇滩地	建设用地	转出面积
林地	2 567.21	193.27	106.59	147.25	123.17	43.17	18.65	97.40	729.50
草滩地	394.63	108.95	235.18	1 377.67	425.73	174.56	71.21	118.83	2 797.81
旱地	367.16	119.85	2 954.61	231.51	91.52	163.41	41.92	529.82	1 545.19
水田	886.24	217.53	1 826.81	5 681.26	154.61	249.52	185.26	643.73	4 163.70
泥滩地	58.74	204.68	47.28	648.23	58.16	283.75	176.55	17.51	1 436.74
水域	604.28	59.41	572.56	1 283.47	967.57	8 751.74	456.89	307.56	4 251.74
芦苇滩地	346.12	37.18	5.89	67.75	217.23	196.24	207.38	52.56	922.97
建设用地	147.86	70.89	64.55	39.26	17.63	43.07	14.61	697.28	397.87
转入面积	2 805.03	902.81	2 858.86	3 795.14	1 997.46	1 153.72	965.09	1 767.41	—

4.3.2　越冬鹤类栖息地质量评估

升金湖国际重要湿地是长江中下游区域淡水湖泊中重要的越冬珍稀鹤类的栖息地。升金湖国家级自然保护区自建立以来，鹤类种群数量在逐渐减少，鹤类栖息地的保护和恢复是迫切需要解决的问题。本研究通过收集和调查 1986—2019 年鹤类种群变化和地理分布相关数据，选取 1986 年、1990 年、1995 年、2000 年、2004 年、2008 年、2011 年、2015 年和 2019 年共 9 年的美国陆地卫星 4~5 号专题制图仪（TM 影像）和外业土地调查数据，通过构建鹤类生境适宜性模型来评价升金湖的鹤类生境适宜性变化，探究 30 多年来升金湖越冬珍稀鹤类的地理分布对土地利用变化的响应，并对鹤类栖息地的保护和恢复提出科学的对策和建议。

1. 栖息地因子的选择

野生动物的生存条件决定了生境因子一般为光、湿度、温度、植被类型和食物数量等基本满足生存的因子（周海涛等，2016；吴庆明等，2013；Chen et al.，2011；张曼胤，2008）。在升金湖国际重要湿地保护区内，以鹤类（白头鹤、白鹤、白枕鹤和灰鹤）为目标种，参考有关文献，结合实验室对升金湖的研究成果，参照专家打分，进行模型研究，所选用的生境要素包括干扰程度、食物丰富度、植物覆盖适宜度、水文条件、空间格局、繁殖的最佳面积和土地利用类型，为保护区生境适宜性评价和管理提供相关信息（王成和董斌，2018）。在研究中，将干扰程度、食物丰富度、植被覆盖适宜度和水文条件 4 个因子作为影响越冬鹤类生境的主要因子。

（1）人为干扰因子

随着经济的发展、人口数量的增加，人类活动对湿地的影响正在加剧，人类活动成为升金湖国际重要湿地生境退化和景观破碎化的主要影响因素。越冬鹤类在选择栖息地时，往往远离人口密集的城镇，也尽量远离居住区和道路。研究人员通过实地观察，发现越冬鹤类的栖息地选择的位置多距离人类活动区 300~500m 以上。所以，根据越冬鹤类的行为习惯将升金湖国际重要湿地的干扰等级分为以下 5 个（表 4–18）。

表 4–18 人类活动对越冬鹤类栖息地的干扰等级

编号	分级	特征描述
1	无干扰	无人类活动
2	轻度干扰	人类较少活动
3	中度干扰	有少量人类活动
4	较强干扰	农业生产集约化区域
5	强干扰	人类多动密集区域

（2）食物条件

根据实验观察，升金湖越冬鹤类的主要觅食点为浅水区和芦苇沼泽地。按照越冬鹤类的觅食区域，将栖息地的食物条件分为丰富、较丰富、一般丰富、较贫乏和贫乏 5 个等级。

表 4–19 越冬鹤类栖息地的食物条件分级

编号	分级	景观类型
1	丰富	浅水区、芦苇沼泽地
2	较丰富	泥滩地、草滩地
3	一般丰富	旱地、水田
4	较贫乏	深水区
5	贫乏	建设用地

（3）植被覆盖

植被为越冬鹤类提供了食物和休憩场所，对越冬鹤类的生存起到至关重要的作用。根据植被覆盖的类型，按照高度和密度的高低将栖息地的适应性分为适宜、较适宜、一般适宜、较不适宜、不适宜5个等级（表4–20）。

表 4–20 越冬鹤类栖息地植被覆盖度分级

编号	分级	特征描述
1	适宜	类型、高度、密度适宜：芦苇地
2	较适宜	类型、高度、密度较适宜：灌木林，耕地
3	一般适宜	类型、高度、密度一般适宜：高覆盖的草滩
4	较不适宜	类型、高度、密度较不适宜：低覆盖的草滩
5	不适宜	类型、高度、密度不适宜：裸地

（4）水文条件

水资源是越冬鹤类繁殖生境的一个重要组成部分。越冬鹤类筑巢一般在水深10~30cm，水面面积1~25cm^2和面积不超过25m^2的浅水水面之间。因此，将升金湖国际重要湿地的水文条件分为浅水区、深水区、湿润区、较湿润区和干燥区5个级别。

表 4–21 越冬鹤类栖息地水分条件分级

编号	分级	特征描述
1	浅水区	类型、高度、密度适宜：芦苇地
2	深水区	类型、高度、密度较适宜：灌木林，耕地
3	湿润区	类型、高度、密度一般适宜：高覆盖的草滩
4	较湿润区	类型、高度、密度较不适宜：低覆盖的草滩
5	干燥区	类型、高度、密度不适宜：裸地

2. 越冬鹤类生境适宜性评价模型的构建

本节研究参考了贾久满和赫晓辉（2010）有关湿地生物多样性指标的评价及吴昊对洞庭湖湿地生态系统特征与水禽生境适宜性评价研究中有关生境适宜性模型的选取。根据越冬鹤类的习性分析，构建生境适宜性模型。

越冬鹤类栖息地的选择主要受干扰程度、食物丰富度、植被覆盖适宜度和水文条件4个主要因子的影响，但是每个因子对鹤类栖息地的选择影响权重不同，根据各个因子对鹤类栖息地的贡献值来确定权重，衡量每个因子对鹤类选择栖息地时的重要性（表4–22）。

表 4-22 影响鹤类栖息地选择的因子和权重

指标因子	1	0.8	0.6	0.3	0
干扰程度	无干扰	轻度干扰	中度干扰	较强干扰	强干扰
食物丰富度	丰富	较丰富	一般丰富	较贫乏	贫乏
植被覆盖适宜度	适宜	较适宜	一般适宜	较不适宜	不适宜
水文条件	浅水区	深水区	湿润区	较湿润区	干燥区

其中，干扰程度权重值为 0.3，食物丰富度权重值为 0.4，植被覆盖适宜度为 0.15，水文条件为 0.15。

根据干扰程度、食物丰富度、植被覆盖适宜度和水文条件生成越冬鹤类生境适宜度指数 (Habitat suitability index,HSI):

$$\text{HSI}=\sum_{i=1}^{n} h_i w_i \tag{4-7}$$

式中，h_i 为第 i 个指标的生境因子指标值；w_i 为第 i 个环境因子的权重；n 表示影响越冬鹤类生境质量的因子总数。

3. 越冬鹤类生境适宜性评价

采用 ArcGIS 软件，利用道路、水文、植被覆盖度和景观格局数据做缓冲区分析和叠加分析，结合计算的 8 个时期的生境质量指数，将越冬鹤类的生境质量分为适宜区域（0.9<HSI<1）、次适宜区域（0.7<HSI<0.9）、一般适宜区域（0.5<HSI<0.7）、次不适宜区域（0.3<HSI<0.5）、不适宜区域（0<HSI<0.3）5 个等级，制作越冬鹤类生境适宜性评价图（图 4-4）。利用统计分析工具计算出每个等级的面积及占比。

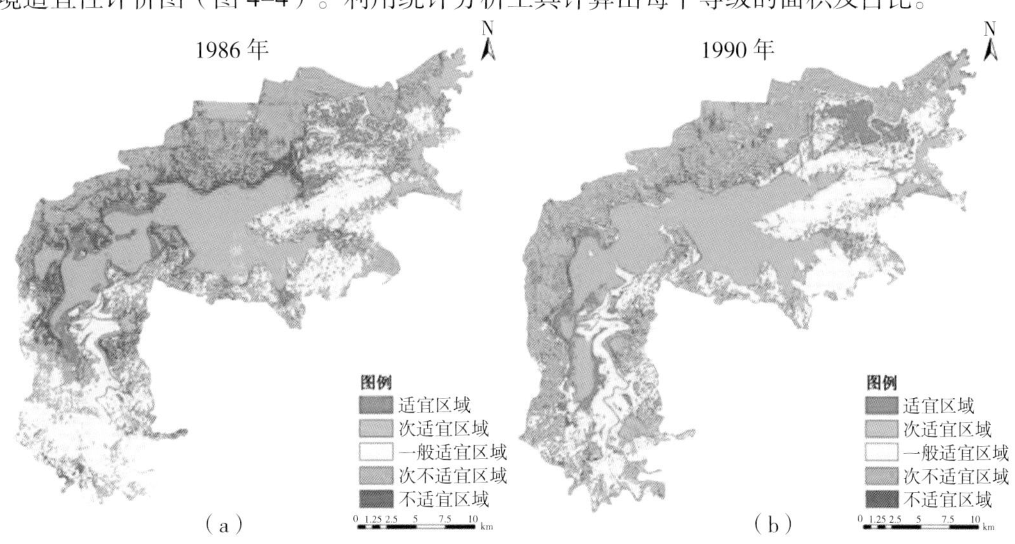

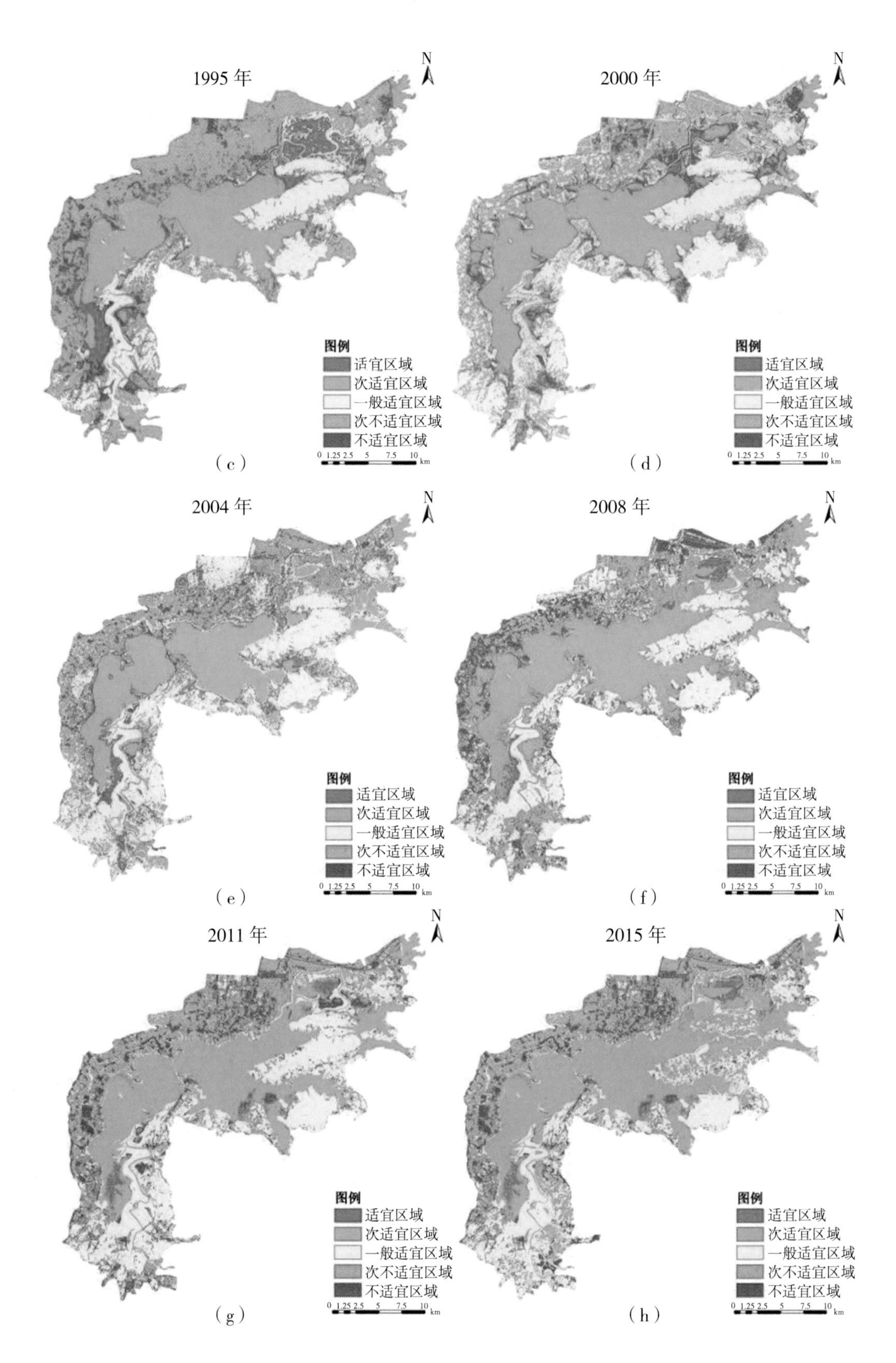
1995年
N
图例
适宜区域
次适宜区域
一般适宜区域
次不适宜区域
不适宜区域
0 1.25 2.5 5 7.5 10 km
(c)
2000年
N
图例
适宜区域
次适宜区域
一般适宜区域
次不适宜区域
不适宜区域
0 1.25 2.5 5 7.5 10 km
(d)
2004年
N
图例
适宜区域
次适宜区域
一般适宜区域
次不适宜区域
不适宜区域
0 1.25 2.5 5 7.5 10 km
(e)
2008年
N
图例
适宜区域
次适宜区域
一般适宜区域
次不适宜区域
不适宜区域
0 1.25 2.5 5 7.5 10 km
(f)
2011年
N
图例
适宜区域
次适宜区域
一般适宜区域
次不适宜区域
不适宜区域
0 1.25 2.5 5 7.5 10 km
(g)
2015年
N
图例
适宜区域
次适宜区域
一般适宜区域
次不适宜区域
不适宜区域
0 1.25 2.5 5 7.5 10 km
(h)

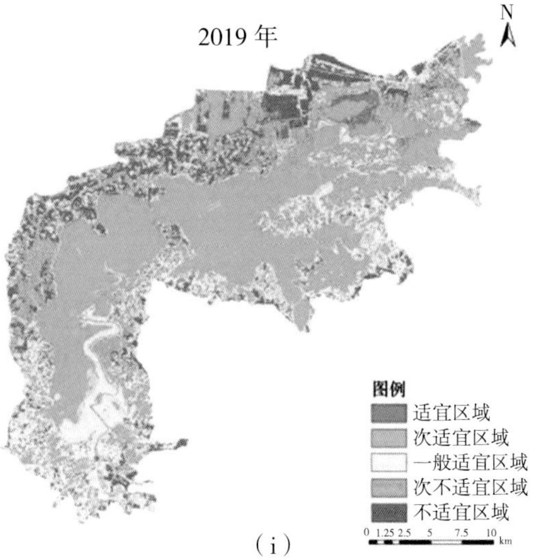

2019 年

（i）

图 4-4 越冬鹤类生境适宜性评价图（1986—2019 年）

经计算 1986—2019 年升金湖国际重要湿地鹤类生境适宜性指数分别为：0.845、0.83、0.77、0.63、0.77、0.63、0.51、0.465 和 0.458。

由表 4-23 可以看出，1986—2019 年，升金湖国际重要湿地的鹤类生境适宜性区域在逐渐减少，从 1986 年占比为 12.72% 缩减到 2019 年占比只有 1.26%；其中 2004 年有小幅度上涨；次适宜性区域的占比从 1986 年的 29.47% 下降到 2019 年的 21.8%；一般适宜性区域的面积有轻微波动，稳定在占比 30% 左右；次不适宜性区域的占比从 1986 年的 22.65% 上涨到 2019 年的 31.95%；不适宜性区域的占比从 1986 年的 7.74% 上涨到 2019 年的 14.29%。总体来看，越冬鹤类的适宜性区域在逐渐向不适宜性区域转换，其生境质量越来越差。人类活动的干扰对鹤类的生境适宜性影响越来越大。

表 4-23 1986—2019 年升金湖湿地鹤类栖息地生境评价

年份 / 年	面积与占比	适宜性区域	次适宜性区域	一般适宜性区域	次不适宜性区域	不适宜性区域
1986	面积 /hm^2	4 092.01	9 485.1	8 824.28	7 289.555	2 491.12
	占比 /%	12.72	29.47	27.42	22.65	7.74
1990	面积 /hm^2	3 266.67	10 112.56	8 587.57	9 095.72	1 118.72
	占比 /%	10.15	31.42	26.69	28.26	3.48
1995	面积 /hm^2	2 164.27	8 802.35	9 298.57	8 986.23	2 932.6
	占比 /%	6.73	27.35	28.89	27.92	9.11

（续表）

年份/年	面积与占比	适宜性区域	次适宜性区域	一般适宜性区域	次不适宜性区域	不适宜性区域
2000	面积/hm^2	1 686.70	8 463.70	9 865.77	8 969.88	3 195.56
	占比/%	5.24	26.30	30.66	27.87	9.93
2004	面积/hm^2	2 025.53	7 222.27	1 0081.52	9 274.89	3 128.03
	占比/%	6.38	22.76	31.77	29.23	9.86
2008	面积/hm^2	1 202.95	8 086.76	9 229.48	9 164.14	4 497.49
	占比/%	3.73	25.13	28.68	28.48	13.98
2011	面积/hm^2	494.98	7 971.89	9 856.16	9 800.44	4 056.43
	占比/%	1.54	24.77	30.62	30.46	12.61
2015	面积/hm^2	453.54	7 862.89	9 923.46	9 905.86	4 034.15
	占比/%	1.41	24.43	30.84	30.78	12.54
2019	面积/hm^2	403.92	7 020.5	9 878.32	10 279.82	4 598.0
	占比/%	1.26	21.8	30.7	31.95	14.29

4. 越冬鹤类数量对生境适宜性的响应

经调查，升金湖国际重要湿地越冬水鸟有 66 种，其中越冬鹤类有 4 种，分别是白头鹤、白鹤、灰鹤和白枕鹤。其中白头鹤和白鹤为国家一级保护动物，白枕鹤为国家二级保护动物。数据采用全湖水鸟数量调查和定点记数法相结合的方式，在水鸟越冬初期、越冬中期及越冬后期，根据越冬水鸟在升金湖上湖、中湖、下湖的主要停歇区域，用 13×50 倍双筒望远镜监测、记录水鸟的种类、数量、地点及当时的生境情况。从数量上来看，升金湖国际重要湿地越冬鹤类主要以白头鹤和白枕鹤为主。如图 4–5 所示，1986—2019 年，越冬鹤类的总量逐渐下降；2013—2015 年很少观测到白枕鹤、白鹤及灰鹤的踪迹。升金湖国际重要湿地的生境适宜性变化影响了越冬鹤类的数量变化，从总体趋势来分析，生境适宜性程度在逐渐下降，鹤类总量也在逐渐下降。

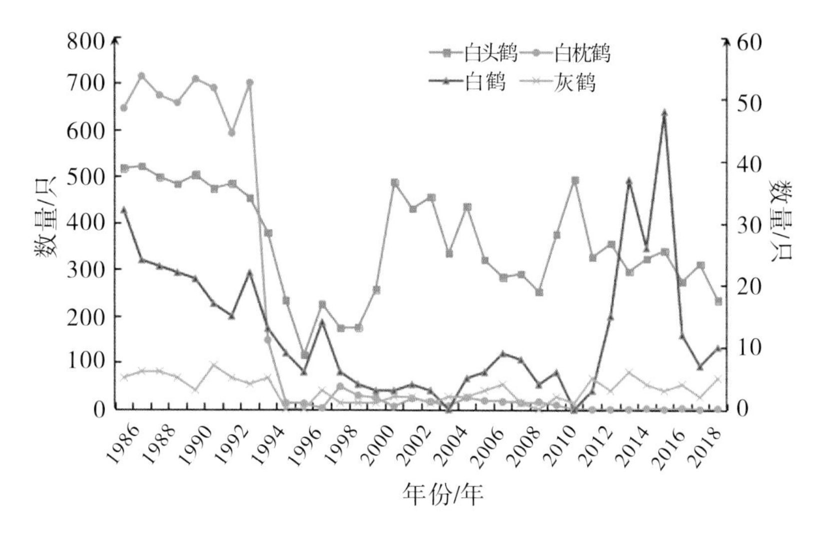

图 4-5 1986—2019 年升金湖越冬鹤类数量变化图

应用皮尔逊相关分析，对越冬鹤类的数量变化与生境适宜性区域变化的相关性进行研究，可以得出以下结果：白头鹤、白鹤、灰鹤、白枕鹤与适宜性区域和次适宜性区域均呈正相关关系，相关系数分别为：0.566、0.839、0.838、0.842 和 0.647、0.836、0.607、0.834；即当适宜性区域和次适宜性区域面积变化时，4 种鹤类数量也会出现相应变化。而 4 种鹤类与一般适宜性区域、次不适宜性区域、不适宜性区域则呈负相关关系，相关系数分别为 −0.514、−0.893、−0.598、−0.845；−0.524、−0.844、−0.798、−0.634 和 −0.588、−0.663、−0.624、−0.799；即当一般适宜性区域、次不适宜性区域、不适宜性区域面积发生变化时，4 种鹤类数量出现相反变化。

4.3.3 湿地综合评估

1. InVEST 模型简介

InVEST 模型（Integrated Valuation of Ecosystem Services and Tradeoffs，生态系统服务和权衡综合评估模型）由斯坦福大学伍兹环境研究所、世界自然基金会、大自然保护协会和明尼苏达大学环境研究所在 2007 年联合开发，其中包含许多子模块，用于权衡发展和保护之间的关系。InVEST 模型最早是基于 ArcGIS 平台的，可以定量评价生态系统服务功能，并通过地图可视化的形式表达，这也是 InVEST 模型相较于其他评价模型最突出的优点，其可以解决以往生态系统服务功能评估中文字表述抽象不直观的问题。

选取 InVEST 3.5.0 版本中的生境质量模块，该模块属于 InVEST 陆地生态系统

评估模型。该模块假设生境质量较好的地区将更好地支持所有等级的生物多样性，随时间而减少的生境范围和质量则意味着生物多样性的可持久性、弹性、恢复性降低，以及质量降低区域的程度。其实质是分析人为活动的生态威胁因子对景观类型斑块的影响程度，总体评价升金湖国家级自然保护区生境退化程度、生境质量和生境稀缺度(Habitat rarity),进而探究景观格局变化与生态环境功能和质量变化之间的联系。

InVEST 模型主要基于 4 个因素来运行：①每种生态威胁因子的相互影响；栅格单元与生态威胁之间的距离；不同生境类型分别对不同生态威胁的相对敏感度；景观单元受到当地的合法保护水平。其所需要输入的数据包括土地利用 / 土地覆盖图、景观土地类型对不同生态威胁因子的敏感性、每个威胁分散与密度的空间数据及升金湖国家级自然保护区空间位置。结合升金湖国家级自然保护区的实际数据情况，本节暂不考虑该区域特定的土地保护因素，将所有对某一景观类型的威胁视为均一。

2. 生境质量模块数据需求分析

（1）生态威胁因子

InVEST- 生境质量模型中，生态威胁因子对景观斑块的影响程度通过生境栅格与威胁因子之间的距离增加而减小来进行分析，因此距离威胁源较近的栅格单元受到的影响较大。InVEST 模型提供两种不同计算方法来计算生态威胁因子影响距离。通过选择线性或者指数距离衰减函数来描述生态威胁因子在空间上的衰减过程。生态威胁 r 在栅格 x 的生境对栅格单元 y 的影响用 i_{rxy} 表示，用如下公式表达：

$$i_{rxy}=1-\left(\frac{d_{xy}}{d_{x\max}}\right) \quad （线性） \tag{4-8}$$

$$i_{rxy}=\exp\left[-\left(\frac{2.99}{d_{r\max}}\right)d_{xy}\right] \quad （指数） \tag{4-9}$$

式中：d_{xy} 表示栅格单元 x 和 y 之间的线性距离；$d_{r\max}$ 为威胁 r 的最大作用距离。如果 $i_{rxy}>0$，则表示栅格单元 x 在退化的威胁 y 的干扰范围内。经反复测算，假定可以给每种景观类型分配物种群落和生境适宜性特定的值，那么威胁的空间特征就会对模拟的物种有特定影响。

本节基于升金湖国际重要湿地景观类型的划分，结合实际调查情况，选取芦苇滩地、水田、建设用地和泥滩地作为生态威胁因子。依据 Foresmand 和 Montanamissoula（2001）的研究中关于如何快速测定湿地建设用地影响的方法和经验，同时参考 InVEST 模型使用指南，结合考虑升金湖国家级自然保护区周边自然村的人口数量，最终设定本节研究建设用地的 d_{rmax} 值为 1km，自然湿地景观类型的最大影响距离为 0.7km，人工湿地景观类型的最大影响距离为 0.5km。权重设置时参考以上国内外研究结果，最终确定本节升金湖国家级自然保护区的生态威胁因子参数设置，见表 4–24 所列。

表 4–24 生态威胁因子属性表

生态威胁因子	权重	最大影响距离 /km	衰退线性相关性
芦苇滩地	0.7	0.5	指数
水田	0.5	0.5	指数
建设用地	1	1	指数
泥滩地	0.7	0.5	指数

（2）生态威胁因子敏感度

不同的景观类型对同一生态威胁因子具有不同的敏感性，每一种景观类型对生态威胁的敏感度用于修正上面步骤的计算总影响，其中敏感度的值应基于保护生物多样性的景观生态学基础原理来确定（Foresman and Montanamissoula，2001；Burke，2011；吴季秋，2012；Noss et al.，1997；Lindenmayer et al.，2010）。一般来说，自然湿地景观敏感性 > 人工湿地景观敏感性 > 其他用地景观敏感性。其中，人工湿地景观由于受到人为管理的影响而对生态因子有较强的抗干扰能力，所以其对应的敏感度较低。敏感度的值大小范围为 [0,1]，敏感值越低，表示景观类型对威胁因子的敏感度越弱（孙永涛和张金池，2011；王一涵等，2011；Flevellin and Lindenmayer，2009）。

在 InVEST 模型 – 生境质量模块中，生境适宜度是每个景观类型所赋予的生境得分值，数值范围为 [0，1]，数值越高表示该景观类型的生境适宜度越高，一般来说，自然湿地景观生境适宜度 > 人工湿地景观生境适宜度 > 其他用地景观生境适宜度，根据国内外学者的研究成果和 InVEST 模型使用指南，设置各景观生境适宜度和其对威胁因子的敏感度参数，见表 4–25 所列。这两个属性表均以 CSV（Comma-separated values）格式导入 InVEST 模型中（应当注意，整个模型运行中土地利用类型代码要对应统一）。

表 4-25　景观类型对各生态威胁因子的敏感度

地类代码	景观类型	生境适宜度	芦苇滩地	水田	建设用地	泥滩地
1	水域	1	1	0.2	0.2	1
2	水田	0.7	0.8	0	0.5	0.2
3	林地	1	1	0.6	0.2	1
4	芦苇滩地	1	0	0.2	0	1
5	旱地	0.7	0.8	1	0.5	0.5
6	泥滩地	1	1	0.2	0.2	1
7	草滩地	1	1	0.6	0.2	0.8
8	建设用地	0	0	0.2	0	0

（3）生态威胁因子图层

利用 ArcGIS10.2-Spatial Analyst 中的重分类工具分别提取出 8 期景观类型图的生态威胁因子图层，提取目标图层赋值为所需土地利用类型代码，其余图层赋值为 0，保存成标准的 GIS（Geographic information system，地理信息系统）栅格文件，分辨率为 30m。升金湖国际重要湿地的生态威胁因子图层如图 4-6 所示。

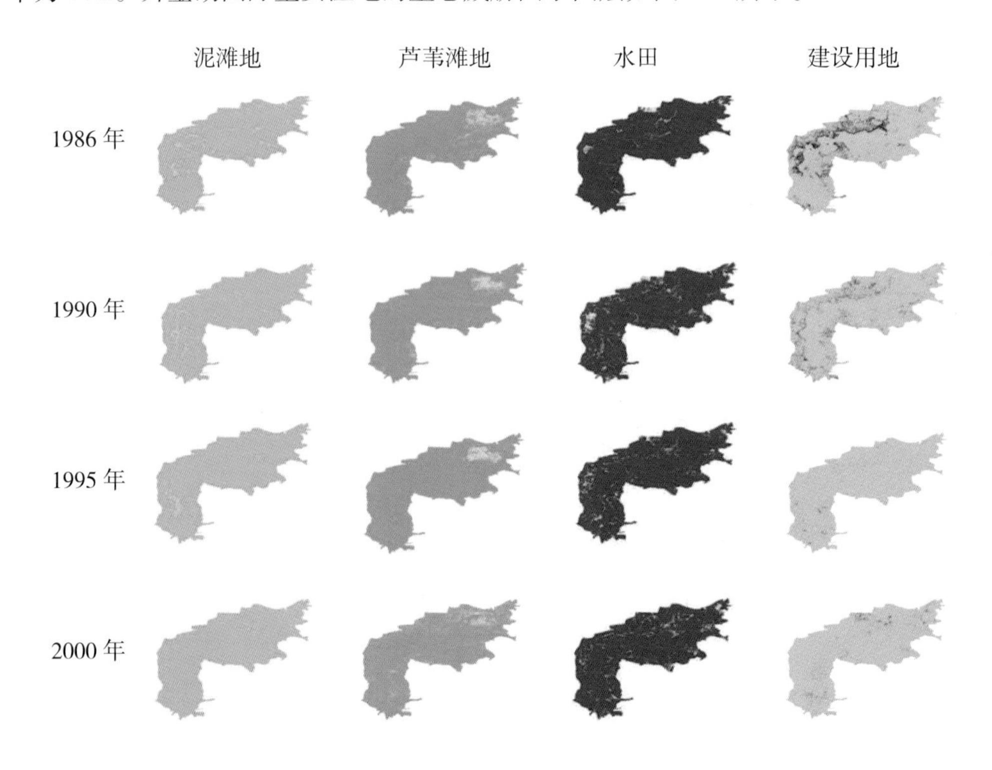

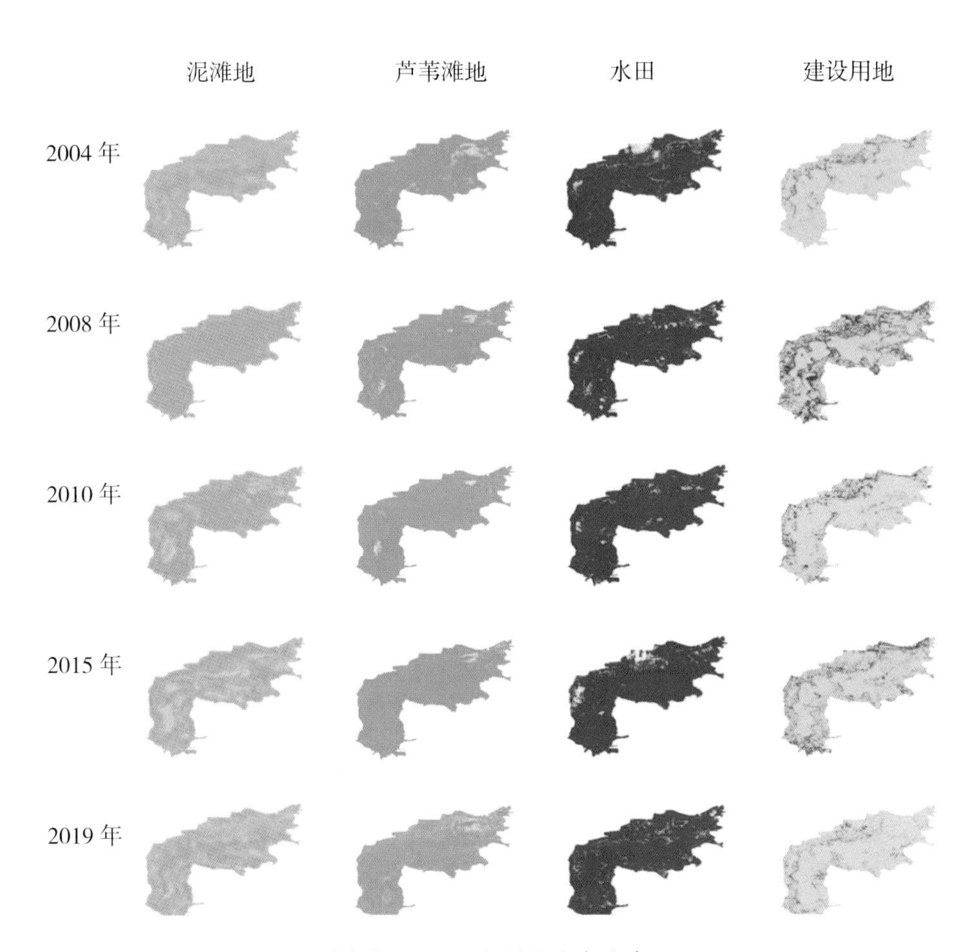

图 4-6 升金湖国际重要湿地的生态威胁因子图层

3. 生境质量模块评价原理

（1）生境退化程度评价原理

生境退化程度是由生境景观水平受到生态威胁因子的影响距离、生境景观斑块对生态威胁因子的敏感程度共同影响决定的（姚云长，2017；Zhang et al.，2012；Wunder，2007；Westman，1977）。生境退化程度分值的大小直接反映该生境景观栅格单元受到生态威胁因子影响的大小，分值的大小与栅格单元受到的影响程度成正比，同时其还能用来预测未来生境环境可能遭受到的破坏以及推测生境质量下降的原因。InVEST 模型中假定景观类型受威胁越敏感，生境景观类型越易受到影响而退化。所以，生境退化程度的大小取决于生境对生态威胁因子的敏感程度、生态威胁因子的数目、生态威胁因子影响的距离与生态因子本身的权重。在生境景观类型 j 中，栅格 x 的总威胁水平 D_{xj} 表示如下：

$$D_x j = \sum_{r=1}^{R}\sum_{y=1}^{Y_r}\left(\frac{w_r}{\sum_{r=1}^{R} w_r}\right) r_y i_{rxy} \beta_x s_{jr} \quad (4\text{–}10)$$

式中，y 为 r 威胁栅格图上的所有栅格；Yr 为 r 威胁栅格图上的一组栅格；w_r 为生态威胁因子 r 的权重；r_y 为景观类型 y 栅格单元生态威胁因子数量；i_{rxy} 为威胁因子最大影响距离长度；βx 为该栅格单元 x 法律保护准入度（前述内容中介绍过不考虑准入度，系统将自动取值为 1）；S_{jr} 表示景观类型 y 对于生态威胁因子的敏感程度值，取值区间为[0，1]。需要注意的是，由于栅格分辨率的变化，每种生态威胁图都能有 1 组栅格。如果 S_{jr}=0，那么 D_{xj} 不是威胁 r 的函数。

（2）生境质量评价原理

生境是指一个区域中为生物生存和繁殖生命全周期所提供的资源和条件。生境质量实际代表的是生态系统能够为区域物种生存繁殖提供条件的潜在能力（姚云长，2017）。生境质量的得分高表示区域的景观斑块具有较好完整性，在一定时期内具有特定的结构和功能，生境质量好坏源于人类对生境范围内土地利用的方式和强度，一般，生境质量随周边土地利用强度的提高而退化。

生境质量是在生境退化程度 D_{xj} 基础上进行计算的，采用半饱和函数将各个栅格单元退化分数值解译成生境质量的得分。栅格单元的退化值增加，与之对应的生境质量也就降低了。景观类型 j 中的栅格单元 x 的生境质量 Q_{xj} 的计算式如下：

$$Q_{xj} = H_j\left[1-\left(\frac{D_{xj}}{D_{xj}+k}\right)\right] \quad (4\text{–}11)$$

式中，H_j 表示景观类型 j 的生境适宜度；D_{xj} 为景观类型 j 中栅格单元 x 的生境退化程度；z 为系统换算固定系数；k 值为比例因子（常数），值为 2.5；k 为常数称半饱和常数，用户可自定义设置，通常设置为影像空间分辨率的 1/2。

4. 生境质量模块评价结果分析

根据上文关于升金湖国际重要湿地数据的收集情况和 InVEST 模型的计算原理，对运行 生境质量模块进行分析，得出升金湖国际重要湿地生境退化程度、生境质量、生境稀缺度 3 类栅格图数据。通过 ArcGIS 10.2 中 Spatial analyst-Reclassify 工具对 InVEST 模型分析出的栅格图进行重分类。此处重分类采取 Natural Breaks Jenks 法较客观地分析出数据分散的统计特点（此法能使分值区间、类别间的差异凸显，类别内的差异小），然后对各个分值区间的面积进行统计。通过对照同类别的分值区间面积的起伏变化和占比，分析景观生境退化情况、生境质量演变趋势和对生境稀缺性的分析。

（1）生境退化程度评价

生境退化程度的高低表示生态威胁因子影响该景观类型栅格单元的程度，其分值越低，表示受到的影响越小，即生境退化程度越小。除了能反映景观斑块与生态威胁因子在空间上的疏密关系，生境退化程度的分值还能预测未来的生态环境遭遇到某些因素破坏与生境质量下降的可能性（刘志伟，2014；Goldstein et al.，2012；Fisher et al.，2011；Lindenmayer et al.，2008）。经分析，不同时期升金湖国际重要湿地景观生境退化程度如图4–7所示，1986年、1990年、1995年、2000年、2004年、2008年、2011年、2015年、2019年的红色（高分值）和黄色（中分值）生境退化区域主要分布在升金湖国际重要湿地的芦苇滩地、泥滩地和草滩地等自然湿地类型上；绿色（低分值）生境退化区域除了水域外，主要分布在旱地、水田等景观类型中。这表明升金湖国际重要湿地的芦苇滩地、泥滩地和草滩地等自然湿地受到生态威胁因子的影响程度较大，生境退化程度较大；旱地、水田等非自然湿地受到威胁因子的影响程度较小，生境退化程度也就越小。由图4–7可以看出，升金湖国际重要湿地的生境退化程度变化总体布局趋于均匀和稳定。高分值（红色区）和中等分值（黄色区）生境退化区域面积均在增加，而低分值（绿色区）生境退化区域面积明显下降。从这9期生境退化程度图可以看出，退化较严重的从升金湖国际重要湿地下湖区域开始慢慢扩张开来。红色区域面积有一定程度增加，绿色区域面积在减少，这些现象说明在研究时间段内，升金湖国际重要湿地的生境退化程度在加剧。

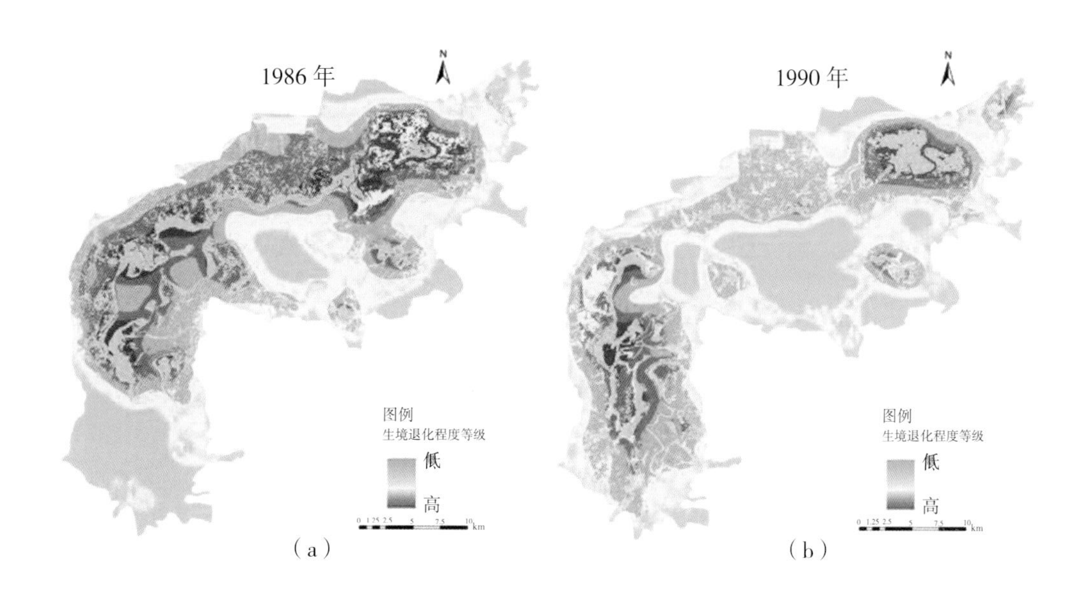

（a）　　　　（b）

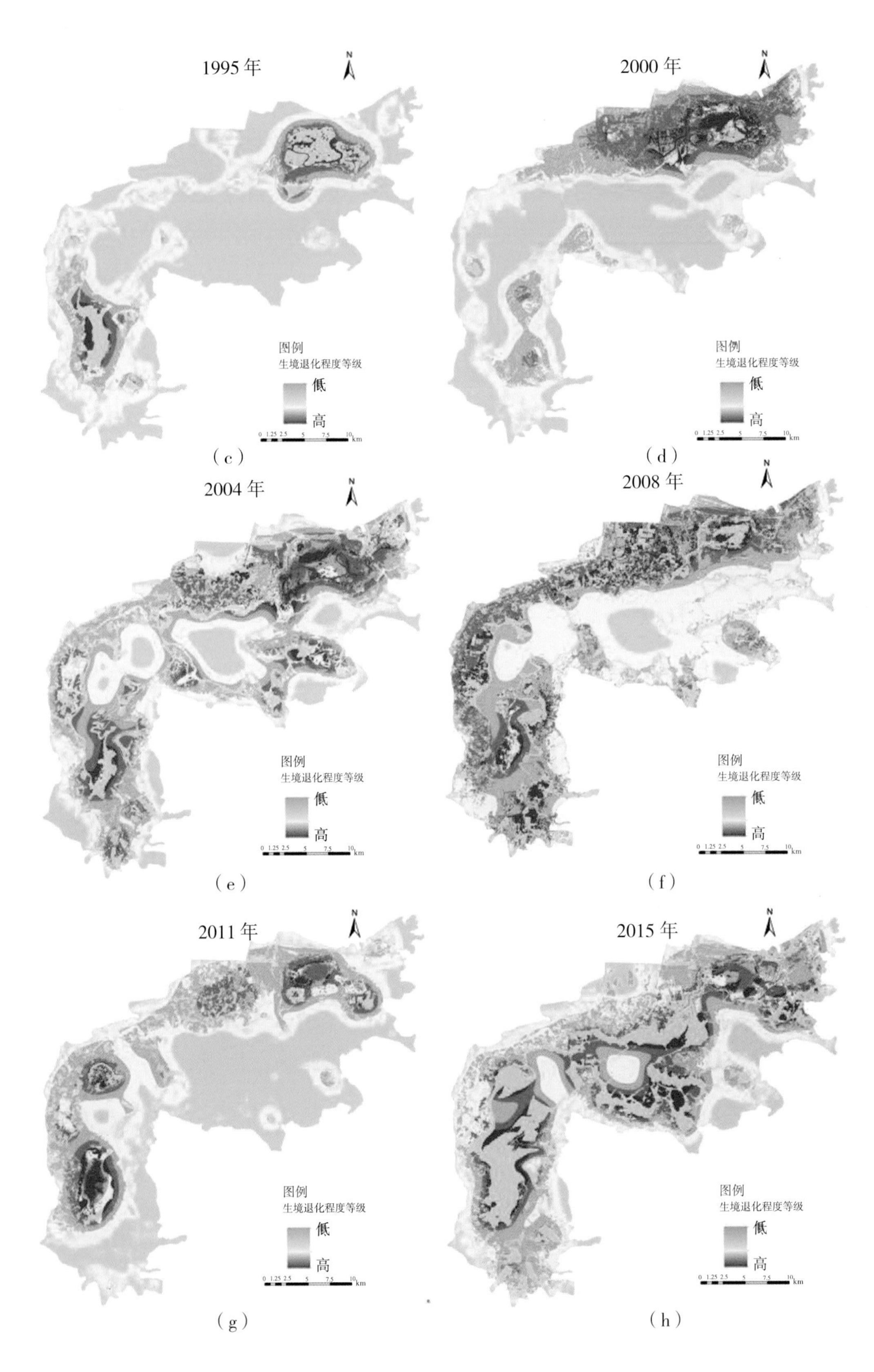
1995年
N
图例
生境退化程度等级
低
高
0 1.25 2.5 5 7.5 10 km
(c)
2000年
N
图例
生境退化程度等级
低
高
0 1.25 2.5 5 7.5 10 km
(d)
2004年
N
图例
生境退化程度等级
低
高
0 1.25 2.5 5 7.5 10 km
(e)
2008年
N
图例
生境退化程度等级
低
高
0 1.25 2.5 5 7.5 10 km
(f)
2011年
N
图例
生境退化程度等级
低
高
0 1.25 2.5 5 7.5 10 km
(g)
2015年
N
图例
生境退化程度等级
低
高
0 1.25 2.5 5 7.5 10 km
(h)

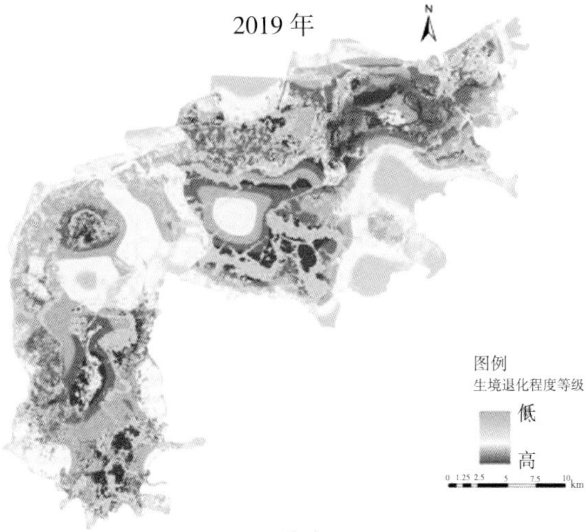

（j）

图 4–7 升金湖国际重要湿地景观生境退化程度图

由表 4–26 可以看出，升金湖国际重要湿地整体景观生境退化程度偏低，研究区域内 9 期生境退化程度数据大部分属于低分值和较低分值区域，在 9 期中这两个生境退化程度百分比分别为 62.07%、68.02%、87.74%、71.25%、58.36%、56.62%、73.41%、58.04% 和 66.56%。中级和较高等级的生境退化程度呈增长趋势，当低等级的生境退化时期发生大幅度下降时，中级和较高等级的生境退化程度对应发生上升。高等级区域所占百分比均在 10% 以下，并不能说明生境退化程度维持在良性范围。2008 年升金湖国家级自然保护区发生雪灾，保护区管理局工作人员对保护区加强了保护和治理，使低等级区域占比从 24.69% 增长到 44.32%，其他等级区域都呈现下降趋势，从 75.31% 下降到 55.68%，得到了良性改善。高分值区间也发生了变化，从 1986 年的 [0.37，0.71] 上升到 2019 年 [0.45，1.24]，说明高等级区域生境退化程度出现不同程度的恶化，且集中在芦苇滩地和泥滩地等自然湿地中，而这些地方是越冬候鸟赖以生存的栖息地，不利于升金湖国家级自然保护区生态环境的保护。

表 4–26 升金湖国际重要湿地生境退化程度属性表

生境退化等级	年份 / 年								
	1986			1990			1995		
	分值区间	栅格数	百分比 /%	分值区间	栅格数	百分比 /%	分值区间	栅格数	百分比 /%
低	0~0.06	121 257	33.90	0~0.06	118 093	33.02	0~0.4	211 457	59.10
较低	0.06~0.15	100 739	28.17	0.06~0.13	125 192	35.00	0.4~0.11	102 415	28.64
中	0.15~0.25	68 615	19.19	0.13~0.22	81 455	22.78	0.11~0.23	27 263	7.62

（续表）

生境退化等级	年份/年								
	1986			1990			1995		
	分值区间	栅格数	百分比/%	分值区间	栅格数	百分比/%	分值区间	栅格数	百分比/%
较高	0.25~0.37	48 936	13.68	0.22~0.37	26 221	7.33	0.23~0.41	11 935	3.34
高	0.37~0.71	18 101	5.06	0.37~0.76	6 718	1.87	0.41~0.74	4 664	1.30

	2000			2004			2008		
生境退化等级	分值区间	栅格数	百分比/%	分值区间	栅格数	百分比/%	分值区间	栅格数	百分比/%
低	0~0.04	142 325	39.79	0~0.08	103 681	28.99	0~0.05	88 294	24.69
较低	0.04~0.09	112 510	31.46	0.08~0.17	105 031	29.37	0.05~0.12	114 211	31.93
中	0.09~0.16	57 794	16.16	0.17~0.26	88 571	24.76	0.12~0.20	79 632	22.27
较高	0.16~0.25	31 936	8.92	0.26~0.39	46 653	13.04	0.20~0.31	63 163	17.66
高	0.25~0.52	13 183	3.67	0.39~0.77	13 812	3.84	0.31~0.53	12 453	3.45

	2011 年			2015 年			2019 年		
生境退化等级	分值区间	栅格数	百分比 %	分值区间	栅格数	百分比/%	分值区间	栅格数	百分比/%
低	0~0.07	158 526	44.32	0~0.07	113 367	31.70	0~0.07	**128 645**	**35.96**
较低	0.07~0.14	104 057	29.09	0.07~0.19	94 207	26.34	0.07~0.18	**109 475**	**30.60**
中	0.14~0.24	63 510	17.76	0.19~0.33	82 859	23.13	0.18~0.27	**62 379**	**17.44**
较高	0.24~0.39	23 527	6.58	0.33~0.49	41 313	11.55	0.27~0.45	**28 466**	**7.96**
高	0.39~0.88	8 142	2.25	0.49~1.18	26 032	7.28	0.45~1.24	**28 797**	**8.05**

（2）生境质量评价

生境质量等级得分是对景观斑块单元生境适应性与生境退化程度进行综合评价的无量纲指标。生境质量等级得分的高低，不仅能反映出该研究区域内景观生境斑块的破碎化情况，还可以表明该区域各个景观斑块对由人为活动造成的生境退化的抗干扰能力强弱（吴季秋，2012）。通过分析升金湖国际重要湿地的 9 期生境质量等级图（图 4–8）可知，1986 年、1990 年、2000 年、2004 年、2008 年、2011 年、2015 年 、2019 年，升金湖国家级自然保护区景观格局下生境质量处于偏高状态，生境质量得分较高的红色区域占据大部分，其中水域、林地、草滩地等自然湿地景观的生境质量偏高，而周边的农田、旱地等景观类型生境质量较低，其总体生境质量在逐渐降低。由图 4–9 可以看出，红色区域在逐渐减少，这表明生境质量高的区域面积在减小；绿色区域在增加，可知生境质量在慢慢降低。生境质量较高的区域主要集中在水域、林地湿地景观类型中，滩地景观类大部分处于中等水平。红色区域的水域和林地维持着偏高的生境质量，而在水域周边，景观生境质量呈现阶梯状、不同程度下降。由图4–8可以看出，生境质量下降的区域变化景观斑块受到不同程度破坏，生境破碎化加剧，生境质量出现不同程度地下降是人类活跃于边缘地带滋扰的结果。目前升金湖国家级自然保护区除了水域外，其他区域的生境质量水平都不高，且在不同程度地下降。

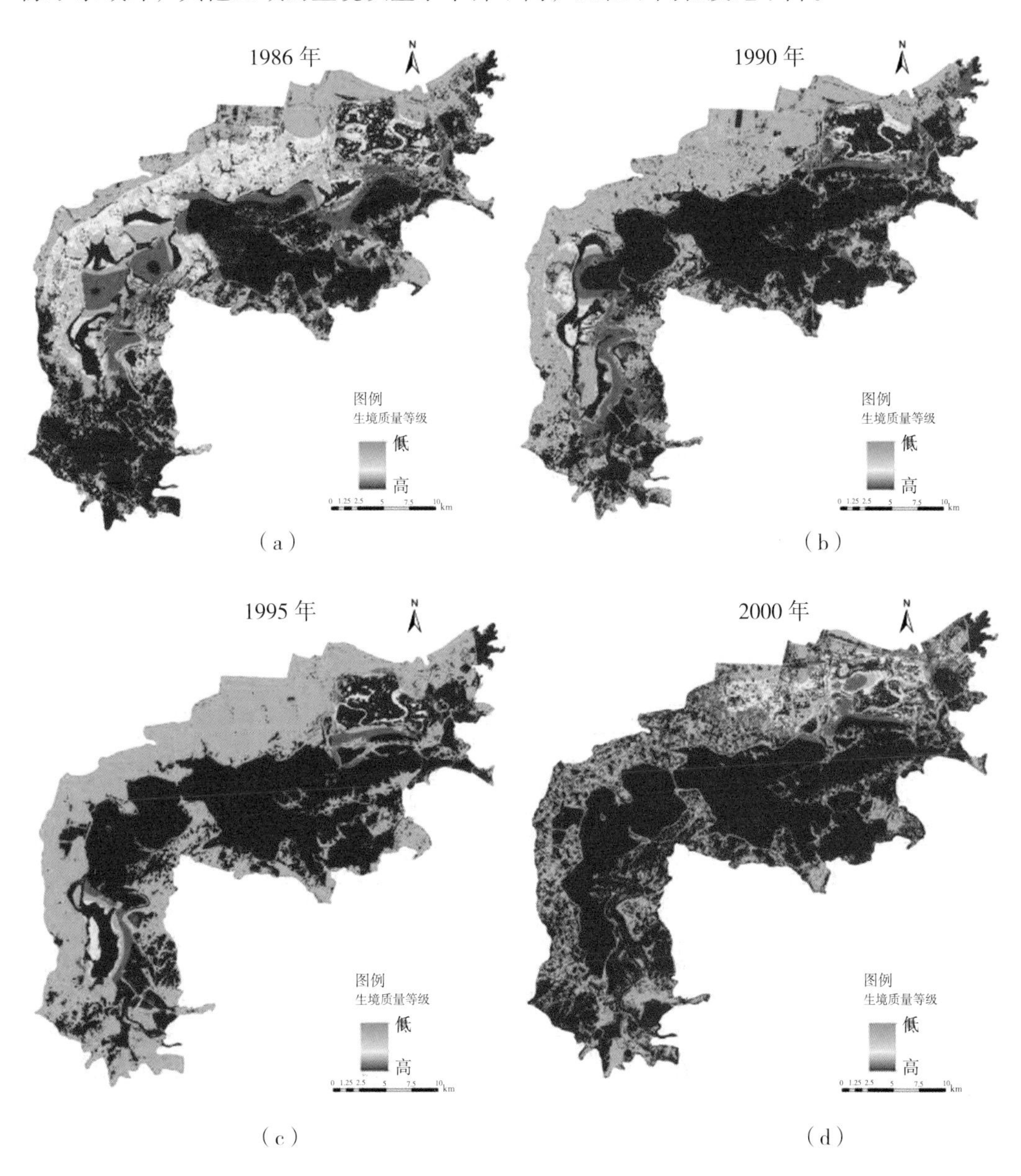

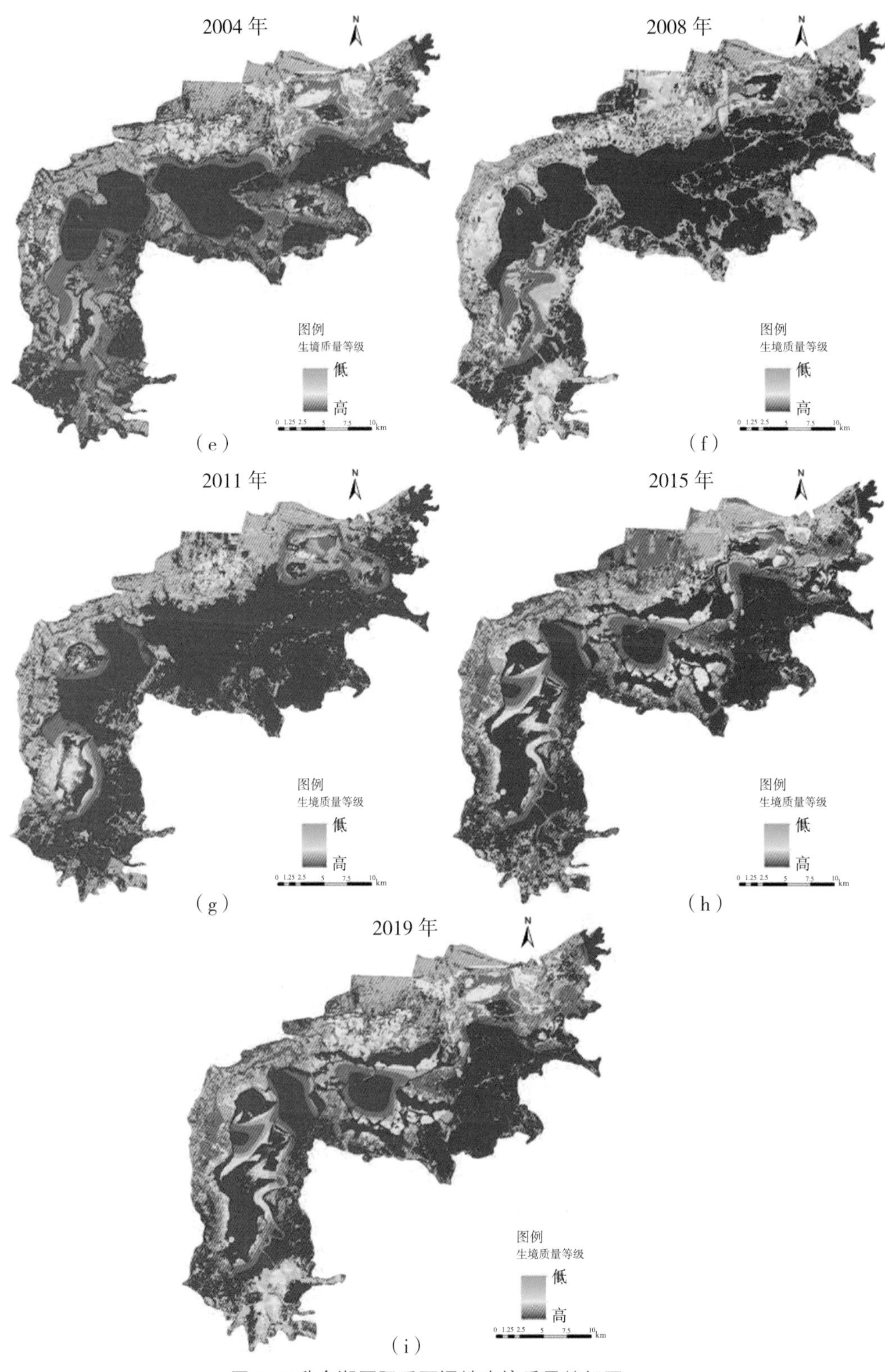

图 4-8 升金湖国际重要湿地生境质量等级图

由表 4–27 可以看出，升金湖国际重要湿地这 9 期的生境质量等级中，高分区域所占百分比分别为 56.19%、51.58%、50.16%、49.51%、48.82%、46.73%、47.38%、46.03%、46.23%，呈现逐年下降趋势。生境质量等级低的区域所占百分比大部分不足 10%，数值变化范围为 0.4%~17.76%，呈现不同程度地增加，其中 2008 年是生境质量等级低区域所占百分比最大的年份。分析升金湖国家自然湿地 9 期的生境质量分值区间与栅格数量占的百分比，从 1995 年开始，中等级生境质量的栅格数量逐年下降，所占百分比分别从 1995 年的 43.14%、2000 年的 30.42%、2004 年的 27.85%、2008 年的 20.96%、2011 年的 20.60%、2015 年的 18.34% 下降到 2019 年有史以来最低的 16.59%。升金湖国际重要湿地生境质量高等级区域栅格数量逐年下降，所占百分比比从 56.19% 下降到 46.23%，减少了 9.96%；生境质量低等级区域栅格数量逐年上升，所占百分比从 1995 年的 0.40% 上升到 2019 年的 8.56%，增加了 8.16%；生境质量中等级区域栅格数量逐年下降，所占百分比从 1995 年的 43.14% 下降到 2019 年的 16.59%，减少了 26.55%。其他生境质量等级产生小范围内波动。这些表明在这 9 期研究时段内，升金湖国家重要湿地整体生境质量处于下降趋势。

表 4–27　升金湖国际重要湿地生境质量属性表

生境质量等级	年份 / 年								
	1986			1990			1995		
	分值区间	栅格数	百分比 /%	分值区间	栅格数	百分比 /%	分值区间	栅格数	百分比 /%
低	0~0.2	18 244	5.10	0~0.26	13 157	3.68	0~0.27	1 433	0.40
较低	0.2~0.6	35 465	9.92	0.26~0.60	8 675	2.43	0.27~0.57	4 536	1.27
中	0.6~0.76	70 791	19.79	0.60~0.77	124 368	34.77	0.57~0.77	154 296	43.14
较高	0.76~0.92	32 191	9.00	0.77~0.93	26 951	7.54	0.77~0.93	18 003	5.03
高	0.92~1.00	200 957	56.19	0.93~1.00	184 497	51.58	0.93~1.00	179 380	50.16
生境质量等级	2000			2004			2008		
	分值区间	栅格数	百分比 /%	分值区间	栅格数	百分比 /%	分值区间	栅格数	百分比 /%
低	0~0.28	3 056	0.85	0~0.26	12 755	3.57	0~0.11	63 528	17.76
较低	0.28~0.64	26 373	7.37	0.26~0.59	30 994	8.67	0.11~0.57	35 212	9.85
中	0.64~0.78	108 794	30.42	0.59~0.76	99 592	27.85	0.57~0.76	64 974	20.96
较高	0.78~0.93	42 388	11.85	0.76~0.91	39 677	11.09	0.76~0.94	26 791	4.70
高	0.93~1	177 037	49.51	0.91~1.00	174 630	48.82	0.94~1.00	167 143	46.73

（续表）

生境质量等级	年份 / 年								
	2011			2015			2019		
	分值区间	栅格数	百分比 /%	分值区间	栅格数	百分比 /%	分值区间	栅格数	百分比 /%
低	0~0.26	23 457	6.56	0~0.21	33 728	9.43	0~0.24	30 624	8.56%
较低	0.26~0.59	32 286	10.70	0.21~0.51	23 888	6.68	0.24~0.55	22 551	6.31%
中	0.59~0.76	99 686	20.60	0.51~0.66	65 593	18.34	0.55~0.72	59 345	16.59%
较高	0.76~0.93	32 765	14.75	0.66~0.84	69 797	19.52	0.72~0.90	79 797	22.31%
高	0.93~1.00	169 454	47.38	0.84~1.00	164 642	46.03	0.90~1.00	165 331	46.23%

（3）生境质量变化对候鸟多样性的影响

生境质量总体下降可能是影响全世界候鸟种群变化的原因之一，天然湿地的生境质量退化，候鸟的栖息环境直接受到影响。滩地（草滩地、泥滩地、芦苇滩地）是候鸟喜好的栖息活动地，也是保护候鸟的屏障。然而滩地的转移使候鸟群落栖息地逐渐退化，景观破碎化程度加剧，人类的干扰方式与抗干扰的距离均在增加，从而引发候鸟的数量和种类多样性下降。

黄湓闸、唐田河和张溪河对升金湖国际重要湿地的形成以及变化起到了重要作用。受人类活动范围的影响，升金湖国际重要湿地景观格局破碎化程度逐渐加剧，芦苇滩地的最大斑块指数出现了不同程度减少，生境质量下降，对候鸟觅食、繁殖等的活动范围将产生严重影响。人类管理使自然湿地发生变化，在水域周边围湖造田和伐林开荒等行为破坏了升金湖生境的原始功能。人口的增加、建设用地的增加、生活垃圾与噪声的污染严重影响了越冬候鸟飞入升金湖栖息。升金湖国际重要湿地生境退化等级较高和中高级区域的景观类型集中在芦苇滩地、泥滩地等自然湿地中，对候鸟的生存与栖息有很大影响。从长远的角度设想，长江涨退水带来的泥沙沉积势必影响到升金湖的水位，从而影响水域，使其面积减少。因此减少泥沙沉积，对升金湖的生境质量影响重大。应加强升金湖国际重要湿地退耕还林、还湿工作，恢复自然湿地的原有状态，并且在候鸟迁徙的时间段控制人类活动范围和频率，减少对候鸟的影响。

小 结

本章基于升金湖国际重要湿地的土地利用数据、环境生态数据、社会经济数据、水鸟统计数据、保护区数据，结合土地利用动态度和土地利用变化程度，对升金湖国际重要湿地土地利用类型多年变化特征进行分析；采用层次分析和模糊数学法建立土地利用生态风险评价模型，计算土地利用生态风险指数，进行风险等级判定，并对其进行评价分析；根据景观格局指数和景观类型面积转移矩阵，分析升金湖国际重要湿地景观格局特征与变化规律；通过构建鹤类生境适宜性模型，评价升金湖国际重要湿地鹤类生境适宜性变化，对候鸟栖息地质量进行评估分析；使用 InVEST 模型，得到栖息地质量模块，对升金湖国际重要湿地生境质量进行综合评价，得出保护区 9 期生境的退化程度和生境质量时空变化特征。

（1）1986—2019 年，升金湖国际重要湿地土地利用结构发生了重大变化。泥滩地、草滩地、水田等土地利用面积增加，其中草地面积增加幅度最大，增加了 2 146.41hm^2。旱地、林地、水域和芦苇滩地的总面积正在减少；其中旱地转移面积最大，转移总面积为 4 466.23hm^2，主要转化为了水田、其他土地和草地。土地利用程度综合指数呈现波动变化；2004 年和 2019 年的土地利用程度综合指数较低，其主要原因是泥滩地面积显著增加，而水域面积大大减少，计算结果较低。

（2）1986—2019 年，升金湖国际重要湿地 6 期的土地利用生态风险呈不断上升趋势，从较低风险等级上升为中风险等级，但总体处于生态安全状态，并未达到高风险等级。1986—2000 年，土地利用生态风险增强，以粗放的生产方式、纯粹地加大投入来提高产出以及农药化肥的使用使该区域生态风险增强；2000—2004 年土地利用生态风险有所缓和，这段时间实验区的林地面积增加较多，森林覆盖率增加，这与国家要求“退耕还林”等政策有关，实验区的土地利用生态风险指数有所降低；2004—2019 年，土地利用生态风险呈现持续升高趋势，这段时间经济发展迅速，对升金湖国际重要湿地的生态环境有所影响，导致土地利用生态风险值增高。

（3）1986—2019 年，候鸟生境适宜性评价结果如下：将候鸟的生境适宜性评价分为适宜性区域、次适宜性区域、一般适宜性区域、次不适宜性区域和不适宜性区域 5 个等级。结果表明，1986—2019 年，升金湖国际重要湿地的候鸟生境适宜性区域面积在逐渐减少。从 1986 年占比为 12.72% 缩减到 2019 年占比只有 1.26%。1986—2019 年，

升金湖国际重要湿地内候鸟生境适宜性评价指数分别为：0.845、0.83、0.77、0.63、0.77、0.63、0.51、0.465、0.458。越冬鹤类的生境质量在逐年降低，由相关性分析可知，越冬鹤类生境质量的适宜性与其数量变化呈正相关，即越冬鹤类的生境质量越好，其数量越多。

结合景观格局变化与 InVEST 生境质量模型综合分析升金湖国际重要湿地的生境质量，由此分析景观格局演变对生态环境造成的影响。升金湖国际重要湿地景观斑块类型变化频繁，景观整体破碎化程度加剧，这些影响导致升金湖整体生境退化程度加剧，生境质量在不同程度上发生下降。由于人为活动的干扰和城镇化的进程加快，水域周边景观类型的生境质量呈阶梯状下降趋势。升金湖国际重要湿地生境稀缺性较高，景观类型变化频繁，生态环境结构与功能稳定性较差，研究期间水田、水域及周边泥滩地转变频繁，再加上人类活动范围越来越广，均加剧了对原始生态环境的干扰。

参考文献

[1] 鲍文楷，杨园园，邹利林．快速城镇化地区土地利用变化强度及驱动力新特征：以京津冀地区为例 [J]. 西南大学学报，2021，43 (10) : 125-134.

[2] 陈凌娜．越冬珍稀鹤类地理分布对湿地土地利用变化响应研究 [D]. 合肥：安徽农业大学，2018.

[3] 陈万旭，曾杰．中国土地利用程度与生态系统服务强度脱钩分析 [J]. 自然资源学报，2021，36 (11) : 2853-2864.

[4] 付建新，曹广超，郭文炯．1980—2018 年祁连山南坡土地利用变化及其驱动力 [J]. 应用生态学报，2020，31 (8) : 2699-2709.

[5] 傅伯杰，于丹丹．生态系统服务权衡与集成方法 [J]. 资源科学，2016，38 (1) : 1-9.

[6] 黄小羽．基于 GIS 的延长县土地利用变化及生态风险评价研究 [D]. 长安：长安大学，2017 .

[7] 贾久满，赫晓辉．湿地生物多样性指标评价体系研究 [J]. 湖北农业科学，2010，49(8): 1877-1880.

[8] 李秀芬，刘利民，齐鑫，等．晋西北生态脆弱区土地利用动态变化及驱动力 [J]. 应用生态学报，2014，25(10) : 2959-2967.

[9] 李颖，张养贞，张树文．三江平原沼泽湿地景观格局变化及其生态效应 [J]. 地理科学，

2002，22 (6) : 677-682.

[10] 刘志伟 . 基于 InVEST 的湿地景观格局变化生态响应分析 [D]. 杭州 : 浙江大学，2014 .

[11] 穆飞翔，蒲春玲，闫志明，等 . 唐河县土地利用结构变化驱动力分析 [J]. 浙江农业科学，2016，57 (8) : 1313-1315.

[12] 秦丽杰，张郁，许红梅，等 . 土地利用变化的生态环境效应研究 : 以前郭县为例 [J]. 地理科学，2002，22(4) : 509-512.

[13] 盛书薇 . 升金湖国家自然保护区土地利用生态风险评价研究 [D]. 合肥 : 安徽农业大学，2015 .

[14] 孙永涛，张金池 . 长江口北支湿地自然保护区生态评价 [J]. 湿地科学与管理，2011，7 (1) : 25-28.

[15] 王成，董斌 . 升金湖湿地越冬鹤类栖息地选择 [J]. 生态学杂志，2018，37 (3) : 810-816.

[16] 王一涵，孙永华，连健，等 . 洪河自然保护区湿地生态评价 [J]. 首都师范大学学报 (自然科学版)，2011，32 (3) : 73-77.

[17] 吴季秋 . 基于 CA-Markov 和 InVEST 模型的海南八门湾海湾生态综合评价 [D]. 海口 : 海南大学，2012 .

[18] 吴庆明，邹红菲，金洪阳，等 . 丹顶鹤春迁期觅食栖息地多尺度选择 : 双台河口保护区为例 [J]. 生态学报，2013，33 (20) : 6470-6477.

[19] 谢菲，舒晓波，廖富强，等 . 浮梁县土地利用变化及驱动力分析 [J]. 水土保持研究，2011，18 (2) : 213-217+221.

[20] 许洛源，黄义雄，叶功富，等 . 基于土地利用的景观生态质量评价 : 以福建省海坛岛为例 [J]. 水土保持研究，2011，18 (2) : 207-212.

[21] 姚云长 . 基于 InVEST 模型的三江平原生境质量评价与动态分析 [D]. 长春 : 中国科学院大学 (中国科学院东北地理与农业生态研究所)，2017.

[22] 于兴修，杨桂山，王瑶 . 土地利用 / 覆被变化的环境效应研究进展与动向 [J]. 地理科学，2004，24(5) : 627-633.

[23] 张丽，杨国范，刘吉平 . 1986—2012 年抚顺市土地利用动态变化及热点分析 [J]. 地理科学，2014，34 (2) : 185-191.

[24] 张曼胤．江苏盐城滨海湿地景观变化及其对丹顶鹤生境的影响 [D]. 长春：东北师范大学，2008.

[25] 张双双．白头鹤繁殖与越冬栖息地破碎化特征及其景观生态风险评价 [D]. 合肥：安徽农业大学，2019.

[26] 赵景柱，肖寒，吴刚．生态系统服务的物质量与价值量评价方法的比较分析 [J]. 应用生态学报，2000，11(2) : 290-292.

[27] 周海涛，那晓东，臧淑英．近 30 年松嫩平原西部地区丹顶鹤栖息地适宜性动态变化 [J]．生态学杂志，2016，35 (4) : 1009-1018.

[28] 朱会义，李秀彬．关于区域土地利用变化指数模型方法的讨论 [J]. 地理学报，2003，58 (5) : 643-650.

[29] 朱鸣．基于 3S 技术的升金湖湿地生境质量评价研究 [D]. 合肥：安徽农业大学，2019 .

[30] 朱永恒，濮励杰，赵春雨．景观生态质量评价研究：以吴江市为例 [J]. 地理科学，2007，27 (2) : 182-187.

[31] 庄大方，刘纪远．中国土地利用程度的区域分异模型研究 [J]. 自然资源学报，1997，12 (2) : 105-111.

[32] 宗秀影，刘高焕，乔玉良，等．黄河三角洲湿地景观格局动态变化分析 [J]. 地球信息科学学报，2009，1(1) : 91-97.

[33]BURKE L. Reefs at risk: map-based analyses of threats to coral reefs[M]//. HOPLEY D. Encyclopedia of modern coral reefs, Dordrecht: Springer, 2011.

[34]CHEN J Y, ZHOU L Z, ZHOU B, et al. Seasonal dynamics of wintering water birds in two shallow Lakes along Yangtze river in Anhui province[J]. Zoological research, 2011, 32 (5) : 540-548.

[35]FISHER B, TUMNER R K, BURGESS N D, et al. Measuring, modeling and mapping ecosystem Services in the Eastern Arc Mountains of Tanzania[J]. Progress in physical geography, 2011, 35 (5) : 595-611.

[36]FLEVELLIN J F, LINDENMAYER D B. Importance of matrix habitats in maintaining biological diversity[J]. Proceedings of the national academy of sciences, 2009, 106 (2): 349-350.

[37]FORESMAN K R, MONTANAMISSOULAU O. Monitoring animal use of modified drainage culverts on the Lolo South Project[R]. Helena: Montana department of transportation, 2001.

[38]GOLDSTEIN J H, CALDARONE G, DUARTE T K, et al. Integrating ecosystem service tradeoffs into land-use decisions[J]. Proceedings of the national academy of sciences of the United States of America, 2012, 109 (19) : 7565-7570.

[39]LINDENMAYER D, HOBBS R, MONTAGUED R, et al. A checklist for ecological management of landscape for conservation[J]. Ecology letters, 2008, 11 (1) : 78-91.

[40]NOSSR F, O'CONNELLM A, MURPHYD D. The science of conservation planning:habitat conservation under the endangered species act[M]. Washington D C : Island Press, 1997.

[41]WESTMANW E. How much are nature's sevices worth[J]. Science, 1977, 197 (4307) : 960-964.

[42]WUNDER S. The efficiency of payments for environmental services in tropícal conservation[J]. Conservation biology, 2007, 21 (1) : 48-58.

[42]ZHANG C Q, LI W H, ZHANG B, et al. Water yield of Xitiaoxi River basin based on InVEST modeling[J]. Journal of resources and ecology, 2012, 3(1) : 50-54.

第 5 章
升金湖国际重要湿地生态价值研究

第 5 章 升金湖国际重要湿地生态价值研究

生态价值是指人类直接或间接从生态系统得到的利益，主要包括向经济社会系统输入有用物质和能量、接受和转化来自经济社会系统的废弃物，以及直接向人类社会成员提供服务（周小丹等，2020）。随着全球气候变化和区域高强度人类开发活动的影响，生态承载力（Ecological carrying capacity，ECC）、生态安全、生物多样性和湿地生态服务功能价值降低等问题日趋严重。升金湖国际重要湿地是安徽省唯一的国际重要湿地，其生态系统在调节气候、涵养水源、净化环境、维护生物多样性等方面发挥着重要作用。然而，人类活动的干扰严重威胁升金湖国际重要湿地的生态承载力、生态安全和生态服务功能价值。因此，本章基于卫星遥感技术监测升金湖国际重要湿地 1986—2019 年土地利用 / 覆盖变化，进而采用生态足迹模型分析生态承载力的变化；基于状态 – 压力 – 响应（Pressure-state-response，PSR）模型对生态安全进行研究；运用价值量评价法对生态服务功能价值进行核算；在此基础上，确定生态补偿的方法和具体方案。本章对生态承载力、生态安全、生态服务功能价值和生态补偿 4 个方面进行研究，来系统分析升金湖国际重要湿地的生态价值。

5.1 生态承载力

5.1.1 生态承载力基本理论

1. 生态承载力的概念

生态承载力强调特定生态系统所提供的资源和环境对人类社会系统良性发展的支持能力，是多种生态要素综合形成的一种自然潜能。高吉喜和陈圣宾（2014）认为“生态承载力是指生态系统的自我维持、自我调节能力，资源与环境子系统的共容能力及其可持续的社会经济活动强度和具有一定生活水平的人口数量”。

2. 生态承载力的理论含义

生态承载力包括两层基本含义：第一层含义是指生态系统的自我维持与自我调节能力，以及资源与环境子系统的共容能力，为生态承载力的支持部分；第二层含义是指生态系统内社会经济子系统的发展能力，为生态承载力的压力部分。生态系统的自我维持与自我调节能力是指生态系统的弹性力，而资源与环境子系统的共容则分别指资源和环境的承载能力大小；生态系统内社会经济子系统的发展能力是指生态系统可维持的社会经济规模和具有一定生活水平的人口数量。

自然资源的开发利用必然会引起环境的变化，人类在消耗资源的同时必然会排出大量废弃物，而环境对废弃物的容纳量是有限的，人类排放的各种废弃物不可超过环境的自净能力，也即需维持在环境的自净范围内，所以环境承载力是生态承载力的约束条件。包括人类在内的任何生物都必须生存于特定的有一定弹性限度的生态系统中（Brown et al.，1996）。生态系统的弹性力既可缓解各种压力与扰动的破坏，从而保持系统不崩溃，又可最大限度地保障资源与环境承载力的正常调节作用与正常功能发挥。反过来，若没有一个正常的且具有一定弹性的生态系统的支持，无论是资源承载功能还是环境承载力都不能得到发挥。因此，生态系统是生态承载力的支持条件。

3. 生态足迹法分析

生态承载力与人地关系密不可分，从生态承载力角度而言，湿地生态系统承载能力的变化能够映射出人地关系的变化。基于此，本节选取生态足迹法定量研究升金湖国际重要湿地生态承载力的演变过程。生态足迹法是由加拿大生态经济学家 Rees 于 1992 年提出的，并在 1996 年由 Wackemagel 进一步完善（杨璐迪等，2017）。

生态足迹法有如下局限性：①计算过程所需要的数据较多，表现出来较为复杂；②在归纳的基础之上再进行归纳，从而假设太多；③对于采用土地面积作为测量单位还存在争议；④对生态系统的考虑不完整，完全人类中心制，从而忽略了其他物种的存在和影响；⑤生态足迹对某些微小变化的反应不敏感；⑥对政策分析还不尽合理，只是提供了单方面的信息，不能反映可持续发展的方方面面。

生态足迹法有如下优点：①通过引入生态生产性土地概念，实现了对各种自然资源的统一描述；②通过引入产量因子和均衡因子，进一步实现了各地区各类生态生产性土地的可加性和可比性，使生态足迹分析具有广泛的应用范围，既可以计算个人、家庭、城市、地区、国家乃至整个世界这些不同对象的生态足迹，又可以对它们的足

迹进行纵向的、横向的比较分析。总之，生态足迹分析指标为度量可持续性程度提供了“公平称”，它能够对时间、空间二维的可持续性程度做出客观量度和比较，使人们能明确知晓现实与可持续性目标的距离，从而有助于监测可持续方案实施的效果。

本节采用生态足迹法进行研究时，以升金湖国际重要湿地自然保护区域为研究区域，从升金湖国家级自然保护区域的土地资源特点出发，对生态足迹理论模型进行修正，以弥补方法本身的局限性。

5.1.2 生态承载力模型

1. 生态足迹模型

生态足迹（Ecological footprint）是指维持人类生存所需要的或者能够容纳人类所排放的废弃物、具有生物生产力的地域面积（陈江玲等，2017），其计算公式如下：

$$EF=N\cdot ef=N\cdot \sum_{i=1}^{n} r_i c_i/p_i \tag{5-1}$$

式中，EF 为生态足迹；N 为总人口；ef 为人均生态足迹；p_i 为第 i 项消费项目的年平均生产力；c_i 为第 i 种商品的人均年消费量；i 为生态生产性土地类型；r_i 为均衡因子，均衡因子取自 Wakernagel 等（1999）对中国生态足迹研究的取值：耕地、建筑用地均为 2.82，林地为 1.14，草地为 0.54，水域为 0.22。

2. 生态承载力模型

生态承载力是指在一定区域内，在不损害该区域环境的情况下所能承载的人类最大负荷量，其计算公式如下：

$$EC=N\cdot \sum_{i=1}^{n} ec=N\cdot \sum_{i=1}^{n} a_i r_i y_i \tag{5-2}$$

式中，EC 为区域生态承载力；ec 为人均生态承载力；a_i 为第 i 类人均生态生产性土地面积；y_i 为产量因子；r_i 为均衡因子；N 为总人口。本节的产量因子取自《中国生态足迹报告》，耕地、建筑用地均为 1.66，林地为 0.91，水域为 1，草地为 0.19（王亭娜等，2006）。生态承载力计算时应扣除生态系统中 12% 的生物多样性保护面积（杨权伍等，2015）。

5.1.3 生态承载力演变

本节根据升金湖国际重要湿地 9 期（1986 年、1990 年、1995 年、2000 年、2004 年、2008 年、2011 年、2015 年和 2019 年）遥感影像分类数据，结合人口等社会经济数据及生态足迹与生态承载力计算公式，得出 1986—2019 年升金湖国际重要湿地生态承载力总量、人均生态足迹与人均生态承载力的变化，见表 5-1~ 表 5-3 所列（叶小康，2018）。

表 5-1 升金湖国际重要湿地生态承载力总量变化 单位：hm²/ 人

年份	生态承载力总量	年份	生态承载力总量
1986	6 164.094 2	2008	26 319.324 8
1990	11 335.546 6	2011	23 836.670 9
1995	10 806.211 9	2015	30 872.677 9
2000	16 728.948 7	2019	35 669.411 6
2004	20 230.810 6		

表 5-2 升金湖国际重要湿地人均生态足迹变化 单位：hm²/ 人

年份	耕地	建设用地	林地	草地	水域	人均生态足迹
1986	0.216 1	0.161 2	0.176 4	0.080 1	0.058 7	0.692 4
1990	0.509 6	0.165 1	0.243 9	0.052 8	0.071 4	1.042 9
1995	0.407 4	0.182 6	0.188 9	0.059 9	0.085 8	0.924 6
2000	0.412 4	0.237 1	0.166 9	0.110 9	0.092 8	1.020 1
2004	0.500 8	0.320 8	0.323 3	0.167 9	0.079 4	1.392 2
2008	0.508 6	0.423 6	0.232 2	0.157 9	0.094 5	1.416 7
2011	0.404 2	0.365 5	0.377 6	0.149 2	0.101 4	1.397 8
2015	0.477 3	0.492 5	0.350 6	0.157 8	0.065 5	1.543 7
2019	0.484 6	0.499 5	0.350 2	0.161 2	0.071 2	1.566 7

表 5-3 升金湖国际重要湿地人均生态承载力变化 单位：hm²/ 人

年份	耕地	建设用地	林地	草地	水域	人均生态承载力
1986	0.358 8	0.267 5	0.319 1	0.015 2	0.061 7	1.022 3
1990	0.846 0	0.274 1	0.343 6	0.010 0	0.062 8	1.536 5
1995	0.676 3	0.303 1	0.211 3	0.011 4	0.065 5	1.267 6
2000	0.684 5	0.393 6	0.294 2	0.021 1	0.071 7	1.465 1
2004	0.831 4	0.532 5	0.115 4	0.031 9	0.079 8	1.591 0
2008	0.844 3	0.603 2	0.171 9	0.029 9	0.083 1	1.732 4
2011	0.471 7	0.606 8	0.222 0	0.028 3	0.079 2	1.408 1
2015	0.692 5	0.587 5	0.160 5	0.030 1	0.067 6	1.538 3
2019	0.745 8	0.596 3	0.172 4	0.036 5	0.079 7	1.630 7

1. 生态承载力总量的变化

由图 5–1 和表 5–1 可以看出，1986—2019 年升金湖国际重要湿地生态承载力总量呈阶梯式上升趋势。1986 年，升金湖生态承载力总量为 6 164.094 2hm^2，2019 年，生态承载力总量增长至 35 669.411 6hm^2，共增长 29 505.317 4hm^2，较 1986 年增幅达 578.66%，年均增长 894.100 5hm^2，年均增幅为 17.54%。

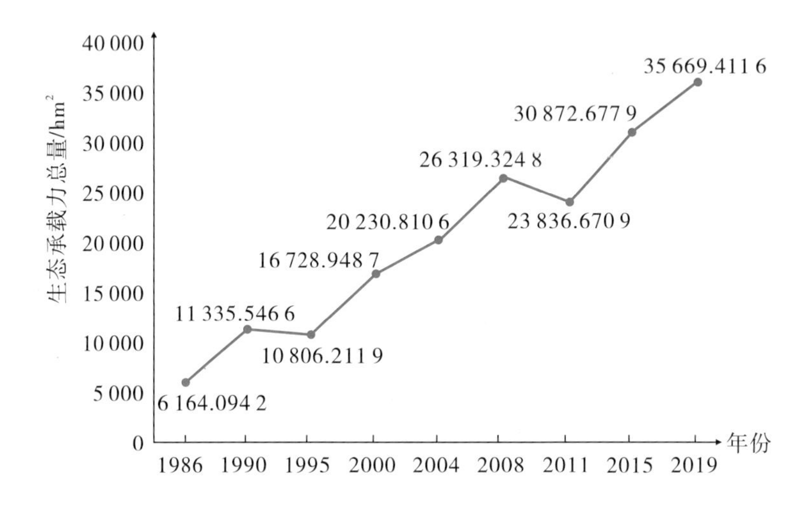

图 5–1 1986—2019 年升金湖国际重要湿地生态承载力总量变化

分时段来看，1986—1990 年，升金湖国际重要湿地的生态承载力总量增长较快，1990 年生态承载力总量为 11 335.546 6hm^2，共增长了 5 171.452 4hm^2，年均增长 1 034.294 1hm^2，年均增幅为 16.78%，表明这一时期的土地利用方式有利于升金湖湿地生态承载力的提高；1990—1995 年生态承载力总量小幅下降，共减少了 529.334 7hm^2，表明这一时期的土地利用方式不合理，不利于生态承载力的提高；1995—2008 年，生态承载力总量逐渐上升，1995 年生态承载力总量为 10 806.211 9hm^2，至 2008 年为 26 319.324 8hm^2，共增长了 15 513.112 9hm^2，年均增长 1 193.316 4hm^2，年均增幅为 11.04%，其中 1995—2000 年和 2004—2008 年两个时段的增幅相对较快，2000—2004 年的增幅较为缓慢；2008—2011 年生态承载力总量总体呈下降趋势，至 2011 年时，生态承载力总量为 23 836.670 9hm^2，共减少 2 482.653 9hm^2；2011—2015 年，生态承载力总量又开始呈上升趋势，至 2015 年共增长 7 036.587 9hm^2，年均增长 1 759.147hm^2，年均增幅为 7.39%；2015—2019 年，生态承载力总量继续保持上升趋势，至 2019 年时，生态承载力总量为 35 669.411 6hm^2，年均增长 4 796.733 7hm^2，年均增幅为 3.88%。

2. 人均生态足迹与人均生态承载力变化

（1）人均生态足迹变化

由表 5-2 和图 5-2 可以看出：1986—2019 年，升金湖国际重要湿地的人均生态足迹虽有波动，但总体呈增长趋势，1986 年人均生态足迹仅为 0.692 4hm²/ 人，至 2019 年增加至 1.566 7hm²/ 人，净增长 0.874 3hm²/ 人，年平均增长 0.026 5hm²/ 人，年均增速为 6.86%。

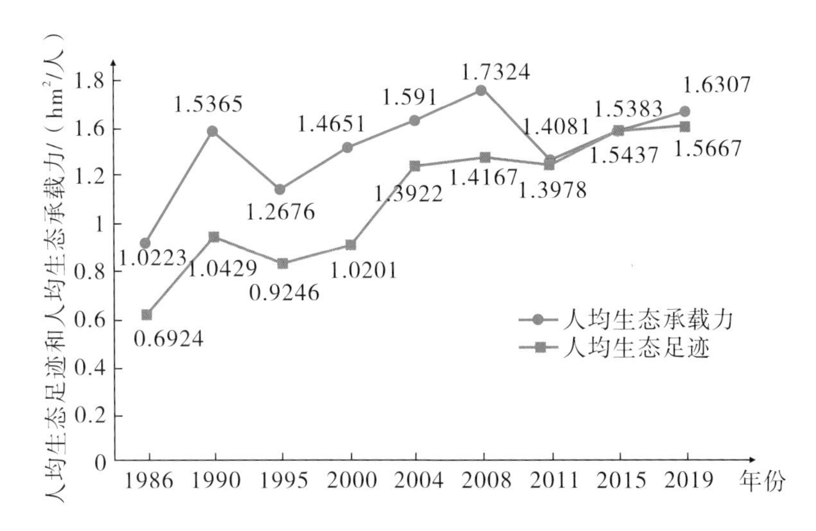

图 5-2 升金湖国际重要湿地人均生态足迹与人均生态承载力的变化趋势

分时段来看，1986—1990 年，升金湖国际重要湿地的人均生态足迹呈增长趋势，至 1990 年时共增长 0.350 5hm²/ 人，增幅达 50.61%；1990—1995 年，人均生态足迹呈下降趋势，由 1990 年的 1.042 9hm²/ 人减少至 1995 年的 0.924 6hm²/ 人；1995—2008 年，人均生态足迹逐渐增长，至 2008 年时，人均生态足迹为 1.416 7hm²/ 人，较 1995 年增长了 0.492 1hm²/ 人，增幅达 53.22%；2008—2011 年，人均生态足迹呈下降趋势，但总体变化较小；2011 年后，人均生态足迹又呈增长趋势，至 2019 年时达到人均生态足迹最大值，为 1.566 7hm²/ 人。总体而言，升金湖国际重要湿地的人均生态足迹呈逐渐增加的趋势，2004 年后受政策等因素的影响，人均生态足迹趋于稳定，保持小幅增长趋势。

（2）人均生态承载力变化

由表 5-3 和图 5-2 可以看出，1986—2019 年，升金湖国际重要湿地的人均生态承载力整体变化较小，总体呈小幅增长趋势，历年人均生态承载力平均值为 1.455 8hm²/ 人。

1986年，升金湖湿地的人均生态承载力为1.022 3hm²/人，至2019年时，为1.630 7hm²/人，共增长0.608 4hm²/人，年均增长0.018 4hm²/人，年均增幅为1.80%。

分时段来看，1986—1990年，升金湖国际重要湿地人均生态承载力呈逐渐上升趋势，共增长了0.514 2hm²/人，年均增长0.017 1hm²/人，年均增幅为10.06%，这一时期的增幅为历年最大增幅；1990—1995年，人均生态承载力呈下降趋势，1995年人均生态承载力为1.267 6hm²/人，共减少0.268 9hm²/人，年均减少0.053 8hm²/人；1995—2008年，升金湖国际重要湿地人均生态承载力呈持续上升趋势，至2008年时，共增长0.464 8hm²/人，年均增长0.035 8hm²/人，年均增速为2.82%；2008—2011年，升金湖国际重要湿地的人均生态承载力呈下降趋势，2008年升金湖国际重要湿地的人均生态承载力为1.732 4hm²/人，2011年下降为1.408 1hm²/人，共减少0.324 3hm²/人，年均减少0.108 1hm²/人。2011—2015年，升金湖国际重要湿地人均生态承载力呈小幅上升趋势，截至2015年，共增长0.130 2hm²/人，年均增长0.032 6hm²/人，年均增速为2.31%；2015—2019年升金湖湿地人均生态承载力呈持续上升趋势，至2019年时，共增长0.092 4hm²/人，年均增长0.018 4hm²/人，年均增幅为1.80%。

3. 分土地利用类型的生态足迹与生态承载力变化

从土地利用类型来看，1986—2019年，升金湖国际重要湿地的耕地、草地、水域及建设用地的人均生态足迹与人均生态承载力总体均呈波动增长趋势；林地的人均生态足迹呈上升趋势，而人均生态承载力呈逐渐下降趋势。

（1）耕地人均生态足迹与人均生态承载力的变化

由图5-3可以看出，1986—1990年，耕地人均生态足迹呈快速上升趋势，1990年耕地人均生态足迹为0.509 6hm²/人，较1986年增长了0.293 5hm²/人，增幅达135.82%。同时期，耕地的人均生态承载力大幅上升，由1986年的0.358 8hm²/人增长至1990年的0.846 0hm²/人，共增长了0.487 2hm²/人，增幅达135.79%，年均增长0.121 8hm²/人，年均增幅33.95%。这表明，这一时期因人口增长等，人类对耕地资源的索取加剧，其中最直接的表现就是开垦耕地，有研究表明这一时期耕地面积也呈上升趋势，耕地面积从1986年的1 532.84hm²增长至1990年的3 614.28hm²，说明耕地面积的增长有利于耕地生态承载力的提高。1990—1995年，耕地的人均生态足迹与人均生态承载力均呈下降趋势，人均生态足迹减少了0.102 2hm²/人，人均生态承载力减少了0.169 7hm²/人。1995—2008年，耕地的人均生态足迹与生态承载力均呈小幅上升趋势，人均生态足迹增长了0.101 2hm²/人，人均生态承载力增长了0.168hm²/人。

2008—2011 年，耕地的人均生态足迹与生态承载力又呈下降趋势，人均生态足迹减少了 0.104 4hm^2/ 人，人均生态承载力减少了 0.372 6hm^2/ 人。2011 年后，随着耕地面积的增加，耕地的人均生态足迹与生态承载力又呈增长趋势。总体而言，耕地的人均生态足迹与生态承载力变化趋势基本一致，耕地面积的变化是耕地生态足迹与生态承载力变化的最主要因素，耕地面积的增加有利于耕地生态承载力的提高。另外，1986—2019 年，耕地人均生态足迹均小于耕地人均生态承载力，表明耕地处于可持续利用的状态。

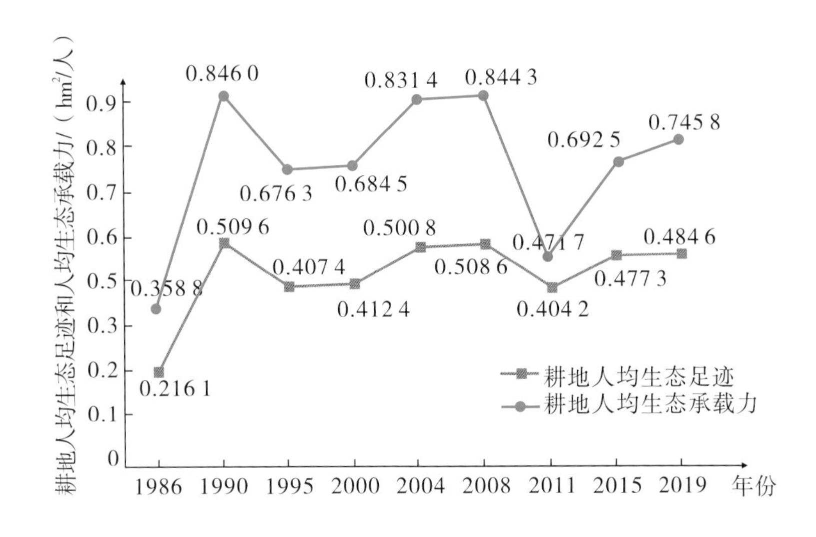

图 5-3 耕地人均生态足迹与人均生态承载力的变化趋势

（2）林地人均生态足迹与生态承载力的变化

由图 5-4 可以看出，1986—2019 年，林地人均生态足迹与人均生态承载力的波动幅度较大，人均生态足迹总体呈上升趋势，而人均生态承载力则总体呈下降趋势。1986 年林地人均生态足迹为 0.176 4hm^2/ 人，2019 年，为 0.350 2hm^2/ 人，共增长了 0.173 8hm^2/ 人，年均增长 0.005 3hm^2/ 人，年均增幅约为 2.99%；1986 年林地人均生态承载力为 0.319 1hm^2/ 人，2019 年为 0.172 4hm^2/ 人，共减少了 0.146 7hm^2/ 人，减幅为 45.97%。分时段来看，1986—1990 年，林地人均生态足迹与生态承载力均呈小幅上升趋势，1990 年后林地人均生态足迹与生态承载力均有不同程度减少，但林地人均生态承载力在 1995—2000 年呈上升趋势，而林地的人均生态足迹仍呈下降趋势。2000 年后，林地人均生态承载力总体呈下降趋势，而林地的人均生态踪迹总体呈上升趋势。研究表明（表 5-3），林地面积的变化趋势与林地人均生态承载力变化趋势基本一致，林地面积增长时，林地人均生态承载力也相应增长。而林地人均生态足迹的增长不仅与

林地面积的减少有关，也与人口的持续增长有关。总体而言，林地的人均生态足迹与人均生态承载力的变化趋势相反，并且林地面积的变化趋势与林地人均生态承载力的变化趋势基本一致，而与林地人均生态足迹的变化趋势呈负相关。另外，2000 年前，林地人均生态足迹均小于林地的人均生态承载力，表明林地处于可持续利用的状态；而 2000 年后，随着林地面积的减少，人口的持续增长，林地人均生态足迹逐渐大于林地人均生态承载力，表明林地受到的压力逐渐增大。

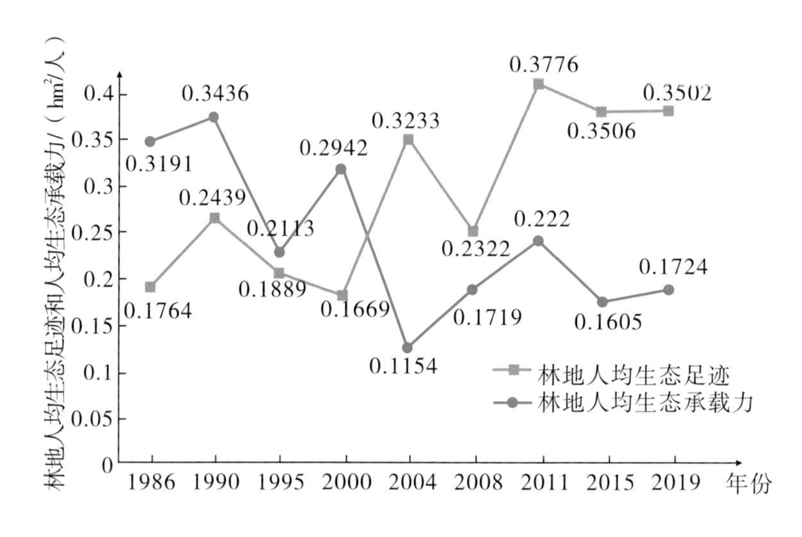

图 5-4 林地人均生态足迹与人均生态承载力的变化趋势

（3）草地人均生态足迹与人均生态承载力的变化

由图 5-5 可以看出，1986—1990 年，草地人均生态足迹与人均生态承载力均呈下降趋势，此时段草地面积也有所减少，从 1986 年的 2 965.74hm^2 减少至 1990 年的 1 957.23hm^2；1990—2004 年，草地人均生态足迹与人均生态承载力逐渐增长，2004 年草地人均生态足迹与人均生态承载力均达到最大值，此时草地的人均生态足迹为 0.167 9hm^2/ 人，草地的人均生态承载力为 0.031 9hm^2/ 人，该时段草地面积共增长了 4 259.84hm^2；2004 年后，草地人均生态足迹与人均生态承载力总体均趋于稳定，人均生态足迹稳定在 0.15hm^2/ 人左右，人均生态承载力稳定在 0.03hm^2/ 人左右。总体而言，草地人均生态足迹增加的主要原因是人口持续增长，导致草地的压力越来越大。草地面积的变化会影响草地人均生态承载力的变化，如草地面积增长时，草地的人均生态承载力也有所上升，反之，草地的人均生态承载力逐步下降。草地人均生态承载力持续小于草地人均生态足迹的一个重要原因是草地的产量因子较低。

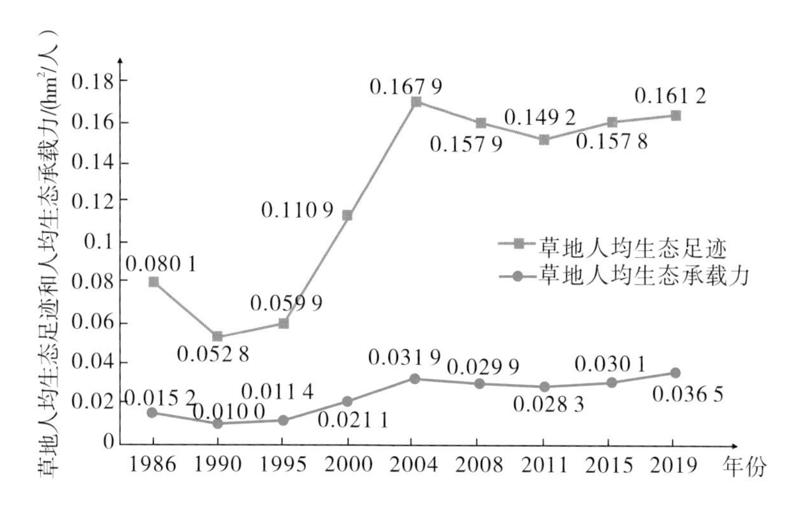

图 5-5 草地人均生态足迹与人均生态承载力的变化趋势

（4）水域人均生态足迹与人均生态承载力的变化

由图 5-6 可以看出，1986—2000 年水域人均生态足迹呈逐渐上升趋势，2000—2004 年，水域人均生态足迹呈小幅下降趋势，2004—2011 年，水域人均生态足迹又呈上升趋势，至 2011 年达到最大值，为 0.101 4hm^2/ 人；2011—2015 年，水域人均生态足迹受政策因素、人类活动减少等因素影响，呈逐渐下降趋势。2015—2019 年，水域人均生态足迹呈小幅上升趋势。而对于水域人均生态承载力而言，1986—2008 年呈持续小幅上升趋势；2008—2015 年，又呈小幅度下降趋势；2015—2019 年，呈上升趋势。总体而言，水域人均生态承载力虽有波动，但变化幅度较小，且人均生态承载

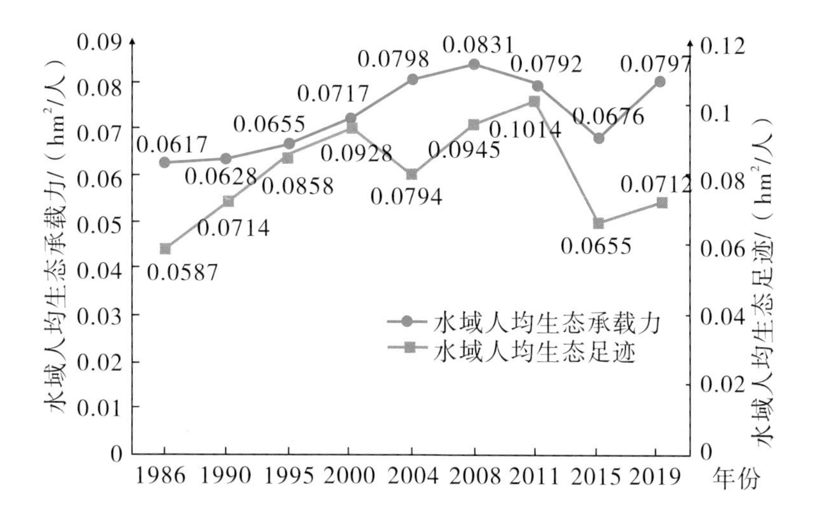

图 5-6 水域人均生态足迹与人均生态承载力的变化趋势

力略有增长。水域人均生态足迹相较于人均生态承载力波动较为明显，1986 年、2004 年、2015 年和 2019 年这 4 个年份的水域人均生态足迹均小于水域人均生态承载力，其余年份也仅略大于水域的人均生态承载力，说明人类活动对水域的威胁总体较小。

（5）建设用地人均生态足迹与人均生态承载力的变化

由图 5-7 可以看出，1986—2019 年，建设用地人均生态足迹与人均生态承载力均呈上升趋势。其中，2008—2019 年，建设用地人均生态承载力基本稳定，这表明升金湖国际重要湿地建设用地大规模开发情况得到缓解。另外，结合表 5-2、表 5-3 和图 5-7 可以看出，建设用地人均生态足迹增幅最大，表明随着人类活动的日益频繁，对建设用地的需求日益增长，进一步破坏了升金湖国际重要湿地的生态环境。

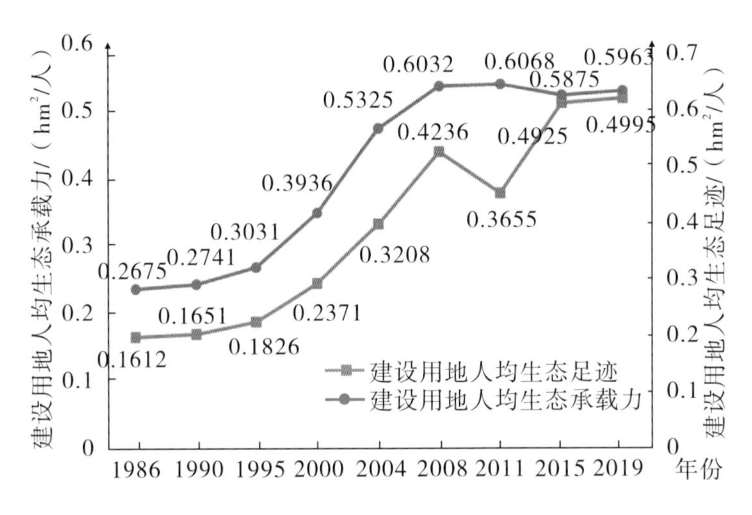

图 5-7 建设用地人均生态足迹与人均生态承载力的变化趋势

5.1.4 生态承载力演变的动力机制

生态承载力的变化受诸多因素的影响，主要包括土地利用方式的不同、土地生产能力的差异、人口数量的变化、自然因素等。其中自然因素主要为各种自然灾害，就升金湖地区而言，自然因素主要通过作用于耕地、林地、草地、水域等来影响生态承载力，而这些因素相较于人类活动而言影响较低，因此本节主要从土地利用方式、人口数量变化、气候及水文条件、土地生产能力 4 个方面来阐述升金湖国际重要湿地生态承载力演变的动力机制。

1. 土地利用方式的影响

土地利用方式的变化会直接影响升金湖国际重要湿地的生态承载力总量。由图 5-8

可以看出，1986—2019 年，升金湖国际重要湿地的耕地对生态承载力总量的贡献最大，耕地承载力占比达 45.9%；其次是建设用地，其承载力占比基本超过了 20%，其中 2011 年建设用地承载力占比超过了耕地承载力占比，主要是因为 2011 年建设用地占总面积的比例略高于耕地的；草地对生态承载力总量的贡献最小，草地生态承载力占比均在 1% 左右。

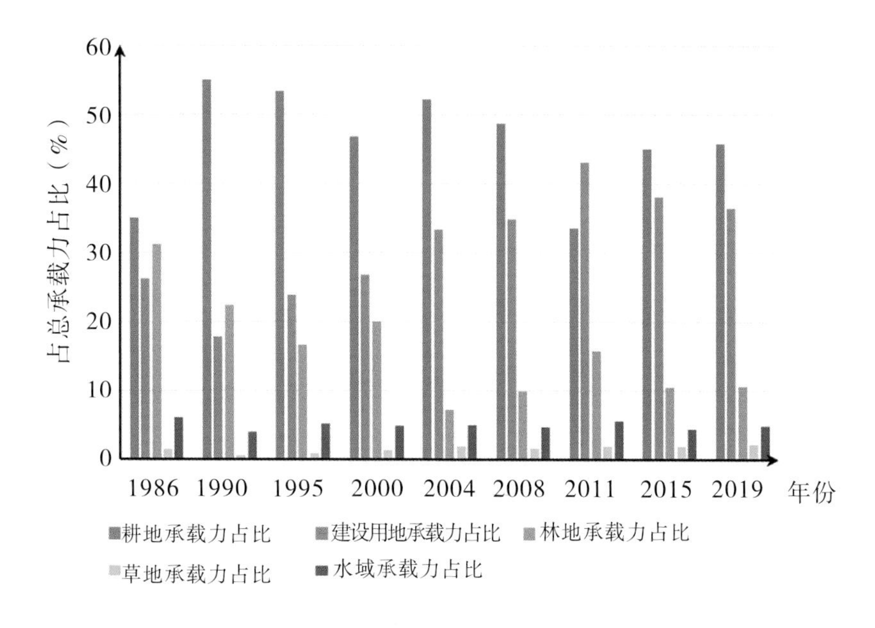

图 5-8 各类土地利用类型生态承载力在生态承载力总量中的占比

1986 年，耕地、建设用地和林地对生态承载力总量的贡献基本持平，均在 30% 上下；1990 年，耕地生态承载力占比达 54%，已经远超其他土地类型对生态承载力总量的贡献，此时耕地面积已经达到 3 614.28hm^2，较 1986 年增加了 2 081.44hm^2，同时生态承载力总量较 1986 年也有大幅提升，表明升金湖国际重要湿地的生态承载能力受耕地面积的影响较大，如图 5-8 所示。

为了验证耕地生态承载力与生态承载力总量之间的关系，本节应用皮尔逊相关分析（李宏彬等，2015；董永权等，2008；贾俊平，2004；Rodgers et al.，1988）对两者之间的相关性进行研究，结果见表 5-4 所列。由表 5-4 可以看出，耕地生态承载力与生态承载力总量之间高度正相关，耕地生态承载力的变化将直接影响生态承载力总量的变化。1990 年后，随着粮食需求量的增加，升金湖国际重要湿地的耕地面积逐渐扩大，之后又受到“退耕还林、退耕还湖”等措施的影响，耕地面积又有所减少，表现为耕地承载力发生波动变化，也从侧面体现了升金湖国际重要湿地生态承载力总量的变化。

表 5–4　耕地生态承载力与生态承载力总量的相关性

		耕地生态承载力总量
生态承载力总量	Pearson Correlation	0.936**
	Sig. (2–tailed)	0.001
	N	8

注：** 在 0.01 级别（双尾），相关性显著。

2. 人口数量变化的影响

1986—1990 年、1995—2008 年及 2011—2019 年这 3 个时段，升金湖湿地的人口数量增长较快，同时生态承载力总量增长也较快；而 1990—1995 年、2008—2011 年人口增长速度放缓，该时段生态承载力总量也呈现下降趋势。由此可知，人口增长速度较快时，生态承载力增长速度也较快，而当人口增长速度放缓时，生态承载力的增长幅度也会出现下降。

3. 气候及水文条件影响

气候条件对生态承载力总量的影响主要体现在降水量及气温方面，水文条件对生态承载力总量的影响主要体现在地表径流方面。近年来，异常天气出现的次数增多，有些年份出现异常干旱天气，有些年份又出现洪涝灾害，再加上三峡大坝的截流、黄湓河上游生产及生活用水量的增加，导致升金湖国际重要湿地的水域面积出现一定程度的波动，进而影响了水域的生态承载力，从而影响生态承载力总量。

4. 土地生产能力的影响

不同的土地类型生产能力不同，其产量因子也不相同，进而影响生态承载力总量。而土地的生产能力还受到土壤肥沃程度、农作物品种、科技投入、劳动者的行为及自然因素等的影响。对于升金湖地区而言，土壤的肥沃程度、化肥和农药的投入及生产面积是影响耕地产能的主要因素，如长期的农耕活动在升金湖国际重要湿地的西北部形成了肥沃的水稻土，另外伴随化肥、农药的使用，耕地面积的扩大，农作物的产量逐渐提高，相应的耕地生态承载力也有所提升。水质条件和捕鱼活动是影响升金湖地区水域生产能力的主要因素，如升金湖的水质由于过度养殖、工农业废水的排入、化肥和农药的残留等因素而逐渐下降，水域的生产效益受到影响，其承载能力虽有波动，但总体变化较小。

5.1.5　生态承载力评价

1. 评价指标体系建立及权重确定

前述内容中用生态足迹法对升金湖国际重要湿地生态承载力的演变过程进行了

分析，本节采用多目标综合评价法（游仁龙等，2016；马金珠等，2005；赵新宇等，2005；徐中民等，2000）评价升金湖国际重要湿地的生态承载力。生态承载力主要包含 3 个方面，即生态弹性力、生态支撑力及生态压力。生态弹性力代表了生态系统自我维持与自我修复的能力，其强度的大小主要受生态系统自身状况的影响，因此本节从气候、水文及地物覆盖 3 个方面分别选取年均降雨量、年均温、年均水位及森林覆盖率 4 个指标来定量阐述生态弹性力的变化；生态支撑力，即生态系统所能提供的各项资源及其带来的社会经济效益，因此本节从资源供给及经济发展两个方面分别选取人均水资源占有量、人均耕地面积、人均绿地面积、农民人均纯收入及人均 GDP 5 个指标来定量阐述生态系统支撑能力的变化；生态压力，即生态系统所受的压力，对于升金湖湿地而言，生态系统的压力主要来自于人类活动及其带来的环境污染，因此本节从资源消耗、环境污染、人口压力 3 个方面选取人均生活用水量、化肥农药使用量、生活污水排放量、人口密度及自然增长率 5 个指标来定量阐述生态压力的变化。升金湖国际重要湿地生态承载力评价指标体系见表 5–5 所列。

表 5–5 升金湖国际重要湿地生态承载力评价指标体系

<table>
<tr><th>目标层</th><th>准则层</th><th>指标简写</th><th>因素层</th><th>指标简写</th><th>指标层</th><th>指标简写</th></tr>
<tr><td rowspan="14">生态承载力</td><td rowspan="4">生态弹性力</td><td rowspan="4">EEI</td><td rowspan="2">气候</td><td rowspan="2">A_1</td><td>年均降雨量 /mm</td><td>a_1</td></tr>
<tr><td>年均温 /℃</td><td>a_2</td></tr>
<tr><td>水文</td><td>A_2</td><td>年均水位 /m</td><td>a_3</td></tr>
<tr><td>地物覆盖</td><td>A_3</td><td>森林覆盖率 /%</td><td>a_4</td></tr>
<tr><td rowspan="5">生态支撑力</td><td rowspan="5">ESI</td><td rowspan="3">资源供给</td><td rowspan="3">A_4</td><td>人均水资源占有量 / 万 m^3</td><td>a_5</td></tr>
<tr><td>人均耕地面积 /hm^2</td><td>a_6</td></tr>
<tr><td>人均绿地面积 /hm^2</td><td>a_7</td></tr>
<tr><td rowspan="2">经济发展</td><td rowspan="2">A_5</td><td>农民人均纯收入 / 元</td><td>a_8</td></tr>
<tr><td>人均 GDP/ 万元</td><td>a_9</td></tr>
<tr><td rowspan="5">生态压力</td><td rowspan="5">EPI</td><td>资源消耗</td><td>B_1</td><td>人均生活用水量 /t</td><td>b_1</td></tr>
<tr><td rowspan="2">环境污染</td><td rowspan="2">B_2</td><td>化肥农药使用量 /t</td><td>b_2</td></tr>
<tr><td>生活污水排放量 /t</td><td>b_3</td></tr>
<tr><td rowspan="2">人口压力</td><td rowspan="2">B_3</td><td>人口密度 /（人 /hm^2）</td><td>b_4</td></tr>
<tr><td>自然增长率 /%</td><td>b_5</td></tr>
</table>

另外，各个指标因子在生态承载力评价中的重要程度各不相同，需要赋予其权重以突出重要指标的影响，因此本节利用德尔菲法(Delphi method)确定各评价层的权重。从反馈结果来看，升金湖国际重要湿地的生态承载力评价更侧重于生态系统自身的供给与抗压能力：供给能力主要体现在升金湖国际重要湿地可供人类使用的各项资源（水资源与土地资源）及资源所带来的经济效益；抗压能力主要体现在人类的资源消耗及资源消耗所带来的各种污染。

综上所述，升金湖国际重要湿地生态承载力的评价指标体系及相应权重见表 5–6 所列。

表 5–6　升金湖国际重要湿地生态承载力的评价指标体系及相应权重

准则层	权重	因素层	权重	指标层	权重	综合权重
EEI	0.187	A_1	0.251	a_1	0.287	0.054
				a_2	0.185	0.035
		A_2	0.423	a_3	0.275	0.051
		A_3	0.326	a_4	0.253	0.047
ESI	0.475	A_4	0.652	a_5	0.261	0.123
				a_6	0.214	0.101
				a_7	0.249	0.118
		A_5	0.348	a_8	0.139	0.066
				a_9	0.137	0.065
EPI	0.341	B_1	0.264	b_1	0.267	0.091
		B_2	0.485	b_2	0.242	0.083
				b_3	0.239	0.081
		B_3	0.251	b_4	0.127	0.043
				b_5	0.125	0.043

2. 指标数据的标准化

数据标准化即数据的无量纲化，是为了消除数据单位不统一而造成的数据之间没有可比性或数据结果不准确等影响。另外，本节选取的指标存在正向指标及负向指标（正向指标即数据的值越大越好，负向指标即数据的值越小越好），正向指标为生态弹性力及生态支撑力，负向指标为生态压力。因此，本节选取 min-max 标准化方法来对数据进行无量纲化，其计算公式如下。

正向指标标准化为

$$P_{ij}=\frac{X_{ij}-X_j^{\min}}{X_j^{\max}-X_j^{\min}} \tag{5-3}$$

负向指标标准化为

$$P_{ij}=\frac{X_j^{\min}-X_{ij}}{X_j^{\max}-X_j^{\min}} \tag{5-4}$$

式中，P_{ij} 为各指标标准化之后的值；X_{ij} 为各指标实际值；$X_j^{\max}$ 为第 j 个指标的最大值；$X_j^{\max}$ 为第 j 个指标的最小值。

基于式（5–3）和式（5–4），对升金湖国际重要湿地生态承载力各项指标的数据进行无量纲化处理，原始数据标准化后的结果见表 5–7 所列。

表 5–7　升金湖湿地生态承载力各项指标归一化结果

年份 / 年	1986	1990	1995	2000	2004	2008	2011	2015	2019
年均降雨量	0.732 6	0.270 6	0.944 5	0.020 8	0.328 1	0.000 0	1.000 0	0.977 1	0.845 7
年均温	0.833 3	1.000 0	0.333 3	0.166 7	0.000 0	0.666 7	0.500 0	0.750 0	0.654 2
年均水位	0.000 0	0.430 0	0.668 9	0.775 1	0.590 9	0.869 0	1.000 0	0.383 6	0.542 5
森林覆盖率	0.892 4	1.000 0	0.420 5	0.783 3	0.000 0	0.247 7	0.467 4	0.197 7	0.378 9
人均水资源占有量	0.925 6	0.928 8	1.000 0	0.715 3	0.427 5	0.430 4	0.405 1	0.000 0	0.413 0
人均耕地面积	0.356 6	1.000 0	0.601 1	0.373 7	0.425 9	0.317 6	0.000 0	0.099 3	0.089 5
人均绿地面积	1.000 0	0.682 0	0.287 1	0.399 0	0.206 0	0.152 7	0.135 1	0.000 0	0.358 7
农民人均纯收入	0.000 0	0.146 4	0.340 1	0.488 4	0.691 7	0.813 6	0.895 0	1.000 0	0.987 9
人均地区生产总值	0.000 0	0.087 5	0.121 1	0.166 5	0.230 5	0.326 7	0.685 4	1.000 0	0.972 1
人均生活用水量	1.000 0	0.908 2	0.833 2	0.629 3	0.525 1	0.356 1	0.244 2	0.000 0	0.087 9
化肥农药使用量	0.943 3	1.000 0	0.928 1	0.525 3	0.025 8	0.000 0	0.231 0	0.201 7	0.189 4
生活污水排放量	1.000 0	0.908 2	0.833 2	0.629 3	0.525 1	0.356 1	0.244 2	0.000 0	0.087 9
人口密度	1.000 0	0.908 2	0.833 2	0.629 3	0.525 1	0.356 1	0.244 2	0.000 0	0.178 0
自然增长率	0.069 7	0.653 2	0.000 0	0.768 1	0.292 4	0.983 2	0.467 0	1.000 0	0.875 0

3. 生态承载力评价模型的建立

湿地生态承载力评价涉及湿地生态系统的各个方面，传统的生态承载力评价方法难以从各评价层的角度来阐述生态系统承载能力的变化，基于此本节采用多指标综合评价法从生态弹性力、生态支撑力、生态压力 3 个方面来综合评价升金湖国际重要湿地的生态承载力（李旭尧等，2020）。

（1）生态弹性力

生态弹性力指数的计算公式为

$$\mathrm{EEI}=\sum_{i=1}^{n} S_i \times W_i \tag{5-5}$$

式中，EEI 为生态弹性力指数；S_i 为生态弹性力所对应各指标要素；W_i 为各指标对应权重。

（2）生态支撑力

生态支撑力指数的计算公式为

$$\mathrm{ESI}=\sum_{i=1}^{n} S_i \times W_i \tag{5-6}$$

式中，ESI 为生态支撑力指数；S_i 为生态支撑力所对应各指标要素；W_i 为各指标对应权重。ESI 的值越大，表明生态的承载能力越大。

（3）生态压力

生态压力指数的计算公式为

$$\mathrm{EPI}=\sum_{i=1}^{n} S_i \times W_i \tag{5-7}$$

式中，EPI 为生态支撑力指数；S_i 为生态支撑力所对应各指标要素；W_i 为各指标对应权重。EPI 的值越大，表明生态系统所受的压力越小。

（4）生态承载力指数

$$\mathrm{ECCI}=\sum_{i=1}^{n} A_i \times W_i \tag{5-8}$$

式中，ECCI 为生态承载力指数；A_i 为各项指标评价结果；W_i 为准则层指标对应权重。

4. 升金湖湿地生态承载力评价

结合前述内容中各项指标的权重、指标无量纲化处理结果及生态承载力评价模型，计算出升金湖国际重要湿地 1986—2019 年的生态弹性力指数、生态支撑力指数、生态压力指数及生态承载力指数，结果见表 5-8 所列。

表 5-8 升金湖国际重要湿地生态承载力评价结果

年份	生态弹性力	生态支撑力	生态压力	生态承载力
1986	0.599 1	0.566 9	0.870 0	0.676 3
1990	0.682 6	0.658 6	0.898 6	0.744 9
1995	0.687 5	0.525 0	0.752 0	0.632 8
2000	0.525 8	0.456 7	0.621 5	0.525 8
2004	0.409 8	0.381 7	0.375 2	0.366 1
2008	0.505 7	0.376 1	0.348 3	0.390 9
2011	0.667 4	0.357 7	0.268 9	0.422 7
2015	0.611 2	0.297 2	0.273 8	0.313 9
2019	0.602 1	0.285 6	0.287 4	0.349 8

（1）生态弹性力指数的变化

由图 5-9 可以看出，1986—1995 年，生态弹性力指数呈上升趋势；1995 年后呈快速下降趋势；2004 年，达到最低值，仅为 0.409 8。2004 年后，生态弹性力指数快速上升，2011 年后，生态弹性力指数基本保持稳定。从生态弹性力各指标数据来看，2004 年出现最低值的原因主要是森林覆盖率较往年呈现大幅度下降趋势，水资源总量也有所减少。2004 年后，由于“退耕还林、人工造林”等措施，林地面积逐渐增加，森林覆盖率逐渐增加，生态弹性力指数也呈逐步上升趋势。总体而言，1986—2019 年，升金湖国际重要湿地的生态弹性力指数仅增加 0.003，过程较为曲折。这说明，升金湖国际重要湿地生态系统具有不稳定性，生态系统自我维持与自我修复能力易因人类大规模的破坏活动而下降。

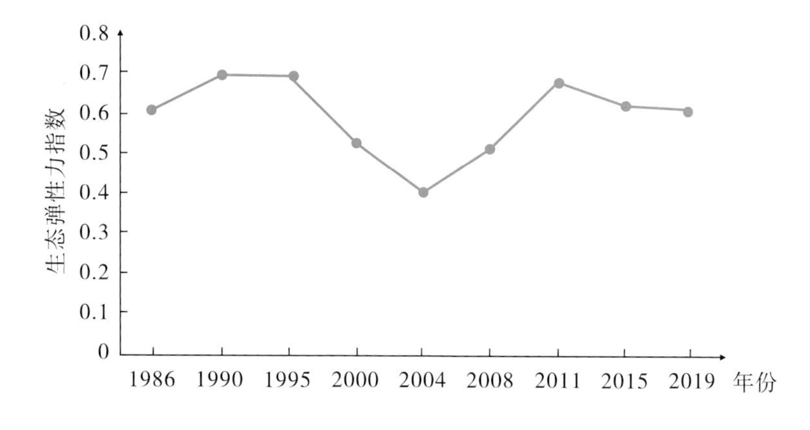

图 5-9 1986—2019 年生态弹性力指数的变化趋势

（2）生态支撑力指数的变化

由图 5-10 可以看出，1986—1990 年，升金湖国际重要湿地的生态支撑力指数呈逐渐上升趋势，1990 年后逐渐下降。其中，1990—2004 年减幅较大，2004—2015 年总体减幅较小，2019 年达到最小值，为 0.2856，下降了 49.62%。从生态支撑力各指标数据来看，1995 年，生态支撑力指数增加的原因主要是耕地面积的增加及农民人均收入的提高。1995 年后，虽然人均收入及地区生产总值有较大增长，但生态支撑力主要表现在其资源供给能力上，而耕地及绿地面积逐渐减少，因而生态支撑力指数逐渐下降。总体而言，1986—2019 年，升金湖国际重要湿地生态支撑力指数虽有小幅上升，但总体呈逐渐下降趋势。这说明，升金湖国际重要湿地生态环境因不合理的人类活动而逐渐恶化，资源供给能力和支撑能力逐渐减弱。

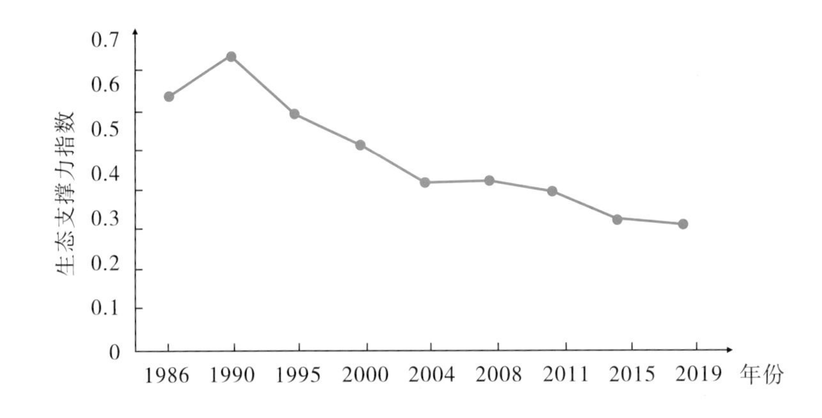

图 5-10 1986—2019 年生态支撑力指数的变化趋势

（3）生态压力指数的变化

由图 5-11 可以看出，1986—1990 年，生态压力指数呈小幅上升趋势，说明这一时期生态压力较小；1990 年后，生态压力指数呈持续下降趋势，2011 年达到最低值，为 0.268 9；2011 年后，生态压力指数略有回升，但变化较小，说明自 1990 年后升金湖国际重要湿地的生态压力逐渐增加。从生态压力各指标数据来看，用水量，化肥、农药使用量，生活污水排放量和人口增长等因素是生态压力指数逐渐减小的主要原因。总体而言，1986—2019 年，升金湖国际重要湿地的生态压力逐渐增大，生态系统遭受较大程度的破坏。

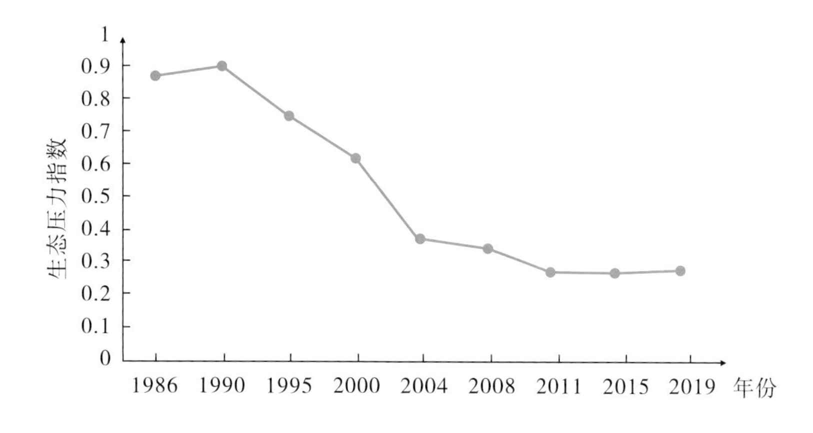

图 5-11 1986—2019 年生态压力指数的变化趋势

（4）生态承载力指数的变化

由图 5-12 可以看出，1986—1990 年，升金湖国际重要湿地的生态承载力指数呈小幅上升趋势；1990—2004 年，呈持续下降趋势；2004—2011 年，呈现小幅上升趋势；2011 年后，呈逐渐下降趋势；2015 年，达到最小值，为 0.313 9；2015—2019 年，呈小幅上升趋势。结合图 5-10 和图 5-11 可以看出，生态承载力指数的变化趋势与生态支撑力指数及生态压力指数的变化趋势较为接近，并且生态支撑力与生态压力是组成生态承载力要素中占比较大的两个方面，因此生态支撑力及生态压力的变化在一定程度上能够映射出生态承载力的变化。

另外，本文在 Excel 中对生态承载力指数的变化趋势进行拟合，结果如图 5-12 所示。可以看出，R^2 为 0.863 1，拟合程度较高。在图 5-12 中，方程的取值范围为 $y \geqslant 0$；$x \geqslant 1$ 且 $x \in \mathbf{Z}$（1 表示 1986 年，依次类推）。经计算，2020 年升金湖国际重要湿地的生态承载力指数约为 0.291 3，表明如果保持当前发展模式不变，那么升金湖国际重要湿地的生态环境可能会进一步恶化，承载能力进一步降低。

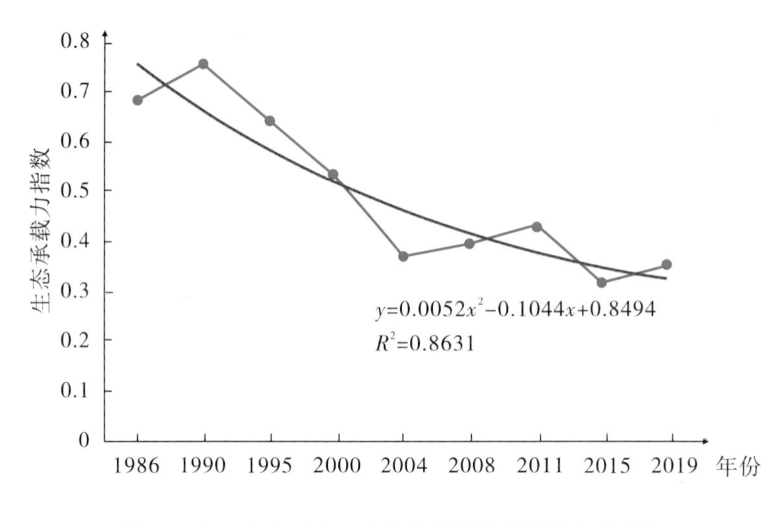

图 5-12　1986—2019 年生态承载力指数的变化趋势

5.2 生态安全

5.2.1 “压力 - 状态 - 响应”模型

湿地生态安全是指湿地生态系统的结构是否受到破坏，其生态功能是否受到损害。湿地生态系统所提供服务的质量或数量出现异常，表明该系统的生态安全受到了威胁，即处于“生态不安全”状态（Ye et al.，2011）。研究生态安全评价指标主要是根据经济合作发展组织（Organization for Economic Co-operation and Development，OECD）的 PSR 模型。在 PSR 模型中，P（压力）指标是指人类活动直接施加的压力，如废弃物排放、处理，公路网络密度、煤炭开采；S（状态）是指环境的当前状态和未来的发展趋势，如污染物浓度、品种；R（响应）是指一系列环保政策，其中提到的指标部分在环境治理的过程中不断演变。运用 PSR 模型对升金湖进行评价，可以直接有效地反映区域安全形势，为升金湖国际重要湿地生态保护提供决策依据。

1. 评价指标选取

基于 PSR 模型，选取适于该项目的 19 个独立指标，并通过层次分析法软件获得各指标权重用于生态安全分析（表 5-9）。关于具体指标的选择，本节参考国内外生态安全的评价方法，并征询了 32 位专家意见，判断矩阵一致性数值为 0.012。湿地景观格局的变化，通过自然 - 经济 - 社会各驱动因子影响，最终建立升金湖国际重要湿地生态安全指标体系。

表 5-9 升金湖国际重要湿地生态安全指标及权重

目标层	指标层（权重）	主要因子（权重）	次级指标层	次级指标权重
升金湖国际重要湿地生态安全指标	湿地生态压力（0.360 0）	人口压力（0.032 5）	人口密度	0.030 1
			经济人口	0.002 4
		土地压力（0.132 5）	建设用地	0.082 1
			交通用地	0.025 2
			耕地	0.025 2
		水资源压力（0.097 5）	人均水资源	0.023 1
			工业废水机组负荷	0.074 4
		社会资源压力（0.097 5）	人均国民生产总值	0.097 5
			游客招待量	0.091 5
	湿地生态状态（0.540 0）	环境质量（0.380 0）	水体 pH 值	0.057 7
			水体浑浊度	0.057 7
			水体溶解氧	0.057 7
			烟尘排放量	0.057 7
			废水排放量	0.057 7
			二氧化碳排放量	0.048 4
		相关景观指数（0.160 0）	景观多样性指数	0.484 0
			平均斑块面积指数	0.063 2
			均匀度指数	0.048 4
	湿地生态响应（0.100 0）	生物多样性（0.075 0）	鸟类数量	0.050 0
			浮游生物种类	0.025 0
		投资能力（0.025 0）	环境保护投入	0.020 0

2. 评价模型

（1）标准化指数

由于不同指标没有内在定量关系，彼此之间没有可比性，有必要将各指标进行标准化处理，得到标准化指数，可以使用以下两种计算方式进行计算。

①积极的影响指标

对于某些指标的标准化，其值越大，越会带来积极的湿地生态安全影响。此外，

其值越大，越会降低生态风险值。其标准化的方法为

$$Y_i=\frac{X_i-X_{min}}{X_{max}-X_{min}} \tag{5-9}$$

式中，Y_i 表示无量纲化后的第 i 个数据；X_i 为第 i 指标因子；X_{max} 和 X_{min} 分别表示原始数据中的最大值和最小值。

②负面的影响指标

对于其他指标，其值越大越会带来更大的负面生态影响，越会提高湿地生态风险值。其标准化的方法为

$$Y_i=\frac{X_{min}-X_i}{X_{max}-X_{min}} \tag{5-10}$$

（2）综合指标体系

为了定量评估湿地生态安全综合指数（X），需要建立可行的评判体系，即综合指标体系。其中，X 取值为 0~1，不同值代表湿地生态安全的不同等级。为了便于分析，将 X 值分为 5 组，即 0~0.3、0.3~0.5、0.5~0.6、0.6~0.8、0.8~1 这 5 个健康状态，“重度预警”“中度预警”“预警”“较安全”“安全”进行一一对应（Montague et al.，1993）。

$$S_i=\sum_{i=1}^{n}(Y_i\times W_i) \tag{5-11}$$

式中，S_i 为人工合成的湿地生态安全评价指数；Y_i 为每个指标标准化值；W_i 为每个指标所代表的权重值；n 为总项目数。

5.2.2 生态安全评价

生态安全指数是湿地环境指标，从 1986—2019 年的发展趋势可知：升金湖国际重要湿地的安全指数呈下降趋势，1986 年升金湖国际重要湿地生态安全指数为 0.847，处于安全状态；2011 年和 2019 年，升金湖国际重要湿地生态安全指数分别下降为 0.562 和 0.476，处于预警状态（表 5-10）。这表明升金湖国际重要湿地的人口、经济等社会压力加大，景观破碎化加剧，水文调节能力降低，湿地生态系统处于预警状态（汪庆，2015）。

表 5-10　升金湖国际重要湿地 1986 年、2003 年、2011 年和 2019 年生态安全指数

年份 / 年	1986	2003	2011	2019
湿地生态安全指数	0.847	0.746	0.562	0.476
湿地健康状况	安全	较安全	预警	预警

5.2.3 生态安全驱动力分析

驱动力是导致景观格局变化的根本因素，主要是由自然－经济－社会元素共同改变的结果。升金湖与长江组成了世界独特的江-湖复合型湿地，是我国重要的生态系统之一。目前，每年随季风而来的江水、泥沙和营养物质流入湖中，为升金湖提供了维持湿地高生产力和生物多样性的物质基础。然而，当地居民对资源利用的方式由传统低强度转向掠夺式开发，使升金湖国际重要湿地水文动力发生了改变，同时极大地破坏了生态系统的平衡，使资源的可持续利用面临严重威胁。升金湖国际重要湿地景观格局和湿地生态安全动态变化与湿地动植物数量变化有内在联系和反馈关系，如白枕鹤的数量急剧减少，由1993年的700只减少到2019年的2只；白头鹤数量波动较大，2003—2008年急剧下降，至2019年年底，数量有所回升，数量为235只；东方白鹳数量经历先下降后上升的趋势，2011年年底数量回升到正常水平，为251只。本节通过景观格局指数解译，并结合PSR模型对研究区域进行驱动力调查研究。自然、人为驱动力对湿地景观变化起主要作用，具体如下。

1. 自然驱动力

自然驱动力会引起区域景观变化，升金湖国际重要湿地研究区域的自然驱动力影响因子主要包括年平均温度和年平均降雨量，其中年平均降雨量是自然驱动力的主导因子。升金湖国际重要湿地位于长江以南，湖区水源来自天然降雨和河流，其在长江汛期时起到蓄洪的作用。水库水源主要用于农业和生活用水，水是维系湿地生态和土地利用景观格局的支点。近25年来，升金湖国际重要湿地年平均水位变化幅度较明显，年最高水位为1996年的12m，年最低水位为2000年的10.2 m，年平均水位直接影响升金湖国际重要湿地景观格局和野生动物栖息地；年平均降雨量变化也有大幅波动，最大值为1996年的210mm，最低值为2003年的108mm，降雨量的变化影响到水域、滩涂等湿地景观类型的面积，从而影响湿地景观格局；年平均温度变化幅度不大，最高温度为2003年的17.6℃，最低温度为1986年的16.7℃，但总体趋势缓和，对湿地景观格局的影响不明显（图5-13）。

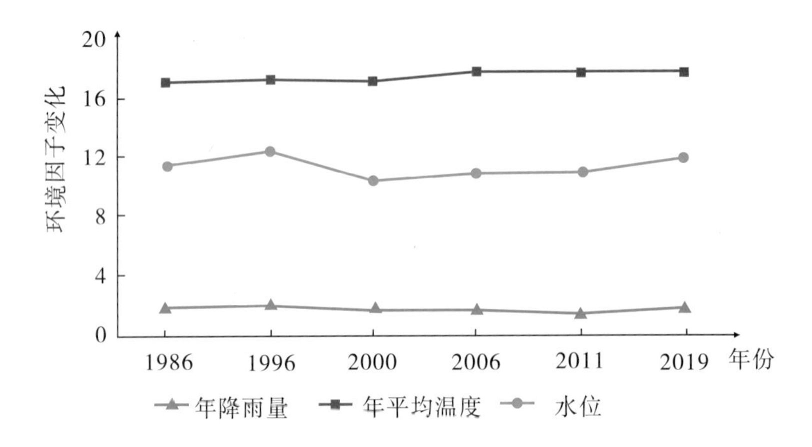

图 5-13　升金湖国际重要湿地主要自然驱动力影响因子的变化趋势

综上所述，自然驱动力影响因子波动不大，偶尔出现极值。例如，2003 年平均降雨量较往年平均值偏低，而年平均温度略高于往年平均值，尽管如此，年平均水位较往年没有下降。

2. 人为驱动力

人为干扰对升金湖国际重要湿地景观格局变化起决定性作用，其中人为驱动力主要包括经济发展、政府政策、人口增长和旅游开发等因子。经济驱动力加速该地区景观格局，并成为湿地景观格局变化的主要驱动力因子之一，主要体现在以下几个方面（图 5-14）：①农林牧渔业总产值从 1986 年的 4 092.9 万元快速增长到 2011 年的 38 224 万元，2019 年增长到 45 234 万元，其中水产养殖带来了一系列的生态环境破坏，使湖区各区域水生动植物数量和栖息地受到限制和影响；② 1986—2011 年，基本建设投资的增加与工业总产值的产出明显提高，基本建设投资呈几何式上升趋势，从 56.8 万元增长至 35 278.3 万元，工业总产值增长近 8 倍，至 2019 年增长到 138 346.32 万元，直接导致二氧化硫排放、污水排放等环境问题，如二氧化硫排放量从 1986 年的 37.38 t 增长到 2011 年的 53.99 t；③粮食产量的增速较快，近 25 年，粮食产量由当初的 1.67 万 t 增长到 2.29 万 t，至 2019 年增加到 3.17 万 t，粮食产量与当地化肥使用量呈正比关系，当地化肥使用量由 1986 年的 1 678.4 t 增长到 2011 年的 2 982.4 t；④经济增长带动当地人民收入提高，人均收入从 309 元快速增长到 6 946 元，至 2019 年增长到 16 408.5 元。

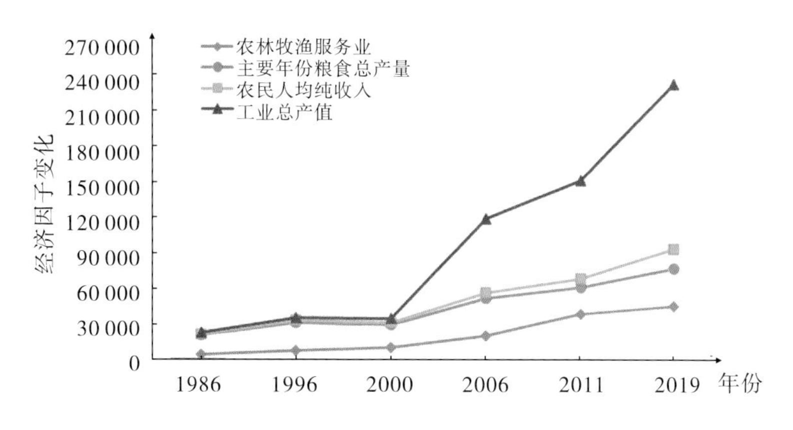

图 5-14 升金湖国际重要湿地主要经济因子的变化趋势

尽管地区经济发展对当地居民收入的提高起到促进作用，但是随着经济发展，铁路、高速公路陆续在升金湖国家级自然保护区内建成并通行，对湿地野生动物栖息地影响较明显，政策实施对升金湖国际重要湿地景观格局有直接影响。早期围湖造田加速了湖中水体富营养化，后期则可能导致大面积蓝藻暴发。

5.3 生态服务功能价值

升金湖国际重要湿地作为安徽省唯一的国际湿地，是众多水鸟的越冬栖息地，其生态价值很高。升金湖湿地的生态服务功能主要表现为生产功能、调节功能、保护功能和文化功能。根据国内外学者对生态服务功能价值的相关研究成果（Farber et al., 2006；谢高地等，2001），结合升金湖当地相关文献资料，本节运用价值量评价法得到升金湖国际重要湿地生态服务功能价值，并在此基础上依据当地社会、经济、生态等相关系数，得到修正后的生态服务功能价值。

5.3.1 生态服务功能价值计算模型

目前，生态系统服务评估是生态系统可持续性研究的一个重点，它引起了许多生态学家和经济学家的关注，其中对生态服务功能价值进行定量分析的方法主要有价值量评价法、能值分析法和物质量评价法 3 种（刘晓辉等，2008）。其中，价值量评价法从价值量的角度出发，根据生态系统服务的变化，将各生态服务功能进行定量化，从而得到真实直观的数据，该方法能够对不同生态系统的价值量进行定量评估与比较，同时将特定生态系统的各单项服务价值进行综合评估，适用性较强（汪庆，2015）；能值分析法能够把系统中不同类别的能量转化为统一标准的能值来评价分析，并进行定

量比较，但是该方法具有片面性（Alphan et al.，2005）；物质量评价法能够评价出不同生态系统中同一服务功能的价值量大小,但该方法很难对特定生态系统进行整体评估(赵景柱等，2000）。所以本节研究采用价值量评价法对升金湖国际重要湿地的生态服务功能价值进行核算（Pinke，2014），其计算公式（Turner，2005）为

$$ESV=\sum_{i=1}^{n} A_k \times V_k \tag{5-11}$$

式中，ESV 为研究区生态服务功能价值；A_k 为第 k 类用地类型面积；n 为土地利用类型数目；V_k 为第 k 类用地单位面积生态服务价值系数，有

$$V_k=\sum_{i=1}^{n} C_{crop} \times f_{ij} \tag{5-12}$$

式中，f_{ij} 为第 i 种用地类型第 j 种生态服务价值的当量因子，C_{crop} 指单位面积生态系统提供的食物生产服务价值，有

$$C_{crop}=\frac{1}{7}\sum_{i=1}^{n}\frac{m_i \times p_i \times g_i}{T_a} \tag{5-13}$$

式中，i 为农作物种类；m_i 为第 i 种粮食作物面积（hm^2）；p_i 为第 i 种粮食作物的全国平均价格（元/kg）；g_i 为第 i 种粮食作物的单产（元/kg）；T_a 为某时段内研究区耕种总面积（hm^2）。

针对生态服务价值核算结果的不确定性，本节研究通过引用经济学中常用到的弹性系数来计算其价值敏感性指数（The coefficient of sensitivity，CS），从而确定随时间的推移，生态服务价值对价值系数的敏感度（吴大千等，2009），其计算公式如下：

$$\frac{CS=(ESV_j-ESC_i)/ESV_i}{(VC_{jk}-VC_{ik})/VC_{ik}} \tag{5-14}$$

式中，CS 为敏感性指数；ESV 为研究区生态服务价值；VC 为生态服务价值系数；i 为最初的生态服务价值系数；j 为调整后的生态服务价值系数；k 表示土地利用类型。当 CS $<$ 1 时，ESV 对 VC 缺乏弹性；当 CS $>$ 1 时，ESV 对 VC 富有弹性。CS 值越大，表明 ESV 对 VC 越敏感（李琳，2011），反之亦然。

5.3.2 生态服务功能价值评价

本节基于 Pearce 等（1998）的研究对全球生态服务功能进行的详细划分和评价，把生态服务划分为 15 种类型，并按照 10 种生物群系以货币的形式进行评估，将生态服务类型分为 4 种，分别是供给、调节、文化和支持（Zhao et al.，2005）（表 5-11）。因未经修正的生态服务功能价值不能反映出特定区域生态系统因受外部干扰而发生的变化，本节研究依据谢高地等（2015）制定的中国陆地生态系统单位面积生态服务功能价值当量因子表，参照生态服务价值敏感性指数（Guo et al.，2001），并结合研究区自身的实际情况对不同土地利用类型的单位面积生态服务功能价值当量进行调整，从而确定各土地利用类型修正后的生态服务功能价值当量因子表（表 5–12）。通过查阅《池州统计年鉴》和升金湖国家级自然保护区管理局提供的数据，根据公式计算出研究区 10 期单位面积农作物的产值和经济产值，并确定各年度单位面积生态服务功能价值 1 个当量因子的值（靳芳等，2007；胥彦玲，2003）（表 5–13）。结合修正后的研究区生态服务功能价值当量因子表，并根据公式对研究区内 10 期不同类型用地的生态服务功能价值进行统计和分析，得到计算后的研究区生态服务功能价值总表（表 5–14）。

表 5–11　生态服务功能指标

编号	生态服务（+、–）	生态服务功能体现	承载土地利用类型
1	原材料生产（+）	总初级生产力中提取的原材料	耕地、园地、林地、水域
2	食物生产（+）	总初级生产力中提取的食物	园地、林地、耕地
3	气体调节（+）	大气化学成分调节	水域、林地、草滩地
4	气候调节（+）	全球温度、降水及其他生物调节作用	草滩地、水域、林地
5	水文调节（+）	调节水文循环过程	林地、水域、草滩地、耕地
6	废物处理（+）	流失养分恢复与过剩养分有毒物质分解	林地、草滩地
7	科教文化（+）	提供科研、文化等非商业用途	草滩地、建设用地、水域、林地
8	土壤形成（+）	成土过程	耕地、林地、草滩地
9	维持生物多样性（+）	授粉、生物控制、栖息地等资源	林地、草滩地、水域、耕地
10	遗传资源（+）	特有的生物材料和产品来源	林地、草滩地、水域
11	娱乐休闲（+）	提供休闲娱乐功能	林地、水域、建设用地
12	温室气体排放（–）	二氧化碳、甲烷等温室气体排放	水域、耕地
13	环境污染（–）	化肥、农药、地膜等污染物	耕地、水域
14	水资源污染（–）	水体富营养化	水域、耕地
15	大气污染（–）	二氧化硫等污染气体排放	建设用地、交通用地

注：+ 表示正服务价值；– 表示负服务价值。

表 5-12　修正后的升金湖国际重要湿地生态服务功能价值当量因子

生态服务类型	旱地	林地	泥滩地	芦苇滩地	草滩地	水田	水域	建设用地
气体调节	1.75	3.5	0.1	1.19	0.8	0.5	0	−2.42
气候调节	1.51	2.7	0.1	1.24	0.9	0.89	0.46	−5.32
水源调节	1.15	3.2	0.3	1.06	0.8	0.6	20.38	−7.51
土壤形成	2.32	3.9	0.2	0.04	1.95	1.46	0.01	0.02
废物处理	1.31	1.31	0.86	1.58	1.31	1.64	18.18	−2.46
维持生物多样性	2.17	3.26	0.34	0.83	1.09	0.71	2.49	0.34
食物生产	1.78	0.1	0.03	0.5	0.3	1	0.1	0.01
原材料	1.33	2.6	0.02	0.37	0.05	0.1	0.01	0
科教文化	0.66	1.28	0.01	0.17	0.04	0.01	4.34	0.01
遗传资源	0.06	2.37	0.56	1.02	0.92	1.24	2.42	0
娱乐休闲	1.32	0.32	0.03	0.58	0.35	0.02	1.57	2.63

表 5-13　升金湖国际重要湿地生态服务功能价值单位当量因子值

年份 / 年	种植面积 /hm^2	经济产值 / 万元	单位面积产值 / 万元	单位当量因子值
1986	14 728.69	2 962.94	2 011.68	286.82
1990	15 163.61	3 219.71	2 123.31	298.97
1995	16 979.36	3 918.32	2 307.69	317.97
2000	14 861.23	3 062.14	2 060.48	292.89
2004	13 571.97	2 615.34	1 927.02	277.11
2008	13 198.31	2 612.82	1 979.67	282.39
2011	13 353.41	2 668.84	1 998.62	284.44
2015	12 639.21	2 532.54	2 003.72	285.37
2017	12 358.36	2 716.23	2 197.89	304.78
2019	11 950.69	2 707.27	2 265.37	298.51

表 5-14　升金湖国际重要湿地生态服务功能价值　　单位：万元

年份 / 年	旱地	林地	泥滩地	芦苇滩地	草滩地	水田	水域	建设用地	总计
1986	2 450	4 450	80	90	750	370	8 250	−400	16 040
1990	2 350	4 670	60	40	480	850	9 320	−500	17 270
1995	2 630	3 300	30	30	630	780	12 730	−600	19 530
2000	1 890	4 110	20	60	1 130	700	12 430	−430	19 910

（续表）

年份 / 年	旱地	林地	泥滩地	芦苇滩地	草滩地	水田	水域	建设用地	总计
2004	1 240	1 510	140	40	1 460	790	10 810	–930	15 060
2008	1 340	2 250	60	30	1 380	800	11 810	–1 270	16 400
2011	1 360	2 970	60	50	1 330	460	12 990	–1 080	18 140
2015	1 120	2 170	190	10	1 370	740	8 500	–1 380	12 720
2017	1 030	1 890	110	20	850	920	11 150	–1 630	14 340
2019	930	2 010	130	30	1 250	960	11 700	–1 710	15 300

由表 5–14 可知，1986—2000 年升金湖国际重要湿地生态服务功能价值总量呈逐年上升趋势，至 2000 年共增长了 3 870 万元；其中草滩地、水田、水域生态服务功能价值均为整体增加趋势，尤其是水域，共增长 4 180 万元，但旱地、林地、泥滩地、芦苇滩地和建设用地的生态服务功能价值总量整体均有小幅下降，特别是旱地面积的不断减少，导致其生态服务功能价值与 1986 年相比，共减少 560 万元。2000—2004 年，升金湖国际重要湿地生态服务功能价值总量呈大幅下降趋势，降幅达 4 850 万元；泥滩地、草滩地和水田生态服务功能价值量呈上升趋势，其中泥滩地和草滩地生态服务功能价值增幅明显，分别增长了 120 万元和 330 万元；这段时间内林地和水域面积的大幅缩减，建设用地面积的上涨，导致林地、水域及建设用地的生态服务功能价值降幅明显，分别减少 2 600 万元、1 620 万元和 500 万元。2004—2011 年，升金湖国际重要湿地生态服务功能价值总量呈稳步回升态势，共增长了 3 080 万元，其中水域增幅最大，增长了 2 180 万元；林地的生态服务功能价值增幅较为明显，增长了 1 460 万元；这一阶段生态服务功能价值的回升得益于政府对升金湖国际重要湿地管理和保护力度的加强。2011—2015 年，受各种因素影响，升金湖国际重要湿地生态服务功能价值总量又开始大幅下降，减少了 5 420 万元；除了泥滩地、草滩地和水田，其他类型用地的生态服务价值均在不断减少，减少的原因是旱地、林地、芦苇滩地和水域面积大幅缩减，以及人类活动导致建设用地面积增加。2015—2017 年，升金湖国际重要湿地生态服务功能总值呈上升趋势，增长了 1 620 万元，主要源于人们对升金湖国际重要湿地保护意识的增强及土地利用布局的优化。2017—2019 年，升金湖国际重要湿地生态服务功能价值增加了 960 万元；其中旱地、建设用地的生态服务功能价值出现了下降，总计减少 180 万元，而林地、泥滩地、芦苇滩地、草滩地、水田和水域呈现

了增加，总计增加了 1 140 万元，水域的增加最大，达到了 550 万元。

根据式（5-14），本节把生态服务功能价值系数上下调整 50% 后，分别对升金湖国际重要湿地各年度生态服务功能价值敏感性指数进行计算。结果得知，升金湖国际重要湿地各年度不同土地利用类型的 *CS* 值均小于 1，说明随着时间的推移，升金湖国际重要湿地各年度生态服务功能价值对生态价值系数均不敏感，所以本节研究采用的生态价值系数合理（杨斐等，2020）。

5.4 生态补偿

5.4.1 生态补偿标准的确定

生态补偿标准的确定一直是生态补偿研究的重点，生态补偿标准是对一个地区生态、社会和经济三者的协调（冯艳芬等，2009）。生态服务功能价值是生态补偿标准制定的一个重要组成部分，但是生态服务功能价值是对一个地区全部生态要素进行的定量评估，而人们利用到的生态功能只是其中一部分，因此生态服务功能价值往往偏高，并不能直接反映升金湖国际重要湿地的生态服务特点。针对这些问题，有必要对升金湖国际重要湿地的生态补偿标准的上限和下限进行进一步界定。对于升金湖国际重要湿地的生态补偿标准的制定，可以通过社会发展调整系数、利率调整系数和环境质量调整系数计算得出生态服务价值调整系数，最后得出修正后的生态服务价值，以此作为升金湖国际重要湿地生态补偿标准的上限；同时，利用问卷调查的形式，参考周边居民的意愿，统计出居民受偿的最低标准，作为生态补偿标准的下限。

1. 生态补偿标准的上限

（1）社会发展调整系数

人们对于生态价值的认知水平、重视程度和支付意愿是随着社会发展水平的不断提高而不断发展的，皮尔生长曲线及恩格尔系数能很好地反映社会发展水平的特征（Bouraoui，2007）。以恩格尔系数的倒数（$1/En$）作为横坐标，令 $T=t+3$（以此对应不同发展阶段的数值），以皮尔系数中的社会发展阶段系数 l 为纵轴。皮尔生长曲线公式为

$$D=\frac{1}{(1+\mathrm{e}^{-t})} \tag{5-15}$$

式中，D 为社会发展阶段调整系数；t 为时间。根据式（5-15），得出皮尔生长曲线与恩格系数关系图，如图 5-15 所示，并得出恩格尔系数与社会发展阶段的对应关系，见表 5-15 所列。

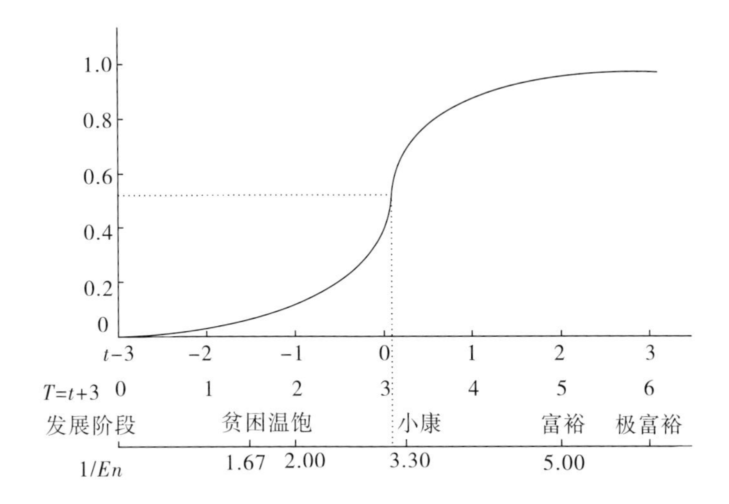

图 5-15 皮尔生长曲线与恩格尔系数关系图

表 5-15 恩格尔系数与社会发展阶段的对应关系

社会发展阶段	贫困	温饱	小康	富裕	极富裕
恩格尔系数 /%	> 60	60~50	50~30	30~20	< 20
1/*En*	< 1.67	1.67~2.00	2.00~3.30	3.30~5.00	> 5.00

根据《池州统计年鉴 2015》的数据，计算得出池州市恩格尔系数 *En* 为 0.326。根据表 5-16 可知池州市属于小康发展阶段，社会发展调整系数 *D* 为 0.517。

表 5-16 池州市社会发展调整系数

人均支出 / 元	人均食品支出 / 元	恩格尔系数 *En*	$T=1/En$	$T=t-3$	$D=1/(1+e^{-t})$
13 788.3	4 494.99	0.326	3.067	0.067	0.517

（2）利率调整系数

一般，生态价值需要根据经济效益来做相应调整，为了降低通货膨胀的影响，选取 2003—2019 年我国平均固定存款利率（3.16%）作为每年的固定存款利率，利率调整系数公式为

$$I=(1+i)^n \tag{5-16}$$

式中，I 为利率调整系数；i 为一年固定存款利率；n 为期数。

经计算得出，池州市利率调整系数为 1.453。

（3）环境质量调整系数

生态服务功能价值的变化在一定程度上受环境问题和社会发展等要素的影响，因

此在确立环境质量系数时，应选取具有典型性的生态环境质量指标因子，本节参考可持续发展指标体系等相关研究成果，并咨询相关领域专家，结合池州市的实际情况，选取6个环境质量指标因子，进行分值标准化，得到环境质量指标体系，见表5-17所列。

表5-17　环境质量指标体系

指标体系	指标	分值标准化
环境质量指标体系	化肥使用指数 X_1	S_1= 化肥使用总量 / 播种面积 ×100
	空气质量指数 X_2	S_2= 空气优良天数 /365×100
	人均绿化指数 X_3	S_3= 公共绿地面积 / 人口数 ×100
	生活垃圾无害化处理指数 X_4	S_4= 生活垃圾无害化处理率 ×100
	污水处理指数 X_5	S_5= 城镇污水处理率 ×100
	工业废弃物利用指数 X_6	S_6= 工业废弃物利用率 ×100

熵值法作为计算多指标因子的权重的方法，可以判断指标的离散程度。熵值可以确定不同指标之间的权重大小，熵值越大，其权重越小。熵值越小，其权重越大（王富喜等，2013）。熵值法计算权重的公式为

$$W_j = d_j / \sum_{j=1}^{n} d_j \tag{5-17}$$

式中，W_j 为指标的权重；d_j 为第 j 项指标的差异系数；n 为评价年数。

根据式（5-17），并结合《池州统计年鉴》（2010—2019）的相关数据，得到池州市2019年环境质量指标分值和权重，见表5-18所列。

表5-18　环境质量各指标分值和权重

指标体系	指标	分值 S	权重 W
环境质量指标体系	化肥使用指数 X_1	32.43	0.22
	空气质量指数 X_2	94.5	0.15
	人均绿地指数 X_3	100	0.13
	生活垃圾无害化处理指数 X_4	100	0.19
	污水处理指数 X_5	91.8	0.18
	工业废弃物利用指数 X_6	93.54	0.13

环境质量调整系数反映研究区的生态环境质量状况，其指数值越接近1，说明当地生态环境质量就越高，环境质量调整系数计算公式为

$$V_i = \sum_{i=1}^{n} S_i \times W_j \times 0.01 \tag{5-18}$$

式中，V_i 为环境质量调整系数；S_i 为指标分值。

根据式（5–18）和表5–18数据，最后计算出池州市环境质量调整系数为0.820。

（4）生态服务功能价值功能调整系数

依据生态价值理论，生态服务功能价值调整系数随着社会发展、利率变动和环境质量变化发生变化，其计算公式为

$$K=D \times I \times V \tag{5-19}$$

式中，K 为生态服务功能价值调整系数；D 为社会发展调整系数；I 为利率调整系数；V 为环境质量调整系数。。

根据上述数据得出升金湖国际重要湿地生态服务价值调整系数为0.616。升金湖国际重要湿地生态服务功能价值为10.79亿元，保护区湿地的面积为33 340hm^2，单位面积生态服务功能价值为2 157.57元/（亩・a），修正后的升金湖国际重要湿地生态服务功能价值为1 329.06元/（亩・a），因此选取1 400元/（亩・a）作为升金湖国际重要湿地生态补偿标准的上限。

2. 生态补偿标准的下限

升金湖国际重要湿地生态补偿标准的下限确定主要是通过问卷调查的形式统计得出的。因为升金湖国际重要湿地生态补偿的落实者和受偿者基本是周围居民，通过问卷调查的形式可以比较准确地反映出居民的受偿意愿及受偿金额。调查问卷采用面对面的方式进行，选取升金湖国际重要湿地周围的东流镇和大渡口镇作为调查地区，共发放调查问卷268份，回收有效调查问卷242份，有效率超过90%。

对回收的调查问卷进行统计发现，有34.65%的被调查者选择生态补偿金额为500~1 000元，有53.19%的被调查者选择生态补偿金额为1 000元以上，因此将1 000元/（亩・a）作为升金湖国际重要湿地生态补偿的下限。

综合以上分析，升金湖国际重要湿地生态补偿标准为1 000~1 400元/（亩・a），具体数额可以依据实际情况进行动态调整（王成，2018）。

5.4.2 生态补偿的空间分布

升金湖国际重要湿地土地利用类型多样，不同土地利用类型的生态补偿标准差异

较大，根据不同土地利用类型对生态环境的重要程度，将升金湖国际重要湿地 8 种土地利用类型按照对湿地生态环境的重要程度排序，以生态补偿标准 1 000~1 400 元 /（亩·a）进行划分，并运用 ArcGIS 软件制作出 2019 年升金湖国际重要湿地生态补偿空间分布图，如图 5-16 所示。

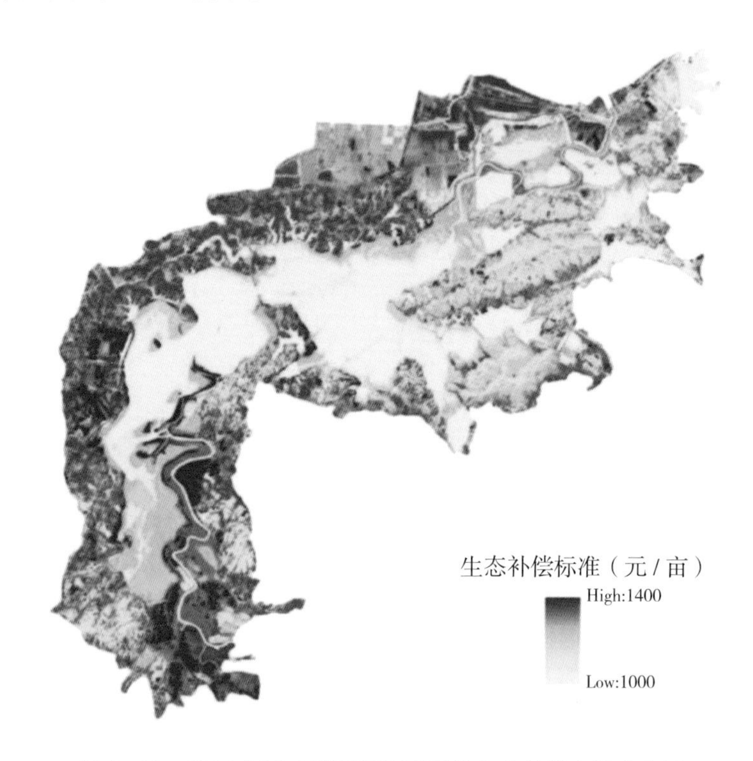

图 5-16　2019 年升金湖国际重要湿地生态补偿空间分布图

由图 5-16 可知，升金湖国际重要湿地生态补偿空间分布差异较大，总体来看，生态补偿标准最高的为水田和旱地，最低的为水域，由内到外呈递减趋势。这是由于水田和旱地为人类提供了最基本的生存保障，同时也是众多野生动物的觅食场所，其生态补偿标准较高；沿岸水域是围网养殖的主要场所，其生态补偿标准明显高于中心湖区；建设用地作为人类的主要活动区域，远离生态核心区，经过长时间的开发，其土壤、水资源、植被生态功能已经退化，生态系统遭到破坏，生态服务功能价值很低，其生态补偿标准较低。此外，建设用地恢复生态功能，需要复杂的过程、长时间的投入和综合治理，不能仅仅依据生态服务功能价值来评估，本节将建设用地纳入升金湖国际重要湿地整体评价中，其生态补偿标准也是依据湿地整体生态功能进行估算的，但是在实际操作中应做专题评价。

5.4.3 生态补偿分析

1. 耕地补偿

（1）保护区内及周边耕地情况

据池州市自然资源和规划局统计，升金湖国际重要湿地耕地总面积为159 743亩，保护区周边1km范围内的耕地总面积为73 881亩；保护区内受损耕地面积为63 671亩，保护区周边1km范围内受损耕地面积为30 359亩；保护区内受损耕地的承包经营权人总数为1 491人，共计损失金额2 430.9万元，自然保护区周边1km范围内受损耕地的承包经营权人总数为1 020人，共计损失金额1 152.5万元。总计受损耕地的承包经营权人总数为2 511人，总计损失金额3 583.4万元。

（2）损失及评估测算情况

升金湖国家级自然保护区内及周边受损农作物基本为晚稻、冬小麦和油菜，其中雁类和鹤类秋冬季主要采食晚稻稻穗、麦苗及油菜叶，影响作物的收获、生长，降低产量，经各乡镇统计，受损情况具体如下。

①晚稻：种植晚稻的耕地被越冬候鸟采食后的产量约为160kg/亩，是正常产量325kg的50%，现暂定补偿标准为：池州市上一年晚稻亩产量×政府收购价×1/2=325kg/亩×2.4元/kg×1/2=390元/亩

升金湖国家级自然保护区范围内每年晚稻受损面积约为32 213亩，保护区周边1km范围内晚稻受损面积约为11 454亩，共计损失约为1 703万元。

②冬小麦：种植冬小麦的耕地被越冬候鸟采食后的产量约为250kg/亩，是正常产量400kg的62.5%，现暂定补偿标准为：池州市上一年冬小麦亩产量×政府收购价×1/3=400kg/亩×2.8元/kg×1/3=373元/亩。

升金湖国家级自然保护区范围内每年冬小麦受损面积约为25 390亩，保护区周边1km范围内冬小麦受损面积约为15 215亩，共计损失约为1 514.5万元。

③油菜：种植油菜的耕地被越冬候鸟采食后的产量约为110kg/亩，是正常产量150kg的73.3%，现暂定生态补偿标准为：池州市上一年油菜籽亩产量×政府收购价×1/4=300斤/亩×5元/斤×1/4=375元/亩。

升金湖国家级自然保护区范围内每年晚稻受损面积约为6 068亩，保护区周边1km范围内油菜受损面积约为3 690亩，共计损失约为365.9万元。

（2）栖息地补偿

栖息地为鹤类提供了觅食、停歇和夜宿场所。升金湖国际重要湿地鹤类栖息地主要有水域、水田、芦苇滩地、泥滩地和草滩地，为鹤类提供了丰富的食物源和隐蔽的停歇地。本节对鹤类栖息地生态补偿的研究，主要体现在保护鹤类食物方面，降低人类活动对鹤类觅食场所的影响。根据鹤类杂食性的觅食特性，以鹤类栖息地不同土地利用类型的生物量制订衡量栖息地生态补偿分配的方案。鹤类选择栖息地时，对周边生态环境要求较高，综合考虑鹤类栖息地较高的生态效应，取升金湖国际重要湿地平均生态补偿标准 1 400 元 /（亩・a）作为鹤类栖息地生态补偿的基准。升金湖鹤类栖息地面积为 1 384.93hm^2，2015 年生态补偿额为 2 908.35 万元，2019 年生态补偿额为 3 668.6 万元。根据上述数据并参考相关文献资料（陈强等，2016；陈杰等，2015），得出 5 种栖息地类型的单位面积生物量，并计算 2015 年和 2019 年鹤类栖息地生物总量和生态补偿资金分配方案见表 5–19 所列。

表 5–19　2015 年和 2019 年升金湖国际重要湿地鹤类栖息地生物总量和生态补偿资金分配方案

年份 / 年	土地利用类型	单位面积生物量 /（g/m^2）	面积 /hm^2	生物总量 /t	生物量占比 /%	生态补偿资金分配 / 万元
2015	水域	108.85	355.17	386.6	18.94	550.84
	水田	642.70	107.31	689.68	33.79	982.73
	芦苇滩地	188.41	176.33	332.22	16.28	473.48
	泥滩地	42.00	214.17	89.95	4.41	128.26
	草滩地	102.00	531.95	542.59	26.58	773.04
	合计	–	1 384.93	2 041.04	100	2 908.35
2019	水域	112.41	360.61	405.36	21.04	756.1
	水田	612.40	98.23	601.56	31.22	1 024.6
	芦苇滩地	165.20	183.44	303.04	15.73	647.3
	泥滩地	38.00	198.86	75.57	3.92	254.3
	草滩地	99.50	543.79	541.07	28.09	986.3
	合计	–	1 384.93	1 926.6	100.00	3 668.6

2015 年，升金湖国际重要湿地鹤类栖息地各土地利用类型生态补偿资金分配从高到低，分别为水田 982.73 万元、草滩地 773.04 万元、水域 550.84 万元、芦苇滩地 473.48 万元、

泥滩地 128.26 万元。2019 年较 2015 年栖息地各土地利用类型生态补偿金额均有所提高，总计增加了 760.25 万元。

分土地利用类型来看，水田生态补偿额最高，水田面积最少，仅为 107.31hm^2, 单位面积补偿额最高，这是由于水田在整个湿地生态系统中，物质生产能力最高，是鹤类觅食的主要场所，同时也是周边农户农业生产的主要场所；草滩地补偿额次之，这是由于草滩地面积最大，生物总量占比较高，达到 26.58%；水域养殖业发达，这些鱼虾同样也是鹤类重要的食物源，因此其生态补偿额应以损失的水产品作为主要依据；芦苇滩地动植物资源丰富，单位面积生物量较高，为鹤类提供了优质的觅食、隐蔽场所；泥滩地主要是贝类和底栖生物生存场所，也是鹤类重要的觅食停歇场所，但季节变化较大，越冬季生物资源较其他地类少，人类开发利用率较低，其生态补偿额较少。

由图 5-17 可知，由于不同地类面积、位置、鹤类数量、生物量等差异较大，不同栖息地生态补偿额存在差别。从土地利用类型来看，虽然水田和草滩地在不同位置生态补偿额有所不同，但是这两种土地利用类型生态补偿额普遍较高；芦苇滩地、泥滩地和水域生态补偿额普遍较低。

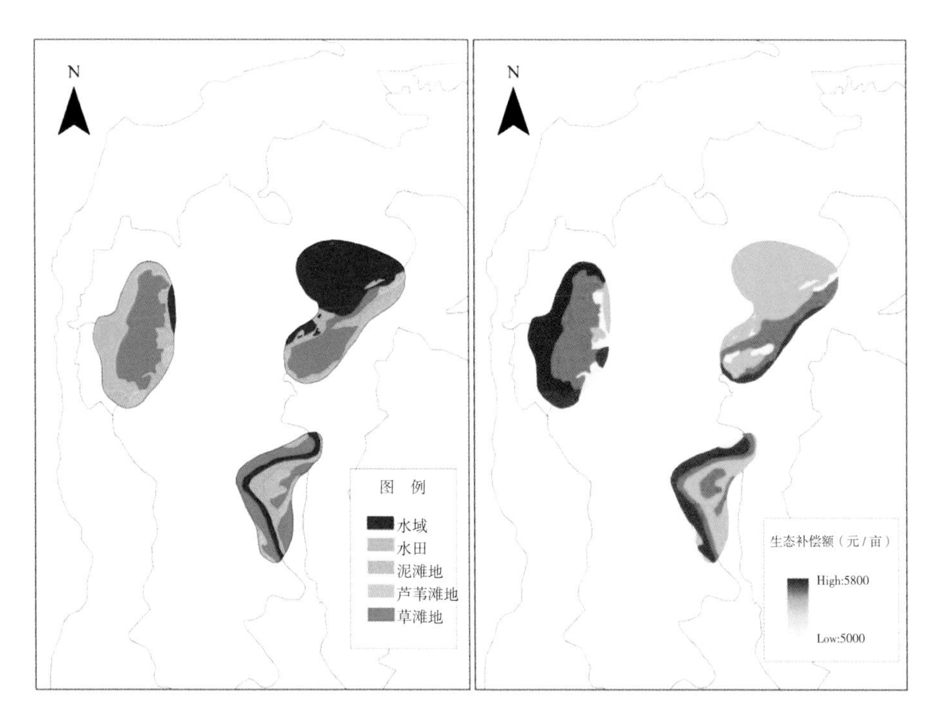

（a）鹤类栖息地分布　　（b）生态补偿额分布

图 5-17 2019 年升金湖国际重要湿地鹤类栖息地及其生态补偿分布图

5.4.4 生态补偿对策和建议

针对升金湖国际重要湿地现状，结合相关研究成果，本节从加快完善湿地生态补偿制度、构建差异化生态补偿标准体系、明晰生态补偿主客体责任和义务、多渠道筹措湿地生态补偿资金、提高湿地周边居民生态环境保护意识方面对升金湖国际重要湿地鹤类栖息地生态补偿提出相关对策和建议。

1. 加快湿地生态补偿制度完善

健全以生态环境要素为实施对象的分类补偿制度，综合升金湖国家级自然保护区的经济社会发展状况、生态保护成效等因素确定补偿水平，对不同要素的生态保护成本予以适度补偿。坚持生态保护补偿力度与财政能力相匹配，与推进基本公共服务均等化相衔接，按照生态空间功能，实施纵横结合的综合生态补偿制度，促进生态受益地区与升金湖国家级自然保护区的利益共享。

2. 构建差异化湿地生态补偿标准体系

由于不同土地利用类型生态服务价值差异较大，同时距离升金湖国家级自然保护区核心区位置远近其生态效应也有差别，因此应该根据不同土地利用类型来确定生态补偿额，实现湿地生态补偿标准的阶梯化，构建差异化补偿标准体系，具体如下：首先，应避免生态补偿标准的“一刀切”，根据不同土地利用类型的生态价值，研究制订具体的生态补偿方案，形成不同土地利用类型的生态补偿体系；其次，对现行不统一的生态补偿标准进行整理，从源头治理，形成一套覆盖广泛的生态补偿标准体系；最后从升金湖国家级自然保护区整体出发，对进入保护区的生产活动进行量化生态补偿，提早介入相关项目建设中，为保护区内生态补偿标准的规范化提供技术支持。

3. 明晰生态补偿主客体责任和义务

关于生态补偿主客体的界定，目前较为统一的认识是：生态补偿的主体是人民政府，生态补偿的客体则需要根据实际情况进行具体界定。但在实际中，主体责任不明确，即没有明确主要实施部门，造成各部门各自为政，缺乏配合和协作，在实施中执法不到位。同时，目前对于生态补偿客体的责任和义务也未见相关界定，甚至存在受偿后继续破坏、停止保护的现象。针对这些问题：一方面，要明晰生态补偿实施的主体，以某一部门牵头、相关部门配合的模式操作，提高工作效能；另一方面，应加快完善生态补偿监督体系，促进对生态补偿主体的监督，使生态补偿利益最大化。

4. 多渠道筹措湿地生态补偿资金

目前生态补偿资金的来源较为单一，主要是依靠政府财政的转移支付，社会资金参与较少，导致生态补偿资金来源不稳定，相关工作难以开展。因此，应拓宽生态补偿资金的来源渠道，破除现行体制因素，盘活资本市场，引入社会资本加入生态建设中，具体如下：首先，国家和地方应加大对升金湖国家级自然保护区的财政投入力度，建立生态补偿基金，专款专用，确保生态补偿资金高效利用；其次，支持社会资本加入生态补偿基金，做大做强湿地生态产业，增加生态产业类型，并对从事生态产业的企业进行税费优惠，推动资本市场加入湿地生态补偿中；最后，对高耗能、高污染企业征收生态补偿保证金，在促进企业提高环境保护意识的同时，也保证升金湖国际重要湿地生态补偿工作及时有效进行。

5. 提高湿地周边居民生态环境保护意识

生态补偿的初衷是为了防止、弥补和修复人类对生态环境造成的破坏。但是过度强调生态问题经济化，反而不能起到约束的作用，只会导致人们更加粗放地利用资源，弱化了当地居民环境保护的意识。为了避免上述情况的发生，一方面应加大生态环境保护宣传力度，加强日常环湖巡逻，及时制止破坏生态环境行为，广泛宣传“绿水青山就是金山银山”的生态理念，树立生态环境保护的意识，鼓励和支持升金湖湿地核心区居民生态搬迁，恢复湿地景观；另一方面，当地政府应积极进行产业调整，引导居民放弃原有粗放的生产活动，通过渔民上岸、围网拆除等行动，转变当地原有的掠夺资源型的生活方式，运用财政手段引导居民加入升金湖国际重要湿地环湖巡逻队伍中，使其成为湿地生态环境的守护者，为保护湿地资源和鹤类栖息地贡献力量。

小 结

本章节主要从生态承载力、生态安全、生态服务功能价值和生态补偿4个方面对升金湖国际重要湿地的生态价值进行研究。采用生态足迹模型对升金湖生态承载力演变的动力机制进行了研究，在此基础上运用多目标综合评价法对生态弹性力、生态支撑力、生态压力和生态承载力进行了评价；采用PSR模型和价值量评价法对升金湖的生态安全和生态服务功能价值进行了评价；运用社会发展调整系数、利率调整系数和环境质量调整系数建立生态服务功能价值调整系数，确定生态补偿标准的上限，通过

问卷调查确定生态补偿标准的下限，并在此基础上确定生态补偿的空间分布和对升金湖国际重要湿地的补偿。

1986—2019 年，升金湖国际重要湿地生态承载力总量呈阶梯式上升趋势。1986 年，升金湖生态承载力总量为 6 164.094 2hm²，至 2019 年时，生态承载力总量增长为 35 669.411 6hm²，33 年间增长了 29 505.316 8hm²，较 1986 年增幅达 578.66%，其中 1995—2008 年和 2011—2019 年增长较快。1986—2019 年，人均生态承载力和生态足迹均呈现波动上升趋势，人均生态承载力增长了 0.874 3hm²，年平均增长 0.026 5hm²/ 人，年均增速为 6.86%；人均生态足迹增长 0.608 4hm²，年均增长 0.018 4hm²/ 人，年均增幅为 1.80%。其中，林地和建设用地人均生态承载力贡献最大，在人均生态承载力上分别增加 0.387 0hm²/ 人和 0.328 8hm²/ 人，在人均生态足迹上分别增加 0.268 5hm²/ 人和 0.338 3hm²/ 人。生态弹性力指数变化剧烈，生态系统自我维持与自我修复能力易因人类大规模的破坏活动而下降；生态支撑力指数、生态压力指数和生态承载力指数均表现为持续下降的趋势，分别下降 0.281 3、0.582 6 和 0.326 5。升金湖国际重要湿地生态承载力主要受到土地利用方式、人口变化、气候与水文和土地生产能力的影响。

1986—2019 年，升金湖国际重要湿地生态安全指数从 1986 年的 0.847（安全状态），下降到 2011 年的 0.562（预警状态），至 2019 年下降到 0.476。其中，自然驱动力中的年平均降雨量和人为驱动力的经济发展是生态安全指数下降的主要因素。

升金湖国际重要湿地生态服务功能价值总体呈现波动下降的趋势，33 年间下降了 1 339 万元，主要是林地、旱地和建设用地面积的变化导致生态服务价值的减少，分别下降 2 625 万元、1 511 万元和 1 305 万元。

升金湖国际重要湿地生态补偿的标准为 1 000~1 400 元 /（亩・a），保护区周边 1km 范围内的耕地损失金额为 3 583.4 万元。其中，晚稻损失约为 1 703.0 万元，冬小麦损失约为 1 514.5 万元，油菜损失约为 365.9 万元。对于升金湖国际重要湿地鹤类栖息地，2015 年总计损失金额 3 583.4 万元，各地类生态补偿分配分别为水田 982.73 万元、草滩地 773.04 万元、水域 550.84 万元、芦苇滩地 473.48 万元、泥滩地 128.26 万元；2019 年，各地类生态补偿金额均有所提高，总计增加了 760.25 万元。

参考文献

[1] 陈江玲，徐京华，甘泉，等．川滇生态屏障区生态承载力研究：基于生态足迹模型[J]. 中国国土资源经济，2017，30(6) : 54-58.

[2] 陈杰，李晓娟．安徽省草地生物量空间分布特征 [J]. 阜阳师范学院学报 (自科版)，2015，32(3) : 54-58.

[3] 陈强，郭行磐，周轩，等．长江口及其邻近水域滩涂底栖动物多样性的研究 [J]. 大连海洋大学学报，2016，31(1) : 103-108.

[4] 董永权，王占民．关于相关系数 ρ 的几点注释 [J]. 大学数学，2008，24(2) : 182-186.

[5] 冯艳芬，王芳，杨木壮．生态补偿标准研究 [J]. 地理与地理信息科学，2009，259(4) : 84-88.

[6] 高吉喜，陈圣宾．依据生态承载力优化国土空间开发格局 [J]. 环境保护，2014，42(24) : 12-18.

[7] 贾俊平．统计学 [M]. 北京：清华大学出版社，2004．

[8] 靳芳，余新晓，鲁绍伟．中国森林生态服务功能及价值 [J]. 中国林业，2007，26(4) : 40-41.

[9] 李宏彬，赫光中，果秋婷．基于皮尔逊相关系数的有机质谱相似性检索方法 [J]. 化学分析计量，2015，24(3) : 33-37.

[10] 李琳．基于 3S 技术的现代黄河三角洲湿地生态服务功能价值评估研究 [D]. 青岛：山东科技大学，2011．

[11] 李旭尧，邓艳，曹建华，等．典型岩溶县生态承载力演变分析：以云南泸西为例 [J]. 中国岩溶，2020，39(3) : 359-367.

[12] 刘晓辉，吕宪国，姜明，等．湿地生态系统服务功能的价值评估 [J]. 生态学报，2008，28(11) : 5625-5631.

[13] 罗俊，王克林，陈洪松．喀斯特地区土地利用变化的生态服务功能价值响应 [J]. 水土保持通报，2008，28(2) : 19-24.

[14] 马金珠，李相虎，贾新颜 . 干旱区水资源承载力多目标层次评价：以民勤县为例 [J]. 干旱区研究，2005，22(1) : 11-16.

[15] 汪庆 . 基于土地利用变化下的生态系统服务价值评估 [D]. 合肥：安徽农业大学，2015.

[16] 汪庆，董斌，李欣阳，等 . 基于 TM 影像的升金湖湿地生态安全研究 [J]. 水土保 持通报，2015，35(5) : 138-143.

[17] 王成 . 升金湖越冬鹤类栖息地选择及生态补偿研究 [D]. 安徽农业大学，2018 .

[18] 王富喜，毛爱华，李赫龙，等 . 基于熵值法的山东省城镇化质量测度及空间差异分析 [J]. 地理科学，2013，33(11) : 1323-1329.

[19] 吴大千，刘建，贺同利，等 . 基于土地利用变化的黄河三角洲生态服务价值损益分析 [J]. 农业工程学报，2009，25(8) : 256-261.

[20] 谢高地，张彩霞，张雷明，等 . 基于单位面积价值当量因子的生态系统服务价值化方法改进 [J]. 自然资源学报，2015，30(8) : 1243-1254.

[21] 谢高地，张钇锂，鲁春霞，等 . 中国自然草地生态系统服务价值 [J]. 自然资源学报，2001，16(1) : 47-53.

[22] 胥彦玲 . 基于景观生态学的生态系统服务功能评价：以甘肃省为例 [D]. 西安：西北大学，2003 .

[22] 徐中民，程国栋 . 运用多目标决策分析技术研究黑河流域中游水资源承载力 [J]. 兰州大学学报(自然科学版)，2000，36(2) : 122-132.

[23] 杨斐，董斌，徐文瑞，等 . 基于地理信息技术的升金湖湿地生态服务价值 [J]. 江苏农业科学，2020，48(19) : 288-293.

[24] 杨璐迪，曾晨，焦利民，等 . 基于生态足迹的武汉城市圈生态承载力评价和生态补偿研究 [J]. 长江流域资源与环境，2017，26(9) : 1332-1341.

[25] 杨权伍，凃建军，贾林瑞，等 . 重庆市生态足迹与生态承载力动态演变特征 [J]. 湖北农业科学，2015，54(16) : 3918-3922.

[26] 叶小康 . 升金湖湿地人地关系及生态承载力演变机制研究 [D]. 安徽农业大学，2018.

[27] 游仁龙，罗晓珊 . 基于多目标综合评价法的贵阳市工业用地集约利用评价 [J]. 绵阳

师范学院学报，2016，35(2)：98-102.

[28] 赵景柱，肖寒，吴刚 . 生态系统服务的物质量与价值量评价方法的比较分析 [J]. 应用生态学报，2000，11(2)：290-292.

[29] 赵新宇，费良军，高传昌 . 城市水资源承载能力多目标分析 [J]. 西北农林科技大学学报：自然科学版，2005，33(9)：99-102.

[30] 周小丹，胡秀艳，王君櫹，等 . 江苏省土地生态网络规划中源地的选取研究 [J]. 长江流域资源与环境，2015，29(8)：1746-1756.

[31]ALPHAN H, YILMAZ K T. Monitoring environmental changes in the mediterranean coastal landscape: the case of Cukurova, Turkey[J]. Environmental management, 2005, 35(5) : 607-619.

[32]BOURAOUI F. Testing the PEARL model in the Netherlands and Sweden[J]. Environmental modelling & software, 2007, 22(7) : 937-950.

[33]BROWN L R, Kane H. Full house: reassessing the earth's population carrying capacity[J]. Ecological economics, 1996, 18(3) : 256-258.

[34]FARBER S, COSTANZA R, CHILDERS D L, et al. Linking Ecology and Economics for Ecosystem Management[J]. Bioscience, 2006, 56(2) : 121-133.

[35]GUO Z W, XIAO X M, GAN Y L, et al. Ecosystem functions, services and their values-a case study in Xingshan County of China[J]. Ecological economics, 2001, 38(1) : 141-154.

[36]MONTAGUE C L, LEY J A. A possible effect of salinity fluctuations on abundance of benthic vegetation and associated fauna in northeastern Florida Bay[J]. Estuaries, 1993, 8(16) : 707-717.

[37]PEARCE D W. Auditing the earth: the value of the world's ecosystem services and natural capital[J]. Environment science & policy for sustainable development, 1998, 40(2) : 23-28.

[38]PINKE Z. Modernization and decline: an eco-historical perspective on regulation of the Tisza Valley, Hungary[J]. Journal of historical geography, 2014, 45(45) : 92-105.

[39]RODGERS J L, NICEWANDER W A. Thirteen ways to look at the correlation coefficient[J]. The American statistician, 1988, 42(1) : 59-66.

[40]TURNER S J. Landscape ecology concepts, methods and applications[J]. Landscape ecology, 2005, 20(7) : 1031-1033.

[41]WACKERNAGEL M, ONISTO L, BELLO P, et al. National natural capital accounting with the ecological footprint concept[J]. Ecological economics, 1999, 29(3) : 375-390.

[42]YE H, MA Y, DONG L M. Land ecological security assessment for Bai Autonomous Prefecture of Dali based using PSR model: With data in 2009 as case[J]. Energy procedia, 2011, 5(23) : 2172-2177.

[43]ZHAO S Q, FANG J Y, MIAO S L, et al. The 7-decade degradation of a large freshwater lake in central Yangtze River，China[J]. Environmental science ＆ technology, 2005, 39(2) : 431-436.

第 6 章
升金湖国际重要湿地监管信息系统

第 6 章 升金湖国际重要湿地监管信息系统

近年来，随着旅游业的蓬勃发展，人员流动日趋增多，非法狩猎、捕鱼等违法现象给自然保护区带来了极大损害，生态湿地保护及安全管理压力越来越大。为了加强对自然生态系统的保护，实现对景区内船只、游人、湖区内生物的监控，建立一套完善的生态保护综合监控系统平台已势在必行。

升金湖国际重要湿地各种珍禽种类繁多，需要一个精准的监测、观测、分析、统计系统，即需要一个及人、车、船、珍禽物种监测于一体的综合监控平台。升金湖国家级自然保护区智慧监管平台对生态保护区进行自动监视、自动观测、自动展示、自动报警，是为保护区管理人员及观光、科研人员提供直观数据参考的系统。该系统包括视频监控（对保护区实现集中监控、安防管理），展示、发布各种通知、信息及公益广告；珍禽活动展示平台（实时掌握和查询湖区鸟类的活动动态及迁徙情况）；车辆、船舶定位（对车、船进行有效调度）；手机客户端（介绍保护区内容，宣传法律法规）等。

6.1 生态感知体系建设

6.1.1 生态感知

升金湖国家级自然保护区智慧监管平台以大数据技术为核心，建立具有多维感知能力的湿地监测平台、湿地生态数据中心及支持专业用户广泛使用的应用平台。通过智慧化的监测手段，在候鸟观测、人员管理、生态资产评估和科普宣传等方面提升现有的管理手段，提高管理效率。搭建整个升金湖国际重要湿地生态系统信息化框架，为生态监测与科研服务提供基础性准备，实现升金湖国际重要湿地生物资源保护管理系统、保护区管理巡护系统及湿地生态数据中心建设，初步建成升金湖国家级自然保护区智慧监管平台，实现保护地资源的合理配置与管理以及保护地生物信息的网络化管理和信息开放共享。

6.1.2 监测点布设

在升金湖国际重要湿地重点区域建设多套生态环境视频监测系统（如红外摄像机用于盲区补测），实现对以鸟类为主的野生动物的实时监测和远程观察。同时通过全覆盖式的视频监管，兼顾植被保护、水生态监控等多业务场景应用，为升金湖生态环境管理提供有力抓手和监测依据，同时要将原有监控视频优化升级或更换后接入统一管理，并实现对视频前端监控数据的显示、管理与查询。软件实现前端视频图像的实时显示、图像数据的录像及存储、图像的检索、视频摄像图的管理、视频摄像头的远程控制、多画面显示等（苗风娟等，2016）。

1. 云台监测

（1）监测点位选择

①选址原则：选择靠近保护区中心的点位

升金湖国际重要湿地生态环境视觉感知系统主要通过在重点区域和点位布设高清摄像头的方式，实现对以鸟类为主的野生动物的实时监控和远程观察（图6–1）。同时，通过全覆盖式的视频监管，兼顾植被保护、水生态监控等多业务场景应用，为了尽量扩大监测面积又要保证镜头焦距不要过长，无疑选择靠近保护区中心的位置是比较适宜的。

图6–1 升金湖国际重要湿地云台监控点位分布

②选择高海拔山峰的制高点

升金湖国际重要湿地观测距离远且观测面积大，若要减少监测死角和盲区，则应将监测点位分布在较高的位置上以获得较好的监测效果。

③取点位置不宜过于平坦

过高的遮挡物会遮挡监测点的视线，使监测范围出现盲区，使系统损失监测效果。所以选择监测点位时，选择稍微陡峭的区域立于制高点，可以有效避免树木对监测点的遮挡，并配合合理的监测立杆/塔架高度，有效避让树木，使遮挡产生的死角最小化。

2. 水质监测

针对升金湖国际重要湿地重点区域，建设水环境感知系统，采取浮标站的方式进行建设，以监测升金湖典型区域水质变化情况。在升金湖主要入湖口（河道及大型圩口排灌站）建设12个水质监测点（图6–2）。统计分析湖区水质，实现自动预警、自动分析和溯源排查。根据水位情况对升金湖湖面情况进行实时模拟，可对夏季洪涝灾害进行预警，对冬季草地、泥滩地、浅水区、深水区等不同生境进行自动统计分析，建立气象、土壤等监测系统模块。建设升金湖国际重要湿地生态水环境监测分析系统，提供升金湖流域水质实时监测、趋势分析、热点分析、水质评价等业务功能，促进保护区管理局对升金湖水质环境进行科学有效的监管（袁中强等，2016）。

图6–2 升金湖国际重要湿地水质监测点位分布

3. 监测内容

（1）视频监测

①实时监测功能

利用分布在升金湖国家级自然保护区的前端监测点，获取监测视频图像，实现全天候不间断监测。通过传输网络将视频图像及其他信息实时、同步传输到监测中心，实现鸟类等野生动物的实时监测。建立目标状态管理，以便对目标历史状态记录进行查询（姚仲敏等，2015）。

②自动巡航

采用方位角控制云台，可以任意设置需要定时检测的位置。提供多种方式的自动巡航方案，实现完全自动化运行，巡航周期与有效识别半径相适应，巡航周期小于30min，实现实时的巡检、自动预警、自动输出监测记录等功能。减少人员巡视次数，提高工作人员工作效率。

③全方位定位

实时回传角度信息全天候温度监测及视频采集的功能，不受大雾、黑夜的影响。同时，搭配可见光摄像机，确保监测的准确性。系统安全性高，采用人员身份认证、访问控制功能和审核功能等方式保证系统安全可靠；采用时间流设计，可由时间、日期、前端采集点完成资料检索；数字网络传输模式，方便与监测中心及其他管理部门连接（陈雨佳等，2015）。

④特点及优势

利用先进的智能化监控设备对升金湖国家级自然保护区进行全天候远程监测，避免原始人工瞭望观察的局限，实现了升金湖国家级自然保护区管理数字化、科学化，大幅度减少了管理部门的费用支出和管理成本，提升了工作人员对生态及野生动植物保护的管理效率。

4. 生态水环境监测

升金湖国家级自然水站采用集成式设计原理，包含采配水系统、检测单元、质量控制单元、辅助单元，其中核心单元为检测单元。总磷、总氮、高锰酸盐指数、氨氮检测严格遵循国标规定的化学分析方法进行了检测。常规五参数指标（溶解氧、电导率、浊度、温度、pH）采用多电极集成方式进行测量，多余的源水和样水经总排水管道排出。传感网络由若干个传感器节点和网关（协调器/路由器）组成，传感器节点采集数据，

通过无线网络将所采集的数据上传到监测中心，用于统计分析和处理（陈红，2016）。

生态水环境感知系统主要监测水质的 pH、水温、溶解氧等生态因子，可应用于无人值守、长期恶劣环境下的水文监测场合，并且保证监测站的整体性能不受监测环境的盐碱度、污染程度等各类恶劣环境的影响。

系统通过前端监测设备，以无线安全的方式将数据上传到监测中心，对河流和野生动物栖息地等区域，通过传感器实时监测水质，对前端监测数据进行存储记录、趋势分析、报表生成、阈值预警，便于升金湖国家级自然保护区管理人员采取不同的保护措施（曾光明等，2013；Shuai and Qian，2011）。

5. 智能卡口监测

为了掌握外来车辆及人员进入升金湖国家级自然保护区情况，防止不法人员进行偷盗、猎杀生物，对出入保护区内主要道路的车辆、人员进行抓拍识别，并将识别结果与系统内黑白名单进行比对，对发现的可疑车辆或人员及时报警，并推送至附近相关工作人员。当夜间车辆进出时，监控系统会因为车头大灯的照射，无法照清车牌及车身细节。选用支持强光抑制功能的高清枪式网络摄像机。对进出车辆的特征进行提取和识别，抓拍的同时进行车辆特征的叠加数据记录。

在升金湖国际重要湿地主要出入口安装卡口监测系统，经分析研究建设 6 个点进行监测，以便对升金湖国家级自然保护区主要交通道路进行车辆抓拍识别，当监测系统侦测到有车辆进入一类区域时，可以进行报警留存，同时通知管理人员（图 6–3）。

图 6–3 升金湖国际重要湿地智能卡口监测点位分布

6. 无人机监测

无人机监测在升金湖国家级自然保护区监测中是必不可少的重要一环。进行监测设计时应充分考虑保护区执行任务的特点，保证无人机使用方便，操作简单。

（1）空地一体化：视频监测中的重要一环是需要将无人机融合到升金湖国家级自然保护区监测体系中，通过监测中心能正常运用无人机拍摄监测视频。

（2）简单实用化：在执行任务时，无人机具有便于运输、便于操作的特点。在不同的任务场景中，有不同的应用方式，无人机紧密结合升金湖国家级自然保护区监测流程和特点，利用可行的监测装备完成监测任务（姚仲敏等，2016）。

图 6–4 升金湖国家级自然无人机监测

7. 无人船监测

无人船监测可完成大范围流域多个监测点的水质巡航测绘，遥控船可按照预设的监测点依次进行自主航行，自动采集水样，实时监测水质，还可以通过基站软件实时生成该流域的多种水质参数分布图。通过对分布图的分析，及时发现水质异常区域，实现对大范围区域污染源突发排放实时监测和预警（图 6–5）。

无人船监测突破性地改变了传统作业手段一些缺点如人工乘船采样、效率低下、危险、作业时长有限等），通过实时接收北斗 /GPS/GLONASS 兼容的卫星信号，自由选取河段，灵活进行 GPS（Gobal positioning system）的定位定向、采集水样、水文等相关数据，真正实现水质信息的实时监测。测量范围广泛，且不受天气影响，定位精度也大大高于传统的监测方法，可以弥补传统水质监测的空白与不足，真正形成全天

候、高精度、自动化、高效益的工作模式。为升金湖国际重要湿地的水环境监测工作顺利开展提供高效、安全、可靠的技术手段，大幅度提高水环境采样和监测的作业效率及准确度。

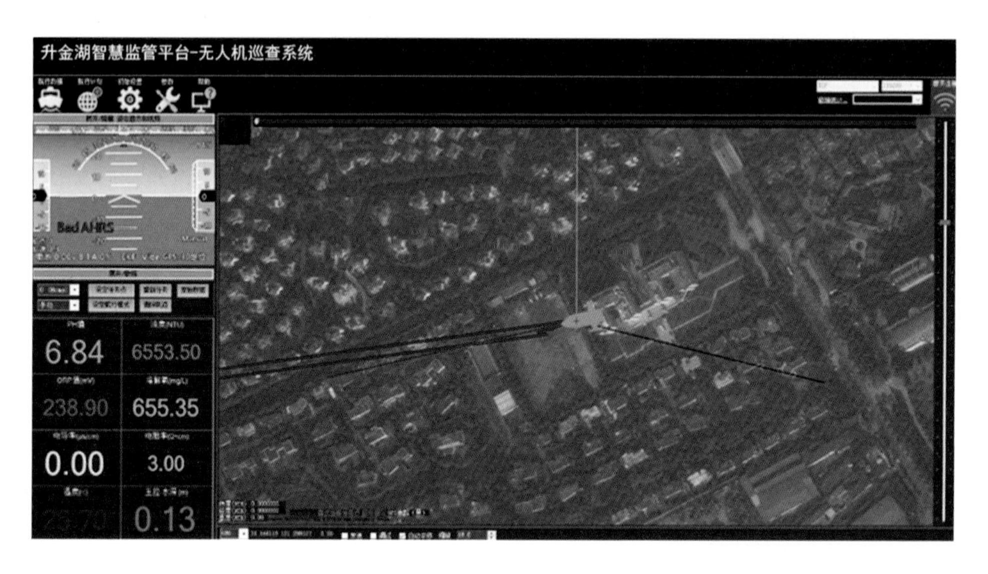

图 6-5 升金湖国家级自然无人船监测

6.2 管理支撑体系

管理支撑体系通过对湿地生态系统的专业数据进行采集、存储、处理和分析，建立专业模型，实现以数据生产数据，为升金湖国际重要湿地保护提供监测、预警、趋势分析等服务的中间层、能力层。

6.2.1 数据中台

数据中台是指通过数据技术，对海量数据进行采集、计算、存储、加工、服务，同时统一标准和口径，所构建的支撑业务应用的数据智能服务平台。其可以满足升金湖国际重要湿地一体化数据管理及服务需求，为构建全域数据能力共享中心，提供数据采集、存储、融合、治理、服务等全链路一站式服务（图 6-6）。

（1）数据集成：可将结构化数据以库表、CSV 导入的方式同步进中台；将非结构化数据以本地文件上传，或从指定文件服务器定期拉取文件的方式同步进中台；将实时数据以流式数据接入的方式同步进中台。

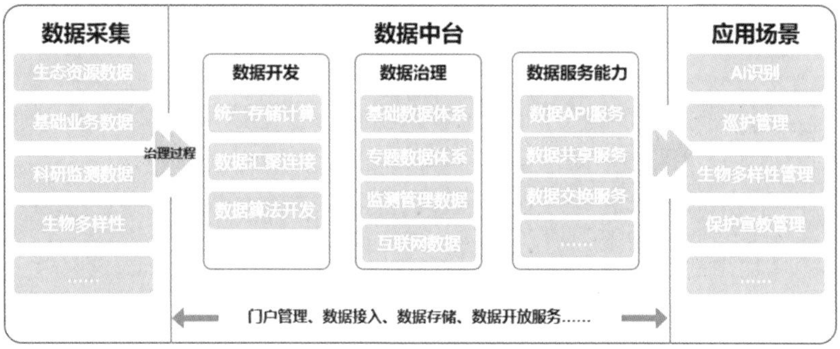

图 6-6 数据中台能力体系图

（2）数据开发：以业务视角定义数据开发治理流程，结合 SQL（Structured query language）的探索能力，完成离线数据开发；支持基于模型、规则，计算生成事件，完成流式数据开发。

（3）数据治理：依托标准规范体系，对归集的数据进行质量检核、血缘计算、指标定义、主题建模、标签生产，打造一体化的数据治理体系，如基础数据体系、专题数据体系、监测管理数据等。

（4）数据服务：提供多元化的资产共享、交互方式，实现跨组织的数据资产的共享。支持数据访问授权（回收）、共享监控、审批管理。

6.2.2　应用中台

应用中台对通用技术“能力”进行抽象化、标准化、整合化，并以产品化的方式对业务交付提供服务，以实现降低投入成本、提升交付效率、沉淀核心能力的需求，建设通用部件，用于快速搭建上层应用（王克奇等，2009）。

升金湖国家级自然保护区智慧监管平台通过应用中台将复杂的基础能力简化成稳定可靠的工具，支撑管理处生态环境典型业务场景的业务应用构建，以通用化、可集成、低代码（Low-code）开发为特点，提供微服务化的部署模式。让保护区生态环境监管业务新应用可以快速构建 GIS、流程管理、报表和规则配置等。应用中台主要包括统一服务管理、统一网关管理和基础能力引擎 3 部分功能构成（图 6-7）。

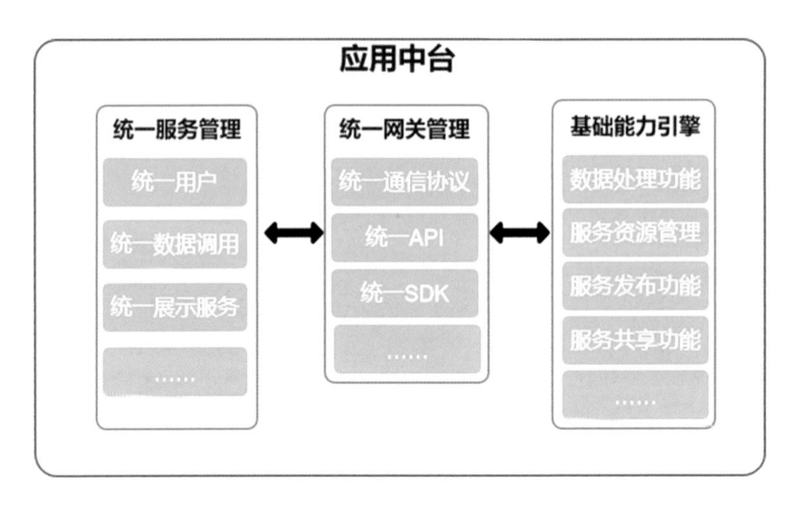

图 6-7 数据应用中台

6.2.3 网络通信

互联互通是升金湖国际重要湿地监管的基本要求，建立横向贯通、纵向顺畅，遍布各个末梢的网络系统，实现信息传输，交互共享便捷安全，为发挥湿地智能监管提供高效的网络传输通道。

升金湖国家级自然保护区智慧监管平台包括：4G/5G、运营商专线、互联网等方式。根据现场设备的特点和布设位置，弹性选择传输方式，如视频监控系统采用专线传输、水环境监测数据采用 4G 传输等，满足支撑不同的前端监测感知设备数据采集回传至数据中台，支撑业务应用，实现管理服务的实时化、智能化（潘贺和李太浩，2014）。

1. 网络部署架构

升金湖国家级自然保护区智慧监管平台是基于池州市政务云平台搭建的，其中政务云平台划分为互联网接入区与政务外网区两类资源池，满足各类业务的云需求，提供 IaaS（Infrastructure as a service）、PaaS（Platform as a service）、SaaS（Software as a service）、云保障和其他增值服务。整体网络结构拓扑图如图 6-8 所示。

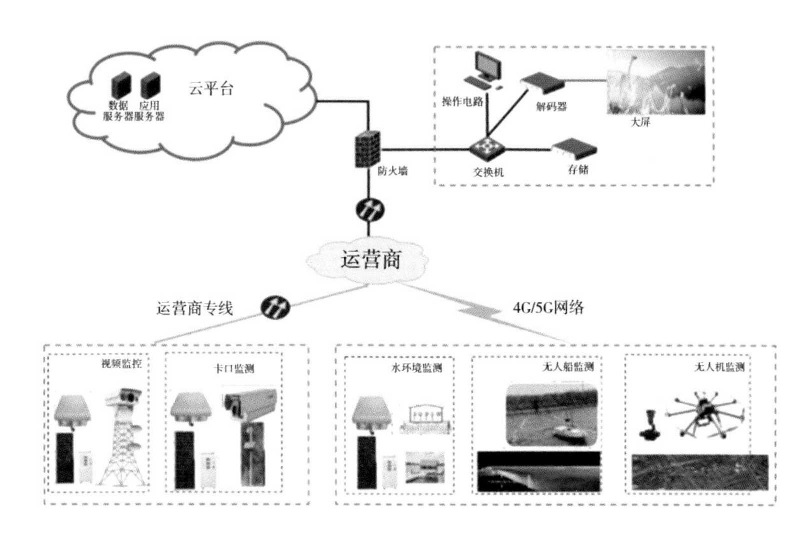

图 6–8 整体网络结构拓扑图

2. 网络部署方式

根据项目应用需求，实际部署采用建立一套系统供所有用户访问的方式。微服务架构是一种将一个单一应用程序开发为一组小型服务的方法，每个服务运行在自己的进程中，服务间通信采用轻量级通信机制，通常用 HTTP（Hyper text tranfer protocol）资源 API（Application programming interface）。这些服务围绕业务能力构建，并通过全自动部署机制独立部署，其共用一个最小型的集中式的管理。服务可用不同的编程语言开发，使用不同的数据存储技术。鉴于微服务具有易于开发和维护、单个微服务启动较快、局部修改容易部署、按需伸缩等特点，升金湖国家级自然保护区智慧监管平台采用微服务进行开发部署。

3. 网络安全防护

在池州市政务云内划分园区的专有网络（Virtual private cloud），使用隧道技术达到与传统 VLAN（Virtual localarea network）相同的隔离效果，并通过专线 /VPN，VPN 是指虚拟专用网络（Virtual private network）。智能接入网关的连接方式将 VPC 与园区网络组成一个按需定制的网络环境，包括选择自有 IP 地址范围、划分网段、配置路由表和网关等。VPC 内部各个集群之间使用安全组功能，划分成不同的安全域，定义不同的访问控制规则，保证互联网区和非互联网区域之间安全可控。

6.2.4 大数据集成平台

1. 大数据

从大数据中提取大价值的挖掘技术。从专业的角度来看，大数据根据特定目标，从数据收集与存储开始，经过数据筛选、算法分析与预测后，将数据分析结果展示，

以辅助做出正确的抉择。

2. 集成平台

升金湖国际重要湿地已经建设了监测系统、业务系统等，但是它们都是独立存在的，数据之间存在孤岛现象，产生信息系统横向多条块业务难以沟通，纵向多层次系统难以集成的复杂局面。内部各系统的信息需要有效共享、相互协作，关键数据需要能够为多业务所重复用、形成统一的全局数据视图，以便对现有的数据能够进一步分析加工，从而优化管理，这些推进了大数据集成平台的建设需求。

3. 大数据集成平台

（1）大数据云基础平台

建立统一的大数据云基础平台应基于运营商的云平台所提供的存储环境，以实现大数据处理系统、大数据共享支撑、大数据业务模型。提供数据分析算法的制作与运行环境，为大数据应用提供统一的业务算法成果服务；基于平台构建统一数据产品，为数据的深度挖掘提供全面服务；加强多部门间的数据综合分析，全面、精确、及时地掌握生态资源及业务现状、动态变化、发展趋势及相互影响，促进管理精细化、决策科学化。

（2）大数据云汇集平台

基于数据共享交换进行整合，大数据云汇集平台针对业务系统进行数据资产的共享应用，将收集的各项环境管理业务的基础数据进行加工处理、分析和对比、匹配、校核，解决同一数据来自不同业务而导致的冗余和不一致问题。达到数据统一标准、统一调用、统一共享、统一维护的目的。

（3）数据治理与管控平台

构建大数据治理与深度融合组件，提供从元数据、主数据至全面质量管理的组件体系，对数据实现全面管控，为大数据应用分析提供数据管理保障。数据管理与管控平台实现对生态数据从采集、存储、整合与计算、共享与服务、分析与应用的全过程的端到端实时监测、管理、审计、质量控制等的管理，保证生态数据的完整性、准确性、一致性、及时性，及早发现数据的质量缺陷，确保大数据的可靠性。

（4）数据标准管理平台

数据标准是为了消除相同属性信息因定义和描述不一致而产生的信息理解和使用出现偏差，是各信息业务系统建设、业务数据交互的重要参考。数据标准管理平台为自然保护区的管理提供一整套标准的维护、查询和落地功能，方便生态以最小的劳动成本管理数据标准。

（5）数据标签化管理平台

①业务标签化管理

标签是对被刻画对象某一个业务特征的描述，可以是一个基本字段，如性别，也可以是一系列字段及其满足条件的组合。

通过ETL（Extract transform load）转换加载数据标签与画像组件数据库（如Hive），并提供管理界面使得业务人员来结合数据表定义标签，使其进入标签与画像组件提供基于底层分布式计算框架的并行计算和索引能力，实现对满足标签特征的实体对象数据的快速过滤与提取，并开放REST（Representational state transfer）接口，提供标签查询、满足多标签组合条件的实体查询、画像查询等。标签平台基于强大的标签引擎提供实时查询及亿级数据组合条件下秒级查询。

标签与画像组件对标签和画像提供生命周期管理能力、标签计算任务管理能力。

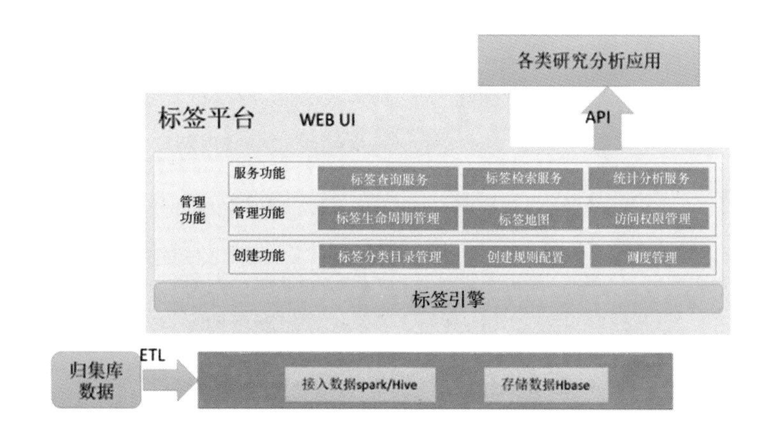

图6-9 标签与画像应用模型

②功能架构

基于标签系统能力实现根据相关业务能够快速的基于授权的数据进行标签分析，复用其他业务部门的标签或基于新建标签，并建立应用分析模型。同时，标签组件提供图形化的管理界面，通过界面配置标签与表的映射关系，支持标签的增删改查操作。标签的类型可以是基本业务特征（如业务或技术元数据）也可以是通过数据智能分析

出来的特征或人工根据业务规则添加的特征。

③标签画像管理

精准画像通过打标签的方式对生态资源特征行为进行静动态深化描述，其以日常海量业务数据、经济数据和其他外部数据为基础，总结数据内在规则算法并进行数据关联分析，找出潜在业务风险，辅助信息公开。

6.3 信息系统应用

6.3.1 数据库建设

数据库（Database）是一个存放数据的“仓库”，其是按照一定的数据结构（数据结构是指数据的组织形式或数据之间的联系）来组织、存储数据、人们可以通过数据库提供的多种方法管理数据库中的数据也可以简单形象地理解为数据库与人们生活中存放杂物的仓库性质一样，区别只是存放的东西不同。

早期比较流行的数据库模型有 3 种，分别为层次式数据库、网络式数据库和关系型数据库。当今，互联网中最常用的数据库模型主要是两种，即关系型数据库和非关系型数据库。

（1）关系型数据库：常见的关系型数据库包括，MySQL 数据库和 Oracle 数据库，而互联网运行维护中最常用的是 MySQL 数据库。通过 SQL 结构化查询语句及存储数据，ACID（Atomicity Consistency Isolation Durability）理论保持数据一致性方面较强。

（2）非关系型数据库：也被称为 NoSQL 数据库，NOSQL 的本意是“Not Olnly SQL”指的是非关系型数据库，而不是“No SQL”，因此，NoSQL 的产生并不是要彻底地否定关系型数据库，而是作为传统关系型数据库的一个有益补充。NOSQL 数据库在特定的场景下可以发挥出难以想象的高效率和高性能，其特点如下：

① NOSQL 不是否定关系数据库，而是作为关系数据库的一个重要补充；

② NOSQL 为了高性能、高并发而产生，忽略影响高性能，高并发的功能；

③ NOSQL 典型产品包括 memcached（纯内存）、redis（持久化缓存）、mongodb（文档的数据库）。

数据库建设是系统建设的关键。在建设数据库时，要充分考虑数据有效共享的需求，同时也要保证数据访问的合法性和安全性。数据库采用统一的坐标系统和高程基准，矢量数据采用大地坐标（大地坐标的数据在数值上是连续的），避免高斯投影跨带问题，从而保证数据库地理对象的完整性，方便查询检索、分析应用数据库。在物理上，数据库的建设要遵循实际情况，即在逻辑上建立一个整体的空间数据库，进行框架统一设计时，各级比例尺和不同数据源的数据分别建成子库，由开发的平台管理软件统一协调与调度（李成梁等，2019）。

1. 数据库建库原则

（1）独立与完整性原则

数据独立性强，使应用系统对数据的存储结构与存取方法有较强的适应性；通过实时监测数据库事务（主要是更新和删除操作）的执行，保证数据项之间的结构不受破坏，使存储在数据库中的数据正确、有效。

（2）面向对象的数据库设计原则

空间数据表和非空间数据表作为一个类，表中的每一个行对应两个空间对象或非空间对象，建模采用统一建模语言 UML （Unified modeling language) 语言。

（3）建库与更新有机结合的原则

建立空间实体之间的时间变化关系表，解决空间实体历史数据的保存问题。空间数据库的设计要进行规范化处理，减少数据冗余确保数据的一致性。

（4）分级共享原则

明确基础数据与专题、专业数据的划分，区别对待地形、地籍，环境、规划等信息构成的基础空间信息，以及各委办局的共享业务数据。

（5）并发性原则

当多个用户程序并发存取同一个数据块时应对并行操作进行控制，从而保持数据库数据的一致性,以免多名用户同时调阅某项资料并进行编辑而产生该数据资料的歧义。

（6）实用性原则

共享空间数据库建设应全方位、动态实时和准时地为各级领导和部门提供科学的基础数据和专业数据。

2. 数据库设计的基本步骤

（1）需求分析

进行数据库设计时首先必须准确了解和分析用户需求（包括数据与处理）。需求分析是整个设计过程的基础，也是最困难，最耗时的一步。需求分析是否充分和准确，

决定了在其基础上构建数据库的速度与质量。若需求分析做得不好，会导致整个数据库设计返工。

需求分析的任务是通过详细调查现实世界要处理的对象，充分了解原系统工作概况，明确用户的各种需求，然后在此基础上确定新的系统功能，新系统应充分考虑今后可能的扩充与改变，不能只按当前应用需求来设计。调查的重点是数据与处理，使其达到信息要求、处理要求、安全性和完整性要求。需求分析方法常用SA（Structured Analysis）结构化分析方法，从最上层的系统组织结构入手，采用自顶向下、逐层分解的方式分析系统。

数据流图可以表达数据和处理过程的关系。在SA方法中，处理过程的处理逻辑常常借助判定表或判定树来描述。在处理功能逐步分解的同时，系统中的数据也逐级分解，形成若干层次的数据流图。系统中的数据则借助数据字典（Data dictionary，DD）来描述，数据字典是系统中各类数据描述的集合，通常包括数据项、数据结构、数据流、数据存储和处理过程。

（2）概念结构设计

概念结构设计是整个数据库设计的关键，它通过对用户的需求进行综合、归纳与抽象，形成一个独立于具体数据库管理系统DBMS（Database management system）的概念模型。

设计概念结构通常有以下4类方法：

①自顶向下。首先定义全局概念结构的框架，然后逐步细化。

②自底向上。首先定义各局部应用的概念结构，然后将它们集成，得到全局概念结构。

③逐步扩张。首先定义最重要的核心概念结构，然后向外扩张，以“滚雪球”的方式逐步生成其他概念结构，直至生成总体概念结构。

④混合策略。自顶向下和自底向上相结合的方法。

（3）逻辑结构设计

逻辑结构设计是将概念结构转换为某个DBMS所支持的数据模型，并进行优化。

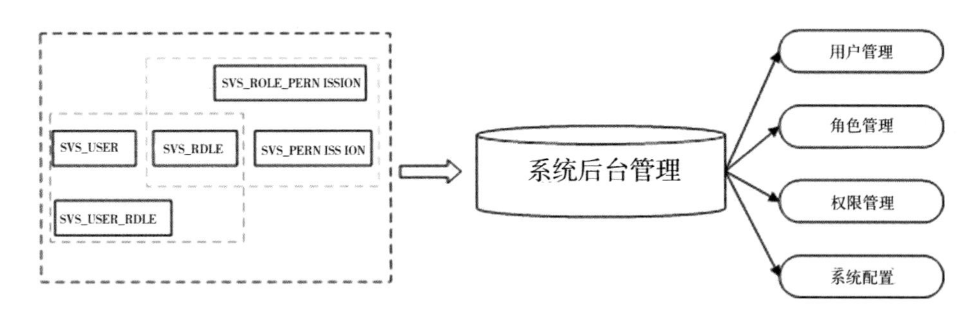

图 6-10 系统后台管理逻辑模型

（4）数据库物理设计

物理设计是为逻辑数据结构模型选取一个最适合应用环境的物理结构（包括存储结构和存取方法）。首先要对运行的事物进行详细分析，获得选择物理数据库设计所需要的参数；其次，充分了解所用的关系数据库管理系统 RDBMS（Relational datebase management system）的内部特征，特别是要了解系统提供的存取方法和存储结构。

常用的存取方法有 3 类：索引方法（目前主要是 B+ 树索引方法）、聚簇方法（Clustering）、HASH 方法。

（5）数据库的实施

在数据库实施阶段，设计人员运营 DBMS 提供的数据库语言（如 SQL）及其宿主语言，根据逻辑设计和物理设计的结果建立数据库，编制和调试应用程序，组织数据入库，并进行试运行。

（6）数据库运行与维护

经过试运行后数据库应用系统，即可投入正式运行。在数据库系统运行过程中，必须不断地对其进行评价、调整和修改。

6.3.2 数据资料管理

数据治理（Data governance）是一套持续改善管理机制，通常包括了数据架构组织、数据模型、政策及体系制定、技术工具、数据标准、数据质量、影响度分析、作业流程、监督及考核流程等。数据库治理流程如图 6-11 所示。

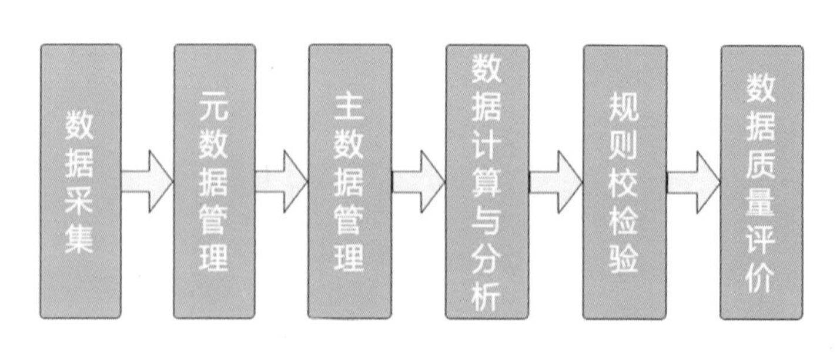

图 6-11 数据治理流程

数据治理包含许多不同方面的领域，具体如下。

（1）元数据：元数据要求数据元素和术语的一致性定义，它们通常聚集于业务词汇表上。

（2）业务词汇表：对于企业而言，建立业务词汇表统一业务术语非常关键。如果这些业务术语和上下文不能横跨整个企业的范畴，那么它们将会在不同的业务部门中出现不同的表述。

（3）生命周期管理：数据保存的时间跨度、位置以及数据如何使用都会随着时间而产生变化，某些生命周期管理还会受到法律法规的影响。

（4）数据质量：数据质量的具体措施包括数据详细检查的流程，目的是让业务部门信任这些数据。数据质量非常重要的，可以其不同于治理极大地提升治理的水平。

（5）参考数据管理：参考数据提供数据的上下文，尤其是它结合元数据一起考虑的情况下。由于参考数据变更频率较低，其治理常被忽视。虽然上述提及的是数据治理在数据管理中所负责的特定领域，但关键问题是所有组织中的数据必须坚持数据治理的原则。

（6）数据管理，为实现数据和信息资产价值的获取、控制、保护、交付及提升，对政策、实践和项目所做的计划、执行和监督。

数据治理回答了企业决策的相关问题，并制定数据规范；而数据管理是实现数据治理提出的决策并给予反馈，因此数据治理和数据管理的责任主体并不相同的，前者是董事会，后者是管理层。国际标准化组织 ISO（International Organization for Standardization,) 指出，数据治理履行数据管理的主要职能，即数据治理规定管理过程中应被制定的决策及决策者，而数据管理确保这些决策的制定与执行。

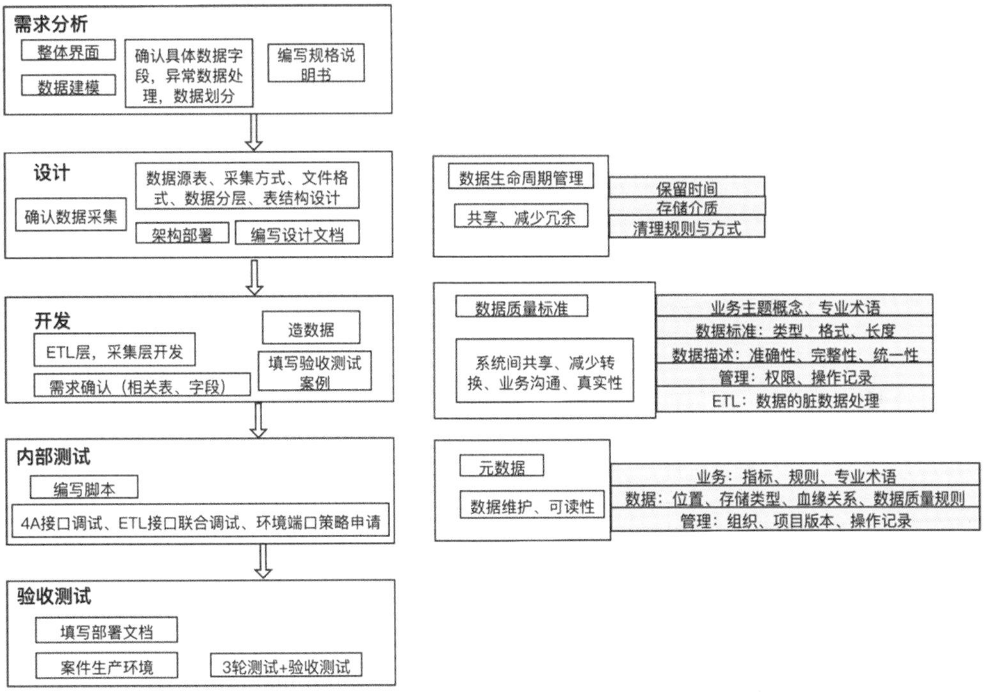

需求分析
整体界面
数据建模
确认具体数据字段，异常数据处理，数据划分
编写规格说明书

设计
确认数据采集
数据源表、采集方式、文件格式、数据分层、表结构设计
架构部署
编写设计文档

开发
ETL层，采集层开发
需求确认（相关表、字段）
造数据
填写验收测试案例

内部测试
编写脚本
4A接口调试、ETL接口联合调试、环境端口策略申请

验收测试
填写部署文档
案件生产环境
3轮测试+验收测试

数据生命周期管理
共享、减少冗余
保留时间
存储介质
清理规则与方式

数据质量标准
系统间共享、减少转换、业务沟通、真实性
业务主题概念、专业术语
数据标准：类型、格式、长度
数据描述：准确性、完整性、统一性
管理：权限、操作记录
ETL：数据的脏数据处理

元数据
数据维护、可读性
业务：指标、规则、专业术语
数据：位置、存储类型、血缘关系、数据质量规则
管理：组织、项目版本、操作记录

图 6-12 数据资料整理流程

数据管理中的关键领域是数据建模依赖于数据治理的，它结合了数据管理与数据治理两者，并进行协调工作。可以说，利用规范化的数据建模有利于将数据治理工作扩展到其他业务部门，最终扩展到整个组织。遵从一致性，使数据标准变得有价值（特别是应用于大数据）。为确保数据治理贯穿整个企业为利用数据建模技术直接关联不同的数据治理领域，如数据血缘关系及数据质量。当需要合并非结构化数据时，数据建模将会更有价值。此外，数据建模加强了数据治理的结构和形式。关键的不同点数据管理其他方面的案例在数据管理能力成熟度 DMM（Data management maturity) 模型中有 5 个类型，包括数据管理战略、数据质量、数据操作（生命周期管理）、平台与架构（如集成和架构标准）及支持流程（聚集于其他因素之中的流程和风险管理）。需要强调的是，数据治理和数据管理非常接近是有事实支撑的，数据质量经常被视为与数据治理相结合，甚至被认为是数据治理的产物之一。数据治理本身提供一整套工具和方法，确保企业实际治理数据。虽然数据治理是数据管理中的一部分，但后者要前者提供可靠的信息到核心业务流程中（图 6-13）。

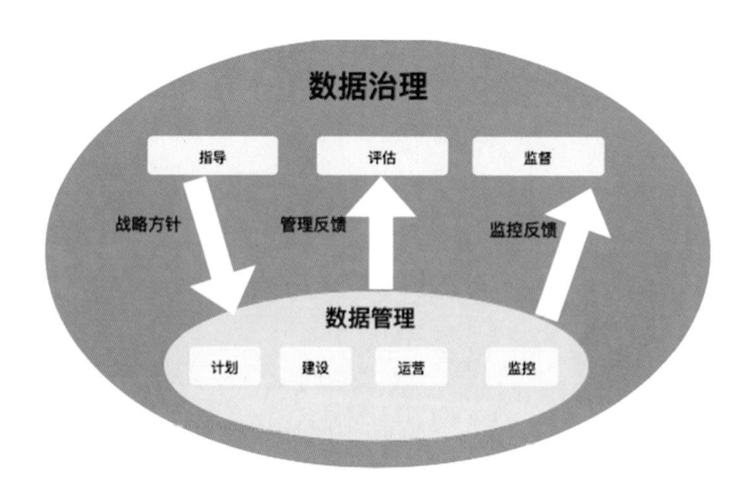

图 6-13 数据管理整理流程

在明确数据治理是数据管理的一部分后，数据治理相对容易界定，即它是用来明确相关角色、工作责任和工作流程的，以确保数据资产能长期有序、可持续地得到管理。而数据管理则是一个更为广泛的定义，它与任何时间采集和应用数据的可重复流程的各个方面都紧密相关。例如，简单地建立和规划一个数据库，是数据管理层面的工作；而定义谁及如何访问这个数据库，并且实施各类针对元数据和资源库管理工作的标准，则是数据治理层面的工作。数据管理更广泛的定义是在数据管理过程中要保证一个组织已经将数据转换成有用信息，这项工作所需要的流程和工具就是数据治理的工作。

对数据进行质量评估时，可以从 4 个角度评估，具体如下。

（1）完整性：主要包括实体缺失、属性缺失、记录缺失和字段值缺失 4 个方面。

（2）准确性：一个数据值与设定为准确值之间的一致程度，或与可接受程度之间的差异。

（3）合理性：主要包括格式、类型、值域和业务规则的合理有效。

（4）一致性：包括系统之间的数据差异和相互矛盾的一致性，业务指标统一定义及数据逻辑加工结果一致性。

（5）及时性：包括数据仓库 ETL、应用展现的及时和快速性，Jobs 运行耗时、运行质量、依赖运行及时性。

6.3.3 应用管理与决策支持平台

为满足针对升金湖国家级自然保护区智慧监管平台项目信息化建设需求，基于“空天地物人”一体化全面监测感知体系，搭建以GIS平台为基础的升金湖自然保护区应用管理和决策支撑平台。通过数据中台对各类离散的、异构的数据进行汇总梳理，借助大数据分析手段，进行融合分析，厘清各种数据之间的内在联系和演化规律。运用可视化的手段，将繁杂的数据进行直观展示，初步建成辅助升金湖生态管理的情报中心和作战指挥室，为政府提供科学的决策依据和高效的业务管理手段。

1. 生态环境驾驶舱

生态环境驾驶舱系统（图6-14）以三维GIS支撑平台和地图引擎为支撑，整合各类生态数据建立升金湖生态保护全要素专题视图，以直观、形象的方式展示基础信息、物种分布、视频监测点、水质监测、水文状况、实时视频、影像分析等空间分布，可对时间、地点、事件等要素进行检索、查询并基于地图进行展示（高明亮等，2013）。

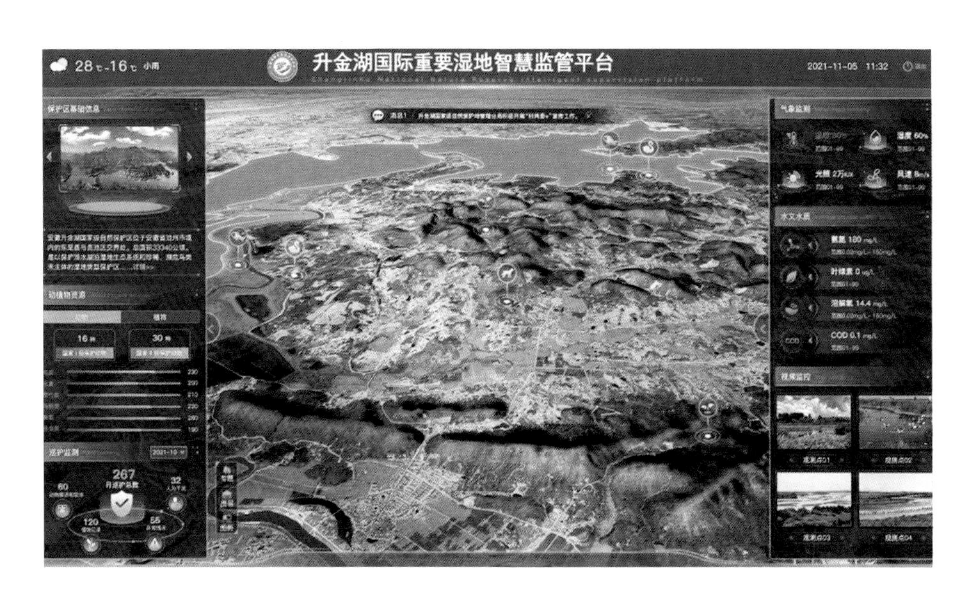

图6-14 升金湖国际重要湿地生态环境驾驶舱系统

2. 生物多样性监测管理系统

生物多样性监测管理系统（图6-15）基于前端动态感知数据的采集，实现对动物、植物、微生物等信息录入和管理，将本地野生动物的数量及其变化，以图表方式进行直观展示。为构建生态系统多维度评价与评估提供数据，实现针对升金湖国家级自然保护地的物种变化趋势评估、生态资源质量评估以及生物多样性指数评估，为自然保护区的科学管理及总体规划修复提供数据支持。

图 6-15 升金湖国际重要湿地生物多样性监测管理系统

3. 生态水监测分析系统

生态水监测分析系统以新建浮标站在线监测数据和气象公开数据，实现水质污染排放现状评价结果的展示，辅助管理人员实时了解区域内的水质状况及污染超标排放现象，实现流域水生态动态监控（图 6–16）。

图 6–16　升金湖国际重要湿地生态水监测分析系统

4. 生态栖息地保护

生态栖息地保护系统(图6-17)以三维GIS地图为底图,基于视频感知、水生态感知、无人机监测、无人船监测等前端感知系统，对升金湖国家级自然保护区的面积、周边植被状况、周边地貌状况、候鸟食物资源、水生动植物等数据指标进行汇总，对保护区的生态进行统一监测，实现动态保护。

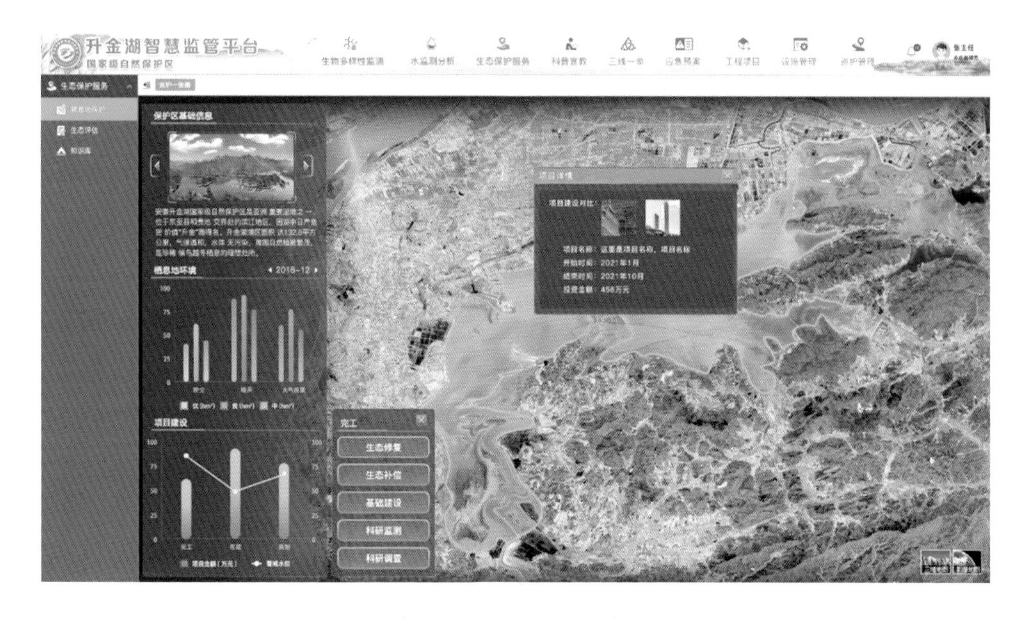

图6-17 升金湖国际重要湿地生态栖息地保护系统

5. 生态保护科普宣教系统

生态保护科普宣教系统融合多媒体的多样性和生动性，结合生态监测平台以及野生动物监测图像，通过网站、保护区智能机器人、虚拟现实VR(Virtual reality)场景展示等平台实现信息发布管理、内容随时更新、游客人机交互等，利用互联网向人们提供生态信息服务,实现与信息交互,引导共同参与生态文明建设,监督区域生态建设及保护。

图 6-18　升金湖国际重要湿地生态保护科普宣教系统

6.“三线一单”管理系统

“三线一单”管理系统（图 6-19）按照全市“三线一单”方案的要求建设，加强生态保护红线、生态质量底线、资源利用上线和生态环境准入清单管理，明确各类生态红线区的主管部门和各生态红线区的管理机构，制作责任区公示牌、状态预警、管护单元等，落实保护实施方案、管理制度和应急预案。

图 6-19　升金湖国际重要湿地“三线一单”管理系统

7. 工程项目管理系统

对保护区重点工程实行信息化管理，工程项目管理系统按照项目看板（图6-20）、地图看板、统计管理（图6-21）等形式对升金湖国家级自然保护区重点工程进行项目信息化管理。

图6-20 工程项目看板

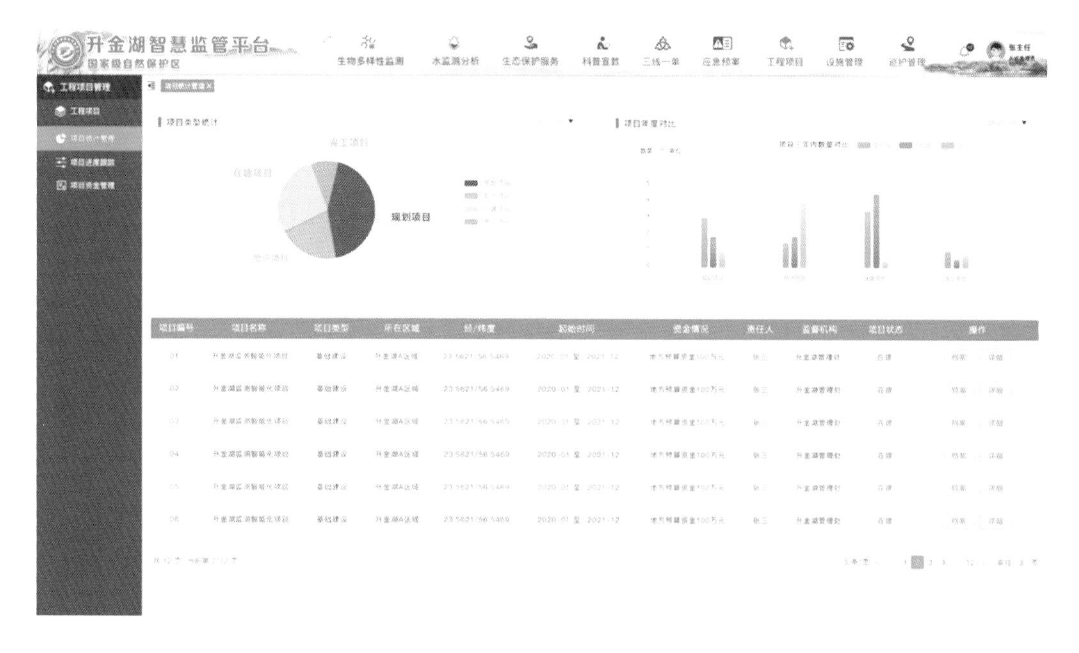

图6-21 工程项目统计管理

8. 设施管理系统

设备管理系统基于 GIS 地图（图 6–22），不仅地图在线修改，还支持界碑、界桩、警示牌等设备设施编辑和设施空间展示，并对升金湖国家级自然保护区内的视频监测设备、卡口设备等感知设备进行管理。

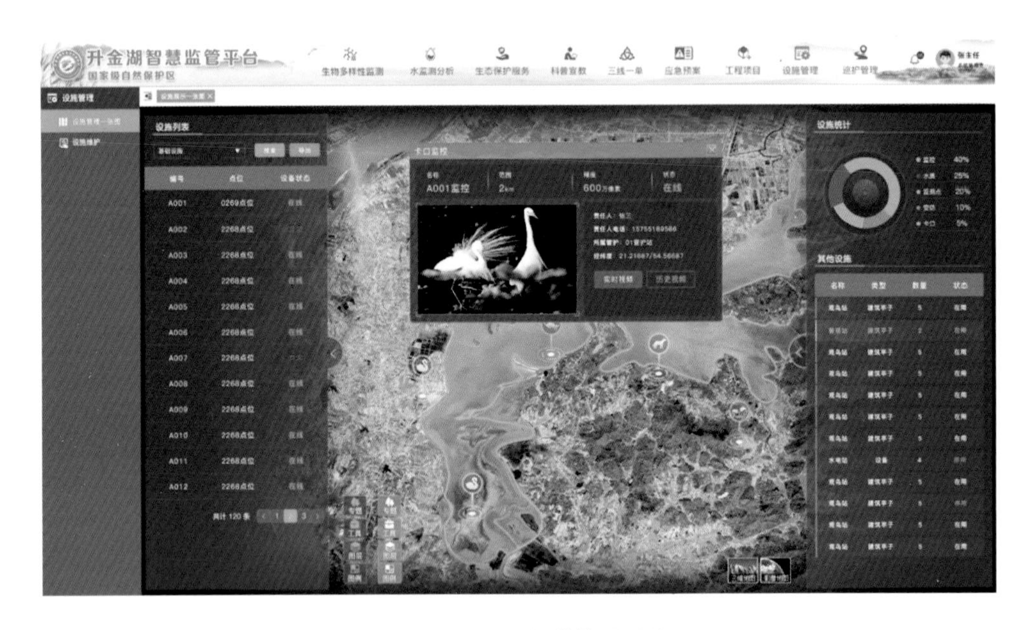

图 6–22　设施管理系统

9. 智能巡护管理系统

智能巡护管理系统（图 6–23）主要通过应用 GPS 定位、移动网络、地理信息将巡护员的巡护情况转化为可视化的视频或图形，实现对巡护员的综合管理、实时定位、跟踪、调度。对重大生态灾害、污染、非法捕捞、保护动物救助、疫源疫病防控等人为或自然灾害进行及时上传和处理。通过推送技术对巡护员进行指定任务派单安排，并进行消息通知。

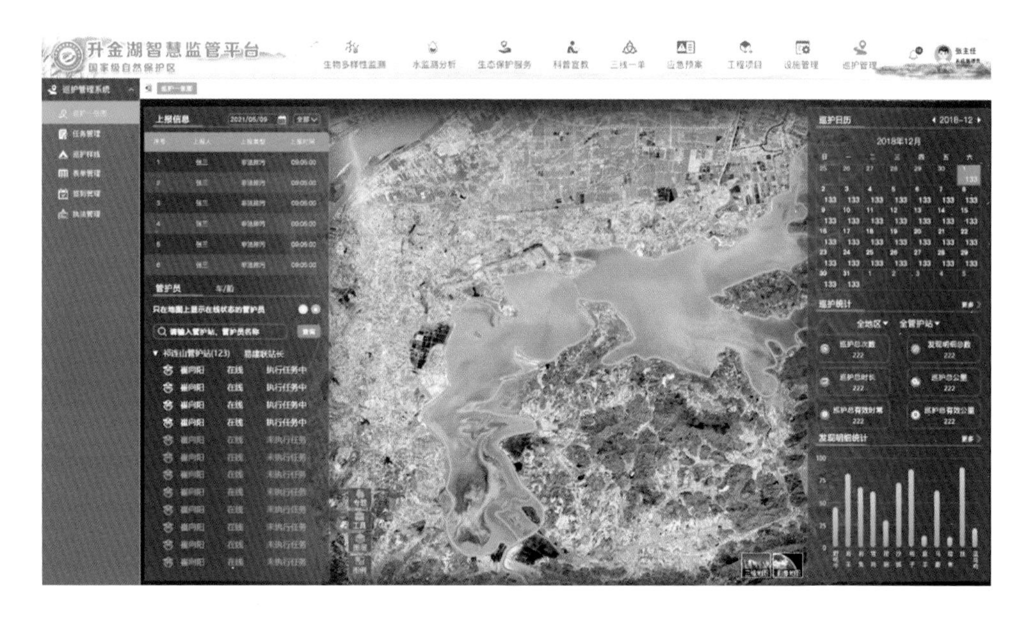

图 6-23 智能巡护管理系统

10. 智能巡护移动端

智能移动端的手机 App 人工巡护以“日常督查、应急调度”为目标，提供对放牧、狩猎、捕捞、采药、烧荒、开矿、采石、挖沙、病虫害、乱砍滥伐、动植物样本、基础设施损坏等危险源的巡检及事件上报管理，通过任务派单与执法大队联动巡查，提高对升金湖国家级自然保护区的综合执法监管，其智能巡护主页如图 6-24 所示。

巡护轨迹管理通过对巡护员实现精确管理，使一线人员由原来的信息盲点跃升为系统移动互联应用中的信息节点，并且科学规划、安排林区巡护任务，对巡护过程进行实时掌控，在日常巡护过程中巡护员的实时显示位置信息（图 6-25）。

图 6-24 智能巡护主页

图 6-25 巡护路线管理

小 结

1. 经济效益分析

生态破坏造成的损失包括直接经济损失和无法计量的间接损失。且随着经济的进一步发展，生态破坏造成的损失呈加速上升态势，已经严重影响经济发展和人民生活质量提高，直接制约了国民经济与生态保护的可持续发展。

升金湖国家级自然保护区智慧监管平台属于生态信息化提升项目，虽然其建成后不涉及能够带来直接经济价值的具体产品或服务。因此从谨慎的角度出发，本研究不做明确的收益预测，但是该项目的实施，必将加强升金湖生态保护的综合管理力度，减少生态污染、生态破坏造成的经济损失。

（1）促进合理利用生态保护资金

通过建设完善的生态感知网络和数据分析平台，可厘清升金湖生态资源的空间分布和发展变化规律，为生态污染防治和决策提供精准、科学的数据支撑，避免生态污染治理资金的盲目投入，提高资金使用效率。

（2）打造生态信息共享机制，避免重复投资

通过升金湖国家级自然保护区智慧监管平台的建设和后续运行，升金湖生态信息化所积累的大量数据，可以为环境保护相关企事业单位、科研院所提供数据服务，实现数据的高效共享，提高数据的利用率，避免政府重复投资。

（3）环境信息化应用集中管理，降低成本

通过升金湖国家级自然保护区智慧监管平台的建设，实现应用的集中部署，根据实际需求动态、科学、合理地配置硬件资源，不仅可以节省计算资源、减少投资，还可以实现对资源的统一运维管理，降低系统的维护成本、运行成本。

（4）促进管理变革，提高管理水平和管理效率

本章研究认为间接经济效益主要表现在提高管理水平、管理效率及建设所引起的相关单位管理上的一系列变革等。例如使管理人员决策及时、准确；可大量及灵活运用数学方法和模型，使决策更科学化；使信息流通结构更趋合理等等。

2. 社会效益分析

升金湖国家级自然保护区智慧监管平台建设有利于健全环境保护部门的工作机制，促进工作模式的创新，提高保护区生态监管效能，推进生态保护生态文明建设，提升公众的服务满意度，促进人们与自然的和谐发展，探索升金湖国际重要湿地生态环境保护的新道路。

（1）优化生态环境人员与资源，提高工作效率

升金湖国家级自然保护区智慧监管平台建设充分兼顾升金湖湿地管理局现有业务与未来业务发展需求，提高升金湖国际重要湿地管理局工作人员的工作能力及工作效率。实现环境保护相关部门的信息依法共享、开放，实现良性互动，达到全面监测、科学监管、精准执法、事先预警、决策分析，优化现有人员与资源，进一步提升升金湖国际重要湿地管理局工作效率。

（2）建立与人们的沟通渠道，提高公共服务水平

升金湖国家级自然保护区智慧监管平台建设，能够为政府和社会提供全方位的环境保护信息资源服务，增强升金湖湿地管理处的信访业务公开透明度，为公众服务建立更方便的渠道，同时为各界社会人士了解生态保护工作提供直观可视化的通道。提升环境保护监管工作的透明度，有利于推进生态保护监管达到新水平，促进政府职能由“管理型”向“服务型”转变。

（3）通过大数据应用，使信息采集更高效、挖掘更深入

升金湖国家级自然保护区智慧监管平台逐步完成一批针对各类生态要素和污染源的大数据应用，使生态管理中需要的各类污染源信息、生态信息、生态信息可以实时地采集更加高效。同时，建立相关模型，进行数据挖掘，为环境保护部门和其他相关管理机构进行污染源监控、物种保护、生态环境保护、生态执法等业务提供数据支持，改善生态质量，提高人们的绿色生态福利，有助于构建和谐社会。

（4）建立协同联动机制，提高生态管理效率

建立环境保护及相关委办处协同、联动机制，让生态监管，形成环境保护工作统一监管、部门协同、各负其责、压力层层传导的良性循环，提高生态管理效率，推动生态质量持续改善。

（5）打破信息孤岛，实现信息共享，提高民众满意度

升金湖国家级自然保护区智慧监管平台向市级提供信息共享服务，打破信息孤岛，实现政务数据的互联互通，使人们在办理不同相应业务时，不再需要填写或提交基础的信息材料。提高工作效率，增强了民众体验度，为改进行政管理方法提供了基础，简化行政运作环节，改善政府的服务质量。

（6）树立生态信息化标杆，推动环保产业发展

升金湖国家级自然保护区智慧监管平台建设是在国内具有示范推广意义环境保护信息化项目，升金湖国家级自然保护区智慧监管平台一方面加强政府对生态质量、污染源及生态风险等管控，推动企业生态信息公开，实现精准的生态质量预测预警、分析并及时发现潜在重大的生态问题，不仅可以降低生态监管成本，还可以最大限度减少生态环境损害与影响；另一方面，在生态环境大数据相关领域取得关键技术的突破，形成一批具有自主知识产权的标准和规范。

参考文献

[1] 陈红．基于 WSN 的湿地水环境监测系统拓扑控制算法研究 [D]. 陕西科技大学学报（自然科学版），2016，34(5) : 168-173.

[2] 陈雨佳，刘亚秋，景维鹏．基于物联网的湿地无线监测系统的设计 [J]．森林工程，2015 ，31(4) : 782.

[3] 李成梁，况润元，吴倩雯．近十年鄱阳湖枯季湿地信息提取及变化监测分析 [J]．江

西理工大学学报，2019，40 (3) : 30-37.

[4] 苗凤娟，吴凌斌，陶佰睿，等 . 基于 WSN 的低功耗湿地土壤监测系统设计 [J] . 中国农机化学报，2016，37(4) : 246-248，268.

[5] 潘贺，李太浩 . 基于簇首选择机制的湿地水环境无线传感器网络监测系统的研究与试验 [J] . 中国农机化学报，2014，35 (6) : 282-284, 299.

[6] 王克奇，董毅光，王铁滨 . 基于 ARM 的嵌入式湿地监测系统的应用 [J]. 东北林业大学学报，2009，37 (4) : 102-104.

[7] 姚仲敏，荆宝刚，逄世良 . 基于 WSN 的无人机扎龙湿地鹤类图像监测系统 [J]. 家畜生态学报，2016，37(12) : 44-48.

[8] 姚仲敏，孙彩苹，丁海，等 . 基于物联网的扎龙湿地鹤巢环境监测系统设计 [J]. 家畜生态学报，2015，36(12) : 67-71.

[9] 袁中强，曹春香，鲍达明，等 . 若尔盖湿地土壤重金属元素含量的遥感反演 [J]. 湿地科学，2016，14(1) : 113-116.

[10] 曾光明，龙勇，梁婕，等 . 基于 3S 技术的东洞庭湖湿地植被的分布与适应性分析 [J]. 湖南大学学报 (自然科学版)，2013，40 (5) : 86-91.

[11]SHUAI X Y, QIAN H Y. Design of wetland monitoring system based on the internet of things[J]. Procedia environmental sciences, 2011, 10 (PartB) : 1046-1051.

第 7 章
升金湖国际重要湿地管理

第7章　升金湖国际重要湿地管理

湿地生态系统作为自然界基本的生态系统之一，为人类的生存和发展提供了一系列的产品和服务。湿地是人类重要的资源之一，也是自然界富有生物多样性和较高生产力的生态系统。它不但具有丰富的物质资源，还具有巨大的环境调节功能，并实现生态效益。各类湿地在提供水资源、调节气候、涵养水源，均化洪水、促淤造陆、降解污染物，保护生物多样性，为人类提供生产、生活资源等方面发挥了重要作用。本章探索了当前国内外典型湿地资源可持续利用、保护和管理的成功经验与模式，总结了当前升金湖国际重要湿地在湿地资源开发、利用中所存在的问题、不足之处及其原因，并在此基础上提出升金湖国际重要湿地可持续利用及保护的若干政策、建议，为升金湖国际重要湿地资源可持续利用、保护和管理提供支撑。

7.1　资源管理现状

7.1.1　国外管理模式

1. 伦敦湿地中心

伦敦湿地中心（London Wetland Center）位于伦敦市西南部泰晤士河，该湿地公园共占地 42.5hm^2，是世界上第一个建在大都市中心的湿地公园（它曾经是泰晤士河南岸 4 个废弃混凝土水库的旧址）。英国野禽及湿地基金会耗资 2 500 万美元，引水排淤、分隔水域，在此处种植了 30 多万株水生植物和 3 万多棵树。如今，伦敦湿地中心已成为欧洲较大的城市人工湿地系统。

伦敦湿地中心旧址的拥有者泰晤士水务公司与英国野禽及湿地基金会合作，将原有水库转换成湿地自然保护中心和环境教育中心。为解决兴建湿地公园的资金问题，英国野禽及湿地基金会与房地产商伯克利房地产合作（其中，经国会批准出售湿地旁的少量土地与房地产商）。伦敦湿地中心项目运作 20 年来，成为物种保护的胜地，每年吸引栖息鸟类超过180种，也成为业余乃至职业观鸟者的课堂，累计吸引全世界游客接近千万人次。因为伦敦湿地中心项目，泰晤士水务公司、英国野禽及湿地基金会获得同业的尊敬，伯克利房地产公司也获利不菲，实现了三方共赢的局面。

伦敦湿地中心的成功在于湿地项目的规划设计。伦敦湿地中心的规划设计有两个主要目的：①为多种湿地生物提供最大限度地饲养、栖息和繁殖机会；②让参观者在不破坏保护地价值的情况下，近距离观察野生生物，并在游憩之余学习更多有关湿地的知识。其规划设计理念是以“水”为灵魂，水是流动的，贯穿于整个湿地公园，并且每个区域中水位高低和涨落频率也各不相同。因此，每一个水域都需要具有相对的独立性。湿地公园的主体是“人”，因此公园应考虑“人文”的因素，而如何让两者之间和谐共存则是设计中最大的难点。为实现以上两个目的，在伦敦湿地公园的设计过程中，设计者针对水体特性和人流导向两个方面做出了精心的处理，按人流活动的密集程度，将整个公园分成若干的区域和点。按照物种栖息特点和水文特点，湿地公园的规划设计结构被划分为6个清晰的栖息地和水文区域，这6个水域相互独立又彼此联系，在总体布局上以主湖水域为中心，其余水域和陆地围绕其错落分布，构成公园的多种湿地地貌。水域和陆地之间均采用自然的斜坡交接，陆地上建立了一个复杂的沟渠网以引入水，沟渠之间是平缓的丘陵和耕地，精心的地形设计使水位稍微提高一点就能产生一大片浅浅的湿泥地（陈江妹，2011）。

2. 美国大沼泽湿地

美国大沼泽湿地采用基于生态系统的海洋综合管理理念，将整个大沼泽湿地视为一个整体生态系统，通过联邦政府、州政府和社会组织的协作，合力促进大沼泽湿地的绿色生态可持续发展。美国大沼泽湿地项目全面贯彻基于生态系统的海洋综合管理理念，采用联合管理模式，重视水资源环境治理，并取得一定成效，但也暴露出管理模式有待改进和区域间联系不紧密等问题。

美国大沼泽湿地的自然生境丰富多样，包括珊瑚礁、海草草甸、沙滩沙丘、咸水沼泽、红树林沼泽、淡水泉和牡蛎礁等，并且依赖湿地生态系统生存的鸟类、爬行类、哺乳类动物种类繁多，是联合国教育、科学及文化组织和《关于特别是作为水禽栖息地的国际重要湿地公约》（以下简称《湿地公约》）指定的全球重要的三大湿地之一。除巨大生态价值外，美国大沼泽湿地还具有可观的经济价值，支撑了南佛罗里达数十亿美元的农业和旅游业发展。

因其地理位置特殊，美国大沼泽湿地生态系统具有一定的独特性和脆弱性。美国大沼泽湿地项目采用基于生态系统的海洋管理模式对于湿地生态系统进行综合管理，这首先要求打破基于行政区划的传统管理模式，建立以生态系统为核心的新型管理模式。对此，其采用联邦政府和州政府分工合作的管理方式，既赋予它们不同职责，又进行密切合作，并且改变过去的行政区划管理模式，委托联邦政府中的陆军工程兵团和州政府中的南佛罗里达水资源管理局全权负责大沼泽湿地项目，这不仅使治理举措能够更加贴合大沼泽湿地的生态系统特征，而且使该项目获得联邦政府和州政府的双重保证，确保了大沼泽湿地项目的顺利开展。

由于美国大沼泽湿地生态系统是多种生物的重要栖息地，其水质和水量都会对生物多样性的可持续发展产生重要影响，同时也会影响整个湿地的物质和生态循环，因而水资源环境治理是大沼泽湿地项目的重要构成部分。在《恢复规划》中，水资源环境治理工程占较大比例，其中不仅包括防洪工程及城市与农业供水系统工程，还包括湿地生态系统水资源保护和水质清洁管理。水资源环境的严格治理为大沼泽湿地项目其他工程，如生物多样性保护和生态系统修复提供良好的前提条件，并且为大沼泽湿地项目最终获得成功奠定基础（褚晓琳和许春凤，2021）。

3. 日本滨海湿地

滨海湿地（Coastal wetland）是指陆地生态系统和海洋生态系统的交错过渡地带。在淡水、咸水交汇处，受海洋、陆地交互作用，其复杂的动力机制造就了滨海湿地复杂多样的湿地类型和独特生态系统。近年来随着社会经济的发展，日本的湿地面积不断减小，滨海湿地面积退化则更为严重。

滨海湿地对日本社会可持续发展意义重大，且滨海湿地处于人类高强度经济活动区，易受到人们对湿地资源的开发利用活动影响（如围垦开发、滨海新城扩建等）的破坏，因此日本滨海湿地消失速度极快，日本十分重视保护滨海湿地，其更深层次的原因在于日本独特的地理位置。日本经济社会发展对海洋资源的需求和对海上运输通道的依赖，使日本高度重视海洋和滨海湿地。随着土地资源日益稀缺，在沿海经济开发过程中，日本不乏出现在滨海湿地开拓建设用地的现实活动。资源稀缺理论决定了滨海湿地将成为社会发展中越来越重要的生态系统，但是日本沿海的社会经济发展日益影响滨海湿地的保护。为了实现滨海湿地的生态安全及滨海湿地生态系统服务功能，日本必须重视生态规划和完善滨海湿地生态系统保护与管理法制（梅宏和高歌，2010）。

7.1.2 国内管理模式

1. 崇明滩涂湿地

滩涂湿地是湿地的一种类型，通常是指受潮汐作用形成的陆地与海洋之间的生态交错地带，且具有较高生物多样性的独特生态系统。滩涂湿地是我国重要的国土资源和自然资源，也是结构复杂、功能独特的生态系统。其不仅为人类提供大量的食物和原料，而且在生物多样性保护、蓄洪防旱、气候调节等方面起到极其重要的作用。

长江口是我国非常重要的河口滩涂分布区，有着丰富的滩涂湿地资源。例如，崇明东滩位于崇明岛的东端，为长江口北支和北港口门之间的自然淤长滩地，呈向东南展布的三角状，高滩地被芦苇、藨草和海三棱藨草覆盖，中低潮滩大部分为裸露滩地，拥有丰富的底栖动物和植被资源，是候鸟迁徙途中的集散地，也是水禽的越冬地。虽然滩涂湿地是崇明岛的特色和优势，但是近10年来人们对其开发多，保护少，使区域来沙量减少，湿地生态环境恶化，具体表现为以下几方面：

（1）过度开发

崇明东滩于1964—2001年共圈围湿地达20次（块），圈围面积达14 198.2hm^2，圈围速度越来越快，围垦的面积也越来越大，围堤的高程也越来越低。局部地区至今还是一片白水滩，人为增加了海浪对围堤的险情。

（2）“三废”污染

20世纪90年代初，南滩湿地从东往西数10km的边滩上，共有16家乡镇企业占据滩涂湿地兴办拆船厂，其带来的废油、废物及某些化工含毒物质严重污染了沿江水域，致使滩涂芦苇大片发黑且枯萎死亡。形成一片荒滩。另外，还有一些企业排污问题尚未完全解决，这些均影响了当地群众的生产、生活，如今乡镇的垃圾堆场也都设在滩涂湿地上。污水毒素随着滩面流入河道，潮水回流，不同程度地影响了水厂取水口的水质。

（3）湿地增长发生变化

随着长江三峡水库、南水北调工程的兴建，以及长江上游水土保持工程的修建，长江来水、来沙量明显减少。过去长江每年向东海的输沙量为4.86亿/t，如今只有3.53亿/t，滩涂湿地淤涨速度的减缓，使面积的增加日益减少。由此可见，若滩涂湿地不加保护后果严重。应该采取多种措施来缓解区域生态环境进一步的恶化。

针对之前的问题，政府鼓励各级部门、人们等共同参与湿地的管理和保护，具体

保护以下几个方面。

（1）因地制宜区别对待

以建设生态岛为契机，以科学的理念，制定保护与开发崇明滩涂湿地的措施，例如动态保护东滩。随着滩涂淤涨，栖息或繁衍在滩涂上的湿地鸟类、底栖动物和植被资源相继发生演替，有必要调整鸟类自然保护区的范围和功能区布局，以体现动态保护的规划原则。

建立鸟类自然保护区，除了保存和维护生物资源、自然环境外，还要开展自然科学研究，这是建设、管理好保护区的重要基础工作。

（2）健全科学管理机制

对滩涂湿地保护，“专管、兼管、群管”相结合是行之有效的办法。国家应尽快设立精干的专业管理机构，配备强有力的管理人员；地方应加强监管力度，把现有堤防海塘管理职工的力量充分调动起来，发放保护湿地、候鸟的有关证件，行使协管职责；有关镇村制定乡规民法，选配保护湿地的群众护理员，真正做到齐抓共管，合力保护湿地、保护家园。

（3）加强宣传执法力度

提高生物多样性所在地区普通民众的环境保护意识，改变牺牲生态环境以追求经济发展的现状，减少环境污染、滥捕滥猎、盲目围垦等危及生物多样性行为的发生。加大环境立法和执法力度，增加对生物多样性保护的人力物力和财力投入，不断发展有效的保护技术和措施，提高生物多样性保护实践的有效性，改善人与自然间的关系。

（4）开发旅游资源

崇明滩涂湿地鸟类资源丰富，生态环境良好，具有很高的生态旅游开发价值。因此，其可为广大上海市民提供一个回归自然、与鸟类近距离接触的生态旅游观光场所，这比人造景观更能吸引游客，且更具教育意义。

2. 扎龙湿地

扎龙国家级自然保护区位于黑龙江省西部乌裕尔河下游齐齐哈尔市及富裕、林甸、杜蒙、泰来县交界地域。扎龙国家级保护区是以芦苇沼泽为主的内陆湿地和水域生态系统，也称为扎龙湿地，由大气、土壤、水、植被、动物及微生物组成。1992 年，扎龙国家级自然保护区被列入国际重要湿地名录。扎龙湿地及周边地区开发较晚，从 20 世纪初随着移民的进入开始出现一些村落，生产的规模也随之发展，目前，区内土地及其资源已全部被分割利用。区内居民70%以上经济收入依靠自然资源，大面积的芦苇沼泽和湖泊有丰富的鱼类资源，几处大的湖泊形成渔业基地，生产规模较大，也有些村屯已经发展和开发人工渔地。而今，大型工程的修建和其他人为活动的入侵正在急剧地改变着原始的湿地景观，扎龙湿地作为一个动态的极其脆弱的生态系统，正在遭受着严重的破坏（付博，2006）。

（1）管理现状

为了更好地管理扎龙湿地，扎龙国家级自然保护区成立了扎龙国家级自然保护区管理局。扎龙国家级自然保护区管理局自成立以来，克服重重困难，采取一系列有效的管理措施，使保护区内的鹤类等珍稀水禽及其栖息繁殖的湿地资源得到有效保护，日常保护管理工作得以运行，为保护区的发展创造条件。扎龙国家级自然保护区保护局管理体系中巡护执法、科研监测及宣传教育设施设备相对薄弱，禁猎、禁渔等其他保护形式发展不足，影响到湿地自然保护管理工作的科学化、规范化发展。

扎龙国家级自然保护区从管理形式上实行管护、科研、宣教三位一体的工作模式，但尚未形成局、站、点三级保护管理体系。由于资金有限，扎龙国家级自然保护区现有扎龙站、烟筒屯站、小盐场站和吐木台站等4个野外管护站，且租用社区民房办公，保护区的管护、科研、宣教等管理工作很难得到全方位发展，迫切需要完善管护站点的配套建设。

目前，疫源疫病监测、防控和丹顶鹤种源保护、湿地生态系统的科研和监测设施、装备较差，没有形成配套管理体系，制约了扎龙湿地生态系统和野生动植物多样性研究工作的全面开展，巡护道路路网尚未形成，影响了管护工作的及时高效展开。多年来，扎龙国家级自然保护区的科学研究工作除了与高校和科研院所合作之外，其自身科研人员也相继开展了一些基础科研工作，但是由于资金不足，还没有能力未配备多功能土壤分析仪、多功能水质分析仪等必要的科研仪器设备。保护区的管护和科研监测工作基本在野外开展，覆盖面较大，距离较远，按功能区划边界总长达376km，由于管护和监测车辆不足，不能保证及时到位或路况需求，社区环境教育工作的开展也存在很大难度。

扎龙国家级自然保护区以保护丹顶鹤等珍稀水禽及其赖以生存的湿地生态系统为工作重点，长期坚持认真贯彻执行国家有关野生动物资源保护的法律法规，加强巡护检查，有效地遏制了偷捕、偷猎等破坏野生动物资源的违法行为；通过社区共建、调查走访、发放宣传资料等多种方式，积极开展社区环境保护宣传教育工作，与地方政

府及社区密切配合，及时掌握保护对象变化动态，较好地保护了该国际重要湿地，控制了湿地的退化进程。但是，扎龙国家级自然保护区的宣传教育状况仍存在以下不足：以宣传教育为主题的湿地生态系统的展示教育功能缺乏设施、设备支持，生态环境保护的重要性和丹顶鹤文化的精髓缺乏媒体的展现。

为此开展及时有效的巡护执法工作，严厉打击破坏湿地违法行为，并且根据不同季节野生动物的活动规律，开展定期、不定期的巡护检查。根据鹤类等珍稀水禽迁徙和繁殖季节，加强野外巡护，对鹤类等珍稀水禽的有效保护起到积极作用。积极开展保护区科研工作，已取得和积累了保护区动植物名录、水文、气象、地质、地貌、土壤及周边地区人文、社会、历史等方面的本底资料，并在丹顶鹤等珍稀鹤类的饲养繁育等研究方面取得了优异成绩。

（2）扎龙湿地自然保护区管理保护应采取的对策和措施

扎龙国家级自然保护区建立以来，在生态保护、开展保护区宣传教育、开展保护区科研及观鸟旅游等方面做了大量工作，特别是在丹顶鹤的驯养繁殖方面做出了突出成绩，为保护、发展与合理利用自然资源提供了科学的依据和经验，为我国自然保护区事业做出了贡献。在扎龙湿地的保护管理和建设上，黑龙江省委、省政府高度重视，进一步明确了扎龙湿地的管理办法。但是，从扎龙湿地的现状和可持续发展的角度看，其面临的形势仍然十分严峻，生态保护任务艰巨。为了切实改变扎龙湿地的状况，实现可持续发展，发挥应有的生态功能，要着重采取以下几项对策。

①要提高认识，加强领导，加大保护力度。各级政府、部门和有关单位要把保护区及湿地工作纳入重要议事日程，通过多种方式、多种渠道开展《黑龙江省湿地保护条例》的宣传工作，提高人们对自然保护区和湿地的保护意识。有关领导干部要以科学发展观指导湿地保护管理工作，在研究和部署工作中要正确处理好保护与开发利用、近期利益与长远效益的关系，在切实抓好保护的基础上，科学合理地利用湿地资源，实现生态、经济和社会的可持续发展。

②应做好保护工程规划，合理布局，科学发展、建设。科学合理地利用湿地资源已引起世界各国的广泛关注。做好保护区生态环境建设的近期和长远规划是一项重要工作，它可以为建立自然保护区、开展湿地保护、恢复等工作提供科学依据。规划要结合水利、环境保护等工程建设，将湿地建设、退化湿地恢复、重点区域退耕还湿、湿地资源科学利用示范区建设等作为规划的重要内容，纳入本地国民经济和社会发展

计划，有步骤地推进实施。要统筹协调本地区的生产、生活和生态用水的关系，重要湿地及水资源短缺的地方要建立补水机制，保障湿地生态功能不被削弱。

③各部门要积极配合，建立协调管理机制，对保护区实施有效管理。各级政府要发挥主导作用，做好监督检查和协调指导工作，农业、林业、水利、环境保护、畜牧、轻工、旅游等部门要责、权、利相统一，互相支持配合，积极支持湿地的保护工作，避免多头管理与条块分割的问题。要加大资金投入力度，增加水资源调配。加强畜牧草原管理，严格控制野外火源，防止发生草原火灾，防止过度放牧。严厉打击破坏草原植被、水资源、偷猎野生动物、毁湿开荒的违法行为。要进一步建立健全湿地管理的法律法规，切实加强宣传教育，提高人们对湿地及野生动植物重要性、公益性的认识，以引起全社会的支持与关注。

④加强水资源监测，控制水环境污染。做好扎龙湿地保护工作，首先要以水为基础。近些年，由于连续干旱，扎龙湿地严重缺水。为解决该难题，就要控制水资源的开发和使用。要制定用水和节水的规划设计，合理利用水资源，发展节水型农业技术与提高工业用水重复利用率。同时，要建立保护区水文、气象、生态环境监测系统，对水位、水质、气象和生态进行动态监测，为保护湿地生态系统提供科学数据。对于水环境污染，应当加大环境保护力度，通过科学的管理措施，约束保护区上游的城镇和周边村屯不得向湿地保护区排放未达国家标准的废水和生活垃圾。另外还要修建污水处理工程，加强对各灌区用肥和排水的管理，大力推广生态农业，减轻化肥、农药污染，坚决使水污染、生态恶化的局面得到有效控制。

⑤加大科学研究，提供科学数据。科学研究是实现保护区进行有效管理的基础，坚实的科学研究基础是制订湿地保护区管理目标、发展规划和管理计划的依据。进行综合科学考察，查清保护区资源本底情况，建立动植物基因库，为进行科研做好基础工作。在综合科学考察的基础上，在专题研究上下功夫，建立鱼类、鸟类、生态环境、水质等资源监测站，开展生物多样性、水资源、环境、生态系统等方面的科学研究。加快珍稀鸟类的人工繁育，积极开展珍禽驯养工作，促进人与自然的和谐共处。

总之，对扎龙湿地的管理建设要广泛开展综合性研究，及时掌握湿地资源的动态变化，探索研究，并解决生态、水资源、环保等方面存在的问题；及时开展区域性和国际性合作，引进先进管理建设经验，推进湿地资源保护管理工作，使扎龙湿地得到可持续发展。

3. 莫莫格湿地

莫莫格国家级自然保护区位于吉林省白城市镇赉县东部，总面积 1 440 km^2，属内陆湿地与水域生态系统类型保护区。为了有效进行湿地保护管理，促进湿地可持续发展，莫莫格国家级保护区管理局根据区内重点保护对象的分布特征和开发建设情况将保护区划分为核心区、缓冲区和实验区 3 个区域，实行分区管理与控制，通过区域保护管理目标的实现，控制保护区整体处于最佳状态（刘言，2020）。

（1）管理模式

莫莫格湿地经过 30 多年的建设，各项事业健康发展，管理体系初具规模，能力建设不断加强，湿地环境得到保护，关键物种数量增加，管理目标逐步实现，一个集保护、科研、宣教旅游和生物多样性于一身的综合性保护体系初步形成。莫莫格湿地监测结果显示，春、秋迁徙季节，白鹤停歇数量由过去的 300 多只增加到 3 500 多只，其中停歇数量超过 1 000 只的天数约为 33d，超过 2 000 只的天数约为 30d，超过 3 000 只的天数约为 16d。其他水禽的迁徙、栖息繁殖数量可达 20 余万只。莫莫格湿地保护管理工作主要体现在以下几个方面。

①完成了局、站、中心办公、巡护、科研设施的建设。2002 年以来，国家和吉林省共计投资 7 000 余万元，先后完成了博物馆、专家公寓、局办公楼、6 个保护站、3 个检查站、1 个监测站和 1 个救护中心等三期基础设施建设。

②正在向办公计算机化，监控视频化，监测、巡护机械化迈进。近年，先后投资 600 余万元，提升了现代化保护能力。与吉林省林业与草原局实行了财务、防火、信息的联网；每个科室办公室都配备了计算机并链接了宽带网；建设了重要区域的远程湿地视频监控系统，监控面积达 20 万亩，使重要鸟类和植被 24h 都在掌控中；局、站根据工作需要配备交通工具，保证了办公、巡护、科研的必要车辆。现代化设备的投入，较好地解决了人员少、管护面积大的矛盾，提升了保护效果。

③在吉林省林业与草原局的关怀下，莫莫格国家级自然保护区的队伍也在不断扩大，除省人事部门核定的 53 名正式事业编制人员外，又增加了 65 名巡护人员。另外，莫莫格国家级自然保护区管理局启用自有资金聘有 10 名长期临时工，使保护区人员达到 120 余名，较好地解决了人员严重短缺的问题。

④莫莫格国家级自然保护区的管理年经费由不足 5 万元增长到 250 万元（现由吉林省财政厅拨款）。管理经费“天翻地覆”的变化保证了职工的工资，也基本保证了

办公费用，使职工安心工作，保护区各项工作运转正常。

⑤采取引水还湿，控制湿地萎缩。从2002年以来，在吉林省林业与草原局机关党委的关怀支持下，每年向湿地引水1 000万~5 000万 m^3，使重点湿地生态功能区和鸟类停歇觅食区有安全保障。

⑥树立和谐湿地、生态油田的理念，解决保护与开发的矛盾，加大采油区内的湿地综合恢复治理。这一试验的成功，充分说明采取人为促进的方式恢复湿地植被是行之有效的，同时也为资源的有效保护、合理利用与快速恢复积累了经验。

⑦是加强同社区协调，共同保证被侵占湿地的恢复。由于历史原因和市场经济的刺激，私开乱垦湿地现象曾一度泛滥，部分湿地丧失。为了确保湿地的完整性，近年来，莫莫格国家级自然保护区管理局同当地党委、政府和区域内各乡、村基础组织进行多方面的沟通协调，在踏察规划的基础上，对被侵占的15万亩湿地基于“宜林则林，宜草则草，宜湿则湿”的原则，进行“退耕还林、还草还湿”计划。

面对莫莫格国家级自然保护区的现状和今后的发展趋势，如何解决好制约发展的障碍，破解存在的困难和问题，是摆在莫莫格国家级自然保护区管理局面前的首要工作。必须有相应办法和对策加以应对，采取更加有效的策略强化湿地保护工作。

（2）保护管理对策

几十年来，莫莫格湿地上游修建了包括塘坝、水库、渠道等在内的水利设施，境内开展了大量公路、人工建筑、石油开发等建设工程，破坏了湿地的原生水文系统。自1998年特大洪水以来嫩江连续遭遇枯水年，湿地自然来水量与20世纪末相比减少，日渐减少的水资源对以湿地为主要栖息生境的鹤、鹳类水鸟及其他野生动植物共同组成的莫莫格湿地生态系统构成了严重的威胁。此外，由于不断开垦、放牧导致，莫莫格地区耕地、居住地面积逐年递增，湿地面积逐年下降，改变了湿地的土地利用类型、土壤类型、生态结构及营养结构。因此，加强莫莫格湿地生态环境保护，维护湿地生态功能正常发挥的措施势在必行，主要包括以下几个方面。

①面对中国石油天然气股份有限公司吉林油田分公司在莫莫格国家级自然保护区进行石油开发的现实和气候条件的变化，保护区原功能区划中的部分区域已丧失了其功能，因此应对保护区功能区划重新调整，处理好湿地保护与油田开发的现实矛盾，以保证莫莫格地区经济发展与生态建设相协调。

②大力宣传“退耕还湿”的重要性和必要性，针对已经开垦的农田逐步实施退耕

还湿工作。通过封育、还林、禁牧、水保工程等措施，减少入河、入库的泥沙，防止沙漠化现象蔓延；降低水土流失造成的非点源污染，改善水质与生物栖息环境。按照国家标准向莫莫格国家级自然保护区内的农民发放经费，以补偿其由于“退耕还湿”工程而受到的损害。

③加强洮儿河和二龙涛河源头森林和草原资源保护，严禁砍伐、过度放牧、放火烧荒、开垦湿地等行为，家畜一律实行舍饲圈养，并采取措施有计划地退耕还林还草，恢复河套湿地植被，提高莫莫格湿地涵养水源能力。

④在莫莫格湿地修建的众多采油设施和公路，将完整的湿地生态系统切割成若干块孤立隔绝的“岛”，阻隔了湿地水流的自然交汇，修筑的堤防工程在汛期引走大量的淡水资源，阻碍湿地对水资源时空分配功能的发挥，未能将洪水转化为地下水并作为旱季或旱年的水源。因此，要恢复莫莫格湿地的原生水文生态，必须实施堤坝、围堰贯通工程，拆除核心区内的废弃沟渠，恢复植被区的水文联系。

⑤通过广播、电视、报纸、书刊、宣传画册、学校教育等多方面广泛宣传“世界湿地日”“爱鸟周”“野生动物保护月”等知识，努力提高周边居民及社会各界的莫莫格湿地保护意识。

⑥在植被退化地区采取灌水、移植、栽种等措施，在植被裸露地区进行植被种植或移植。基于莫莫格湿地植被与水体间关系的研究，遵循植被生长的适宜条件，利用地形地貌特点，逐步恢复湿地植被。

⑦水鸟种群丰富度取决于湿地水位的变化。对雁鸭类等水鸟生境的恢复，要确保湿地水质、水量、食物资源达到水鸟对其栖息环境的要求，减少人类活动对水鸟的干扰。通过建立间隔带的方式，确保鹤类筑巢区的面积和密度的稳定性，保证鹤类的筑巢材料，并为其栖息提供适当的隐蔽物。

湿地的连通性是不同生物群体和栖息地之间在生态过程上取得联系的重要保证。因此应恢复生物栖息地间的景观连通性，以保证生物群体能够相互联系，在不同景观类型区，针对保护对象的不同，设计生物廊道的数目、宽度、物质组成和空间排列方式，以达到保护生物多样性的目的（肖红叶，2020）。

7.2 资源管理问题与对策

7.2.1 保护区管理现状

1. 管理机构和人员编制

2000 年，安徽升金湖国家级自然保护区管理局成立，为国有事业单位，由池州市人民政府、保护区管理委员会直接领导，业务方面由上受安徽省林业厅和池州市林业局领导，为财政全额拨款事业单位，副县级建制。升金湖国家级自然保护区管理局设置办公室、宣教中心、科研救护中心 3 个科室，下设长岭、唐田 2 个管理站，1 个渔政监督管理站和派出所。其中，2 个管理站下设 5 个保护点。

2. 保护管理工作

升金湖国家级自然保护区建立以来，实行积极保护，严格管理机制。针对工作人员少，经费严重不足和周边社会经济发展对升金湖国家级自然保护区资源保护与管理所产生压力的实际情况，升金湖国家级自然保护区管理局坚持以科学研究为基础，以宣传教育为中心，以保护防范为重点，重点强化保护区核心区域管理工作，依法开展湿地生态系统的保护与管理，主要做法如下：

①实施升金湖国家级自然保护区科室工作岗位责任制和工作汇报制度。依托长岭站和燕窝监测站，对湖区资源实行分片包干管理，要求站点工作人员做到工作沟通超前、巡湖勤、发现及时、处理到位，努力将问题消除在“萌芽”状态。

②加强站点功能建设。为适应社会发展需求，升金湖国家级自然保护区不等不靠，积极应对，多方筹集资金，进一步完善站点功能建设。

③完善禽流感野外监测，认真做好禽流感防控。升金湖国际重要湿地作为候鸟重要的越冬地，是国家级野生动物疫源疫病监测点，需要进行重点监测防控。为做好该项工作，升金湖国家级自然保护区工作人员围绕禽流感监测防控要求和保护区防控工作的特点，克服困难，在宣传、措施预防、巡护执法检查方面做了大量具体工作，先后组织、参与救护、处理、报检病死鸟 20 多起。

④加强与周边协作，共同保护自然资源。近年来，升金湖国家级自然保护区工作人员积极在湖区周边进行法律法规宣传与环境保护知识宣传，主动加强与当地政府相关部门和湖区承包商联系，把握原则，积极对话，加强沟通，增强了解，宣传动员社会各方面力量参与升金湖国家级自然保护区保护工作，努力探索社区共管途径。

3. 法制建设

加强保护管理，防范猎捕、投毒鸟类资源的案件发生。冬季是湖区投毒、猎捕鸟类案件较易发生的季节。湖区内各种鸟类翔集，特别是雁鸭成群，极易引起投毒猎捕行为。为防范投毒、猎捕鸟类的案件发生，升金湖国家级自然保护区管理局组织巡护管理员在湖区日夜巡逻，尤其是在鸟类较集中的区域，经常设点布控进行监视，做到早防范、早发现、早解决，有效制止投毒、猎捕鸟类行为的发生。夏季重点保护在湖区繁殖内的鸟类栖息环境和留鸟资源，阻止捡鸟蛋等行为。

升金湖国家级自然保护区的管护工作得到了地方政府的重视和支持。池州市于1994年颁布了《升金湖水禽自然保护区管理办法》，成立了池州地区升金湖自然保护联合委员会，沿湖村民组配备水禽保护管理监督员，加强对湖区的保护管理。另外升金湖国家级自然保护区凭借自身的力量，以及每年组成的巡护队伍（冬季聘用7名临时管理人员），依法对保护区进行巡护监测。自2004年至2007年5月，升金湖国家级自然保护区工作人员先后在升金湖国际重要湿地全湖区域制止查处60多起偷猎案件，救护珍稀水禽近3 000只，处理了一批猎杀水禽案件。遏制了乱捕滥杀水禽现象，保护了湿地资源，稳定了湖区秩序，使保护管理工作初见成效。

4. 宣传教育

提高周边群众自然保护意识。升金湖国家级自然保护区在认真贯彻《中华人民共和国野生动物保护法》《中华人民共和国自然保护区条例》《森林和野生动物类型自然保护区管理办法》等法律法规的同时，积极开展“保护野生动物宣传月”“爱鸟周”活动，每年深入保护区周边中小学开展爱鸟护鸟、保护升金湖生态系统宣传。在升金湖国家级自然保护区周边主要路口，树立宣传牌160块，书写标语1 000多条，印发爱鸟宣传手册500份、《中华人民共和国野生动物保护法》手册4 000本、散发宣传画5 500张、宣传材料近2万份，播放影音资料多次，编印简报，并与社区党政机关及领导建立固定的工作联系，尤其是对沿湖社区群众广泛宣传《中华人民共和国野生动物保护法》《中华人民共和国自然保护区条例》等法律法规，增强其保护意识及法制观念。积极开展环境教育，借助“水鸟调查”“爱鸟周”“湿地使者行动”等活动，向湖区周边社区群众大力宣传、普及野生动物保护知识，提高人们保护自然、与自然和谐相处的环保意识。

7.2.2 保护和管理问题分析

1. 土地利用变化大

自 1986 年以来的 30 多年，升金湖国际重要湿地的土地利用有较大变化，对区域的环境产生一定影响，水禽的数量减少，水质变差，水域面积有所减少。在升金湖国际重要湿地土地利用类型中，耕地的面积最大，其次是水域，然后是建设用地、林地、未利用地和草地。相关研究发现，首先，在这些土地利用类型中，建设用地变化明显，土地利用一直向建设用地发展，其且发展速度越来越快，并且随着经济的发展，人们生活水平的提高和工业化脚步的快速发展，建设用地在升金湖国际重要湿地占有的面积越来越大，而且没有规模化，具有随意性；其次，经过对升金湖国际重要湿地的土地利用类型分析发现，其土地利用整体生态多样性的发展趋于降低，这不利于升金湖国家级自然保护区以后的发展。这种人为干涉较多的土地利用对升金湖国家级自然保护区生态安全,特别是对升金湖国际重要湿地保护极为不利，对升金湖的生态发展造成不利影响，应引起人们的足够重视。而产生这种现象的原因主要是人为因素的影响，因此为保护升金湖国际重要湿地的生态发展，应该减少人为的干扰，增加林地、草地和湖面的扩展。

2. 景观格局破碎化

30 多年来，升金湖国际重要湿地水域景观面积保留的最多，同时其转出面积最大，高达 4 251.74hm^2，主要转变为水田景观，水域景观面积虽然在汛期与枯水期变化大，但在较长时间尺度上水域面积较为稳定，泥滩地景观的面积保留的最小，面积达 58.16hm^2，主要原因是受到水域面积的变化，被湖水淹没。运用 Fragstats 软件，选取 PD、LPI、AREA-MN、NP、AI、SHDI、SHEI 共 7 个指标，分析得出升金湖国际重要湿地景观水平和斑块类型水平景观空间结构破碎化特征。建设用地景观的斑块密度总体呈现下降趋势，升金湖保护区人类建设活动范围越来越集中。其中，水域、泥滩地面积受自然气候、降雨量影响较大，其他 6 类用地的面积变化更多受人类活动影响较大，其中建设用地的整体上升，突出表现人类活动力度持续加大，工艺技术的发展，人类生活质量的提高，促使人类对周围环境的改造，人类普遍进行交通道路的改建，居住环境的更新，建设用地面积增加。另外，便利的交通使更多的青壮年外出工作，使人们对农业用地的投入成本降低，更多的农业用地被闲置，转化为其他用地。整个景观中旱地最大斑块比例和水域最大斑块比例在建设升金湖国家级自然保护区前期最

为突出，之后随着时间推移和经济发展，旱地破碎化程度加大，最大斑块比例越来越小，景观多样性和均匀度先减少后增加，景观差异先大后变小，景观破碎化程度加大。

3. 生态服务价值不稳定

1986—2019年，升金湖国际重要湿地生态综合服务价值变化较大，其中生态综合服务价值在2000—2004年下降最多，而土地利用生态风险值则上升了8.4。这段时间国家进入快速发展时期，建设用地和交通用地数量剧增，人类对升金湖国际重要湿地的影响较大。2004到2011年，升金湖国家重要湿地生态综合服务价值持续降低，国家强调可持续发展，实现资源的可持续利用，因此人们在进行土地利用的同时，也采取了一些环境保护措施，如增加林地的面积，种植防护林带；对耕地进行保护，减少农药化肥的使用；等等，升金湖湿地的土地利用生态风险变化有所减缓。但是土地利用类型发生一定的变化，其中的耕地面积减少，主要转化为建设用地、交通用地和水域。虽然水域面积增多，但是水质变差，农药化肥的使用及废水的排放使升金湖的水质受到一定的影响，升金湖湿地生态综合服务价值依旧保持下降趋势，且东北和西南地区的土地利用生态综合服务价值更为严重。通过调查，升金湖湿地栖息的鸟类数量有所减少，珍稀鸟类也变少，均是因为它们栖息的草地数量减少，种种迹象表明，对升金湖湿地生态系统进行保护十分必要。

4. 监管体系有待加强

近年来，随着旅游业的蓬勃发展，人员流动的日趋增多，非法狩猎、捕鱼等违法行为给升金湖国家级自然保护区带来了极大损害，生态湿地保护及安全管理压力越来越大。为了加强对自然生态系统的保护，实现对景区内船只、游人、湖区内生物的监控，建立一套完善的生态保护综合监控系统平台已势在必行。

另外，升金湖国际重要湿地是多单位管理体系，农、水、林、渔等部门对升金湖国际重要湿地的开发利用偏重于本部门需要，造成渔业资源、水草资源及水资源流失严重，从而对其生态平衡形成破坏，加剧了景观格局的破碎化程度。升金湖国际重要湿地的保护类型、区域划分等要素还未进行科学系统的分析和评估，禁渔、禁猎、禁伐等重要保护行动监管不严。当前升金湖国际重要湿地已达到严格生态保护条件的区域范围有限，大部分保护区域及周边有人类的生活或生产活动，且现有的管理力度偏弱、资金、设备和基础设施呈现相对缺乏的现象，这些因素影响了湿地管理和自然保护工作的展开。在升金湖国际重要湿地监管信息系统的协调下，监管体系有待加强。

7.2.3 保护和管理对策与建议

1. 优化土地利用

1986年以来，升金湖国际重要湿地的土地利用格局出现了较大程度的变化，作为升金湖湿地较为重要的用地类型之一的林地逐渐减少，而耕地、建设用地等生产性用地却逐渐增加，这不仅破坏了升金湖国际重要湿地的景观格局，还影响到在升金湖国际重要湿地栖息及越冬的各种水鸟。因此，应大力推行退耕还林还草、人工造林等措施，增加林地的面积，并禁止或尽量避免大型工程项目的开工建设，以逐步提高生态环境质量（叶小康，2018）。在湖区周边种植树木，增加森林覆盖率，不但可以提高鸟类的隐蔽生活条件，也可以控制水土流失，减缓湖区水床提高，利于水位的提高。同时，在交通道路两边安装建设生物和工程隔离带，栽种野蔷薇等树种，营造防护林带（彭文娟，2017）。

2. 促进景观格局稳定

地区经济发展对当地居民收入的提高起到促进作用，但是随着经济的发展，铁路、高速公路陆续在升金湖国家级自然保护区内建成并通行，对湿地野生动物栖息地影响较为明显。另外，政策也对于升金湖国际重要湿地的景观格局有着直接影响。为了更好地保护升金湖国际重要湿地自然生态和栖息地保护，升金湖国家级自然保护区近年来一直在从事以下活动：退耕还林、退耕还湖和封山育林，不仅可以扩大湿地面积、保持水土、抵御洪涝灾害，还可以提高水鸟的生境质量，增加水鸟的食物来源和活动空间；退渔还湖、迁移渔民，在升金湖国家级自然保护区管理局的监督控制下，适量投放鱼苗，实行天然放养、自然增殖，不撒肥料、饵料，保护水质。以生态保护为前提，合理对各类景观进行利用和保护，实现资源、环境与经济的可持续发展。

3. 落实生态保护

近年来，围湖养殖、毁林开荒等不合理的人为活动使升金湖地区的水土流失不断加剧，水质也逐渐恶化。因此，要全面实施水土保持工程，清淤清砂，疏通河道，严禁在核心区进行围湖养殖活动，以逐步提高生态系统的自我修复能力（叶小康，2018）。协调好升金湖地区的经济发展与环境保护的矛盾就必须促进科技进步，加大对第一、第二、第三产业的改造力度，发展新型农业和推进农业产业化，从根本上降低生态足迹，减低生态压力指数，提高生态协调程度。为保障湖区生物资源及生态系统的恢复，自2017年开始，升金湖地区禁止开展围网养殖，与升金湖相连的圩口禁

止开展高密度人工渔业养殖，拆除渔船、围网、增氧机、投饵机等养殖设施。另外，发放渔业损失补偿金和养殖设施拆除补偿金共计 3 892.9 万元，补偿养殖水面约 17 万亩，1 331 名渔民受益。目前，湖区核心区实现了“三无”（无船、无网、无人为活动）目标。

4. 建设监管信息系统

升金湖国际重要湿地各种珍禽种类繁多，需要一个精准的监测、观测、分析、统计系统，因此需要一个集人、车、船、珍禽物种监测于一体的综合监控平台。升金湖国家级自然保护区智慧监管平台以大数据技术为核心，通过智慧化的监测手段，在候鸟观测、人员管理、生态资产评估和科普宣传等方面提升现有的管理手段，提高管理效率。通过搭建整个升金湖国际重要湿地生态系统信息化框架，为生态监测与科研服务提供基础性准备，实现升金湖国际重要湿地生物资源保护管理系统、保护区管理巡护系统及湿地生态数据中心建设，初步建成升金湖国家级自然保护区智慧监管平台，实现保护地资源的合理配置与管理，以及保护地生物信息的网络化管理和信息开放共享。

另外，管理部门应配置相应的设备资源和专业人才，从而让其做到职业化、专门化和完善化，再对人员进行培训管理，使其在工作中更加得心应手；需要适当地增加该部门经费，使其可以加强湿地管理研究，从而更加现代科学化。市、县人民政府要加快生态较为脆弱地区的湿地保护管理体系的建设，建立覆盖全区重要湿地的保护体系，从而提高湿地保护率；各地方需建设管护联动网络，推进湿地保护和脱贫攻坚的有效结合，从而创新湿地资源保护的管理形式；建立湿地生态效益补偿机制，研究并制定对湿地生态效益补偿政策和相应的补偿方法，以此建立相对稳定且长久有效的湿地保护修复机制，从而完善生态保护成效和资金分配相互束缚的机制。

7.3 生态保护与开发利用

7.3.1 湿地景观资源开发利用

生态旅游是以自然生态系统为旅游对象，融合环境保护、休闲娱乐及科普教育为一体的旅游活动。自然保护区开展生态旅游具有得天独厚的优势，一方面可为保护区增加创收；另一方面可提高保护区的知名度，带动社区经济发展，使社区认识到保护资源同样能带来经济利益。但是，超出环境容纳量的生态旅游会导致保护区旅游资源和自然环境的破坏，而成为一种消耗性的资源利用方式，因此必须对生态旅游进行科学规划。

升金湖因湖中日产鱼货价值“升金”而得名，曾被称为生金湖，也称为深泥湖，位于东至、贵池境内，湖面总面积3 421hm^2，东南群山环抱，西傍丘陵岗地，北滨江淮洲圩，湖水清澈如镜，沿湖烟树迷蒙，一派江南水乡好风光。升金湖国家级自然保护区的旅游资源和条件可归纳如下。

（1）原生湿地

图7–1 升金湖国际重要湿地景观

（徐文彬摄）

升金湖国际重要湿地是我国和亚洲较重要的湖泊类型湿地保护区之一，湿地生态系统稳定，物种资源丰富，多项指标符合国家重要湿地标准，其作用和地位在国内是其他湿地难以替代的（图7–1）。升金湖国际重要湿地的白头鹤以苦草、马来眼子菜等天然水生植物的地下茎和软体动物为食，具有原始性和自然性，不同于日本、韩国等国家所栖息的人工湿地。每年的丰水期，江水倒灌形成大面积的山水相连的林间湿地和类似的漂筏草甸，十分壮观。

（2）珍稀候鸟

升金湖国际重要湿地生物种类繁多，生态系统稳定，是国际上较重要的珍稀候鸟越冬地之一，每年10月至翌年3月，大片浅水、泥滩、沼泽成为候鸟良好的栖息地，吸引大批候鸟前来越冬，总数达10万多只（图7–2）。我国最大的白头鹤越冬种群和占世界1/8的东方白鹳越冬种群在该地栖息，其也是亚太地区主要的鹤类、鹳类、雁鸭类、鸻鹬类越冬地之一，其中属于国家一级重点保护动物的鸟类有白鹤、白头鹤、

图7–2 升金湖国际重要湿地候鸟

（徐文彬摄）

黑鹳等 6 种，属于国家二级重点保护动物的鸟类有白枕鹤、小天鹅等 23 种。升金湖国家级自然保护区内有 33 种动物被列入《濒危野生动植物国际贸易公约附录物种》，其中 6 种水鸟被列为附录 I。观鸟是受人类欢迎的生态旅游方式之一，大量珍稀候鸟在此越冬使升金湖国际重要湿地的旅游价值倍增。

（3）水域景观

升金湖国际重要湿地原属古长江水道，丰水时期为夏秋季，这时的升金湖国际重要湿地是另一番景色（图 7–3）。整个湖面水天一色，烟波浩渺，云水相伴，气象万千。湖面四周群山环抱，重峦叠嶂，绵延百里，青山绿水，碧波蓝天竞现眼前，景色宜人，令人流连忘返。

图 7–3 升金湖国际重要水域景观

（徐文彬摄）

（4）农业资源

升金湖国际重要湿地周边产业以农业为主，周边农村是优质粮、油、棉、蚕桑的产品基地。乡土农村，清静田园为升金湖国际重要湿地开发乡村旅游提供了多样的物质载体（图 7–4）。在旅游开发的大背景下，渔业和农业面临着产业转型的良好机遇。

图 7–4 升金湖国际重要湿地周边农田

（王继明摄）

（5）山林资源

图 7-5 升金湖国际重要湿地山水风景
（王继明摄）

升金湖国际重要湿地内群山连绵，形态各异，很具观赏价值，境内绿树成林，生机盎然，郁郁葱葱，色彩斑斓，春时姹紫嫣红，秋季花果飘香，身临其境，心旷神怡，返璞归真（图 7-5）。

（6）四季景观资源

升金湖国际重要湿地四季景观各异，美不胜收，无论何时，都会给人带来别样享受。

①春季花草鸟海景观。春天，湖周丘陵平原的油菜花、杜鹃花、梨花、桃花、棣棠花及各种野花杂草争相开放，五彩缤纷。而河滩湖滨的各类湿生水草已逐渐转绿成荫，消秀翠碧，蒌蒌菜、稻槎菜、紫云英、毛茛等植物也开始进入盛花期。在湖滩沼泽间，大批的越冬候鸟踱步其间。

②夏季水草湖水景观。夏季水生植被丰美茂密，沉水植物宛如海底丛林。远望，平静的湖面上，水色翠湛。一些挺水植物如菰、荻，这儿一丛那儿一片，青绿如林，而浮叶植物如菱、芡实、荇菜等则黄花点点于绿叶之上，加上几只水雉飞飘其间，甚是好看。

③金秋退水景观。时值金秋十月，湖水经黄湓闸排入长江。大片水草露出水面逐渐枯萎，由黄变褐，犹如地毯覆盖。此时，越冬候鸟开始迁徙至升金湖，一片鸟语花香。

④冬天候鸟的乐园。冬天的升金湖是候鸟的乐园。数万只水鸟齐集升金湖，将冬日的升金湖国际重要湿地衬映得勃勃生机。在这些候鸟中，尤以白头鹤、东方白鹳、小天鹅为升金湖的主要贵宾。雁类则是一个大家庭，多时达 4 万只，飞起来呼啦啦、黑压压一片，极为壮观。每当雪花飘白之时，升金湖一片白雪皑皑的银色世界，令人遐想联翩而流连忘返。

（7）人文资源

小路嘴的跨湖大桥飞架湖上，蔚为壮观；公母石、烂稻陈的传说，伟人石、黄湓河、杨峨头等景点，很有游览价值。升金湖国际重要湿地的地区风俗民情、传说典故丰富。

在升金湖国际重要湿地周边，还有大历山的“舜耕历山，尧帝来访”；陶渊明东流种菊；白笏红鲫鱼塘的传说；等等。风俗民情主要有江南渔家村落观光、黄梅戏演出、小路嘴大桥和现代渔业养殖基地等。

7.3.2 湿地产品开发利用

1. 旅游项目

升金湖国际重要湿地项目建设以保护为前提，宜建立融知识性、教育性和趣味性于一体的寓教于乐、寓识于趣的旅游项目。升金湖国际重要湿地作为湿地保护区，应开发具有本区特色的项目。

（1）湿地生态展览馆

在湿地生态展览馆内，运用图片、声光、录像等方式向游客介绍升金湖国际重要湿地的情况和升金湖丰富的鸟类资源、水生植物资源，普及科普知识，教育人们热爱大自然，体现升金湖国际重要湿地存在的重要意义。同时，展示违法案例，给人以警示。

（2）沿岸远足考察游

沿岸远足考察，融科考与健身于一体，通过沿岸远足考察，让游客了解沿岸不同类型的水生植被分布特征和候鸟分布情况，以及河岸的自然风光、富有特色的江南渔家村落、小路嘴大桥及现代渔业养殖示范点等。

（3）科普观光

科普观光适宜于青少年学生和科普爱好者。提前准备好本区关于野外科学考察的资料手册工具，以便游客在限定区域内活动时进行识别记录、采集、制作，丰富人们的科普知识，培养人们热爱自然、保护自然的社会风尚。同时，该活动也可完善补充本区资料库。

（4）风味餐饮

风味餐饮部分可利用沿岸竹楼、木屋而设。该项目可结合垂钓，放虾笼进行。让游客在流连忘返于湖光山色时，享受富有地方特色的美味佳肴，如各种水生植物菜蔬、螺、虾等，感受悠然的自然生活，体验大自然对人类的恩赐，使人们留下回味无穷的美好记忆。

2. 旅游产品

（1）湿地观鸟之旅

依托升金湖国际重要湿地珍稀丰富的鸟类资源，从不同的时段、距离、角度观察鸟类的生活、栖息、捕食等活动，提高人们对鸟类深层次的保护意识，体会人与鸟类和谐共生的氛围，还可针对专项游客组织开展鸟类观赏、认知，观鸟竞技比赛等活动，组织周边青少年开展科普观鸟、夏令营等活动。

（2）湿地休闲之旅

以天然湿地为核心，以湿地博物馆、湖泊等为辅助，建设植物园。打造诗意栖居的意境，植物园中大量种植湿地植物、花卉，竖立标示牌，对植物及其生境做简要介绍，使游客在愉悦身心的同时增加科学知识，建立湿地生态的科普解说展示系统，组织周边青少年参观游览，辨认和了解湿地植物，寓教于乐。

（3）湿地科普之旅

利用升金湖原生湿地、珍稀候鸟等科学考察类旅游资源，对科学家、研究者、青少年，推出科学考察科普类专项旅游产品。开展景区内适宜的生物科学考察类型，重点推出鸟类科学考察和湿地生态科学考察产品，特别是生态价值极高的鸟类科学考察，面向全国、亚洲、世界宣传升金湖地区的科学考察旅游产品，同时积极申报国家青少年科普教育基地。

（4）湿地田园之旅

充分利用升金湖国际重要湿地周边的农业资源，转化保护区农业结构，使周边村民因升金湖国际重要湿地旅游开发而受益。开发集农村田园观光、农事体验、农产品品尝等为一体的系列农家乐活动，带给游客完美的湿地田园之旅。

7.3.3 湿地生态功能开发利用

1. 重要生态地位

（1）固碳功能

气候变化是人类面临的全球性问题，随着各国二氧化碳的排放，温室气体猛增，对生命系统形成威胁。在这一背景下，世界各国以全球协约的方式减排温室气体，我国由此提出了“碳达峰”和“碳中和”的目标。2020年9月22日，中国政府在第七十五届联合国大会上提出：“中国将提高国家自主贡献力度，采取更加有力的政策和措施，二氧化碳排放力争于2030年前达到峰值，努力争取2060年前实现碳中和”。

2021 年 3 月 5 日，李克强代表国务院所作的《政府工作报告》中指出“扎实做好碳达峰、碳中和各项工作，制定 2030 年前碳排放达峰行动方案，优化产业结构和能源结构”。湿地植物固碳是湿地碳汇功能的基础和核心，植物碳循环决定着湿地生态系统碳输入的数量、形式及存留时间。植物光合能力、生长速率及凋落物分解强烈影响生态系统碳的输入和输出过程。作为物质循环和能量流动基础的植物或优势功能群的性状对生态系统功能起到关键作用（郭绪虎，2013）。

湿地是全球碳循环的重要组成部分，因为湿地有千百年以来的沉积物堆积形成的深厚的土壤泥炭层，形成得天独厚的天然巨大碳库，加上湿地极为丰富的生物多样性，导致其植物生物量的积累足以造就湿地强大的固碳能力（李娜，2016）。虽然湿地面积只占地球表面的很小一部分（4%~6%），却包含了很大一部分储存在陆地土壤系统中的碳，碳储量约为陆地生物圈碳的 35%，超过农业生态系统。温带森林及热带雨林的碳储量之和，在全球碳循环中发挥着重要作用（卜倍，2016）。

升金湖国际重要湿地的植物生物量及碳储量、碳固定能力的研究至关重要。植物的生长与凋落物分解连接着生物机体的合成和分解，决定着湿地生态系统物质的积累与释放。植物生物量可以反映生态系统固碳能力的强弱，在自然状态下，群落的生物量取决于群落的结构特征及功能，反映群落在演替过程中土壤化学特性和营养状况的变化动态（郭绪虎，2013）。通过对升金湖国际重要湿地植物的实地调查，在掌握湖泊湿地植物种类的组成、群落类型及生物量分布等情况的基础上，对湿地生态资产的定量测算及湿地生态系统的生态价位划分提供参考，为进一步研究营养物质循环及能量流动提供基础数据，也为今后湿地植物的保护和恢复工作提供理论依据与基础资料及有益参考、建议（付硕章，2012）。

（2）生态地位

①我国和亚太地区珍稀候鸟的重要越冬地和停歇地

升金湖国际重要湿地地处长江下游南岸，是北方水鸟重要的越冬地，也是候鸟东亚—俄罗斯迁徙路线的重要组成部分。每年 10 月下旬至翌年 4 月，大批候鸟在此停歇，补充食物和能量，以度过寒冷的冬天。因此，该区域是鸟类迁徙不可缺少的越冬地和停歇地。

优良的环境和充足的饵料，吸引了大量珍稀水禽来此觅食过冬，其中有白鹤、白头鹤、东方白鹳等珍稀濒危鸟类，升金湖国际重要湿地成为鸟儿的自由天堂。升金湖国际重要湿地是我国主要的鹤类越冬地之一，有“中国鹤湖”之称。世界上有15种鹤，中国有9种，而升金湖有4种，分别是白鹤、白头鹤、白枕鹤和灰鹤。升金湖国际重要湿地是世界上种群数量最大的白头鹤天然越冬地。越冬白头鹤数量从1986年至今一般为150 500只，占中国总数的1/5，占世界总数的1/20，且此处白头鹤栖息地为自然形成的湿地，食物为苦草、马来眼子菜等天然水生植物的地下茎和软体动物，具原始性和自然性，这与日本、韩国等国家的白头鹤在稻田越冬，主要以稻谷为食是不同的。2019年，升金湖国际重要湿地越冬东方白鹳总数为400只左右，占世界总数的1/7~1/5。据卫星跟踪得知，从辽河口和渤海湾南迁的东方白鹳起飞后直达升金湖驻留（有些短期停留后飞往鄱阳湖）。升金湖国际重要湿地是大鸨在我国的重要越冬地之一，还是黑鹳的良好越冬栖息场所之一，也是亚太地区雁类、天鹅和鸻鹬类的主要越冬地和停歇地之一。因此，升金湖国际重要湿地是亚太地区保护湿地和水鸟的重要基地。

②长江中下游重要的淡水湖泊湿地生态系统及其生物多样性

保护生物多样性是全世界人民的目标，也是人类发展和生存的最佳选择。升金湖国际重要湿地内保存有典型的湿地生态系统，包含有多种珍稀、濒危野生动植物，是天然的物种资源宝库。

升金湖是我国迄今保存较为完好的天然湖泊，是长江中下游地区极少受到污染的淡浅水湖泊，在中国、亚太乃至国际生物多样性保护中占有举足轻重的地位。升金湖国家级自然保护区以升金湖为主体，由升金湖及周围的滩地组成。保护区境内无工矿企业，没有污水浊流，流入湖内的河流均发源于山清水秀的山区，带来清洁而富有养分的水源，具有良好的水质、丰富的有机质、众多的水生植物，并且结构合理、生境多样，水禽鸟类饵料充足。因此，升金湖国际重要湿地是难得的保存十分完好的重要湿地。

升金湖国际重要湿地气候温和，年均温度达16.14℃，较少有严寒低温，湖面常不结冰，大面积开阔的水面较适合水禽的生态要求；入秋后，气温下降，水禽开始南迁时（10月）升金湖水位下降，露出大片洲滩、湿地，为适时到来的水禽提供良好的取食场所。随着湖水的不断下降，湿地面积相应增加，为鸟类整个冬季备有充足的食物；夏季的涨水给湖区带来大量悬浮物和养分，为湖区生物的高生产力提供了契机。

升金湖湖周湖汊众多（其中大型湖汊20多个），湖岸曲折，面积中等，物种丰富，具有相当的稳定性。升金湖湖面面积仅20万亩，但每年仅越冬水鸟就超过10万只，

鸟类分布密度较高，重点保护物种多，保护功能独特。

③长江流域重要的水源地和安全屏障

长江水系是我国乃至全球重要的湿地生态系统之一。由于长期以来大规模的人工开发，长江流域天然湿地萎缩，湿地功能减弱。升金湖作为长江下游的一个重要湖泊，对保护长江起着至关重要的作用。升金湖是长江中下游的一个重要泄洪区，为通江季节性湖泊，夏季泄洪、冬季放水于长江，其形成的沼泽、滩地面积为 3 300hm^2，为长江中下游地区人民的洪期生命安全提供保障。

同时，升金湖地处东部季风区北亚热带长江中下游平原区，气候湿润，湖泊水质优良，水体稳定，排入长江的清凉洁净水为长江下游工农业生产和人民生活提供水源，为区域经济可持续发展提供安全屏障，为区域的生态安全做出贡献。

④长江中下游湿地保护网络的重要组成部分

长江中下游湿地面积为 580 万 hm^2，约占我国湿地面积的 15%，是我国最大的流域复合型湿地生态系统，它不仅是全球生物多样性富集区，也是我国重要的经济区，加强长江中下游湿地保护对我国经济社会可持续发展举足轻重。长江中下游湿地保护网络是我国首个流域层面的湿地保护网络，目前已有湖北、湖南、安徽、江西、江苏、上海 5 省 1 市的 33 个湿地保护区加入，总覆盖面积达 157 万 hm^2。

来自国家有关部门、长江流域湿地管理机构、国内外有关组织的代表和学者，在 2009 年 10 月于安徽省安庆市召开的“2009 年长江中下游湿地保护网络年会暨湿地与气候变化适应研讨会”上，共同发表了《湿地保护与应对气候变化——安庆宣言》。倡议长江流域各级政府、各有关部门关注湿地生态系统的热点问题，推动长江中下游湿地生态系统动态监测，采取行动开展气候变化适应性工作。《湿地保护与应对气候变化——安庆宣言》提出，建立长江流域统一的协调机制，对长江流域湿地保护统一规划与合理布局，提高湿地保护和管理的实效；推行流域综合管理，正确处理江湖关系、山湖关系、湖垸关系、蓄泄关系具有重大意义。提出加强长江源头区、上中下游及河口的联系及管理；促进保护与利用的有机结合，并进行科学管理，在保护的前提下合理利用；科学分析湿地资源现状和湿地功能定位，因地制宜，积极开展湿地生态修复与重建。同时，长江中下游湿地保护网络成员单位应将加强交流，分享信息，跨区域、跨部门合作交流增多，在大流域尺度上进行对湿地生态系统适应气候变化的共同探索。

2. 生态开发、利用、保护

数以万计的鸟群能几百年如一日的不远万里到升金湖国际重要湿地越冬、停歇，是因升金湖国家级自然保护区内有适宜它们的栖息地，有完善的食物链。但若外部因素使食物链中某一环节中断，则将直接影响其他环节种群的生存。鸟类是非常敏感的动物，每年来升金湖国际重要湿地的候鸟都有各自固定的栖息地，它们万里迢迢飞来，每只落脚的范围不超过 $2m^2$，一旦其认定的栖息地植被发生破坏或受到惊吓，就会振翅离开，不再回来。为了提高升金湖国际重要湿地生态系统的生产力和自我维持能力，恢复升金湖日益恶化的生态环境和白鹤、白头鹤、东方白鹳等珍稀水鸟的栖息地，增加种类组成和生物多样性，同时增加视觉和美学享受，湿地的保护恢复是升金湖国家级自然保护区的当务之急。

1）湿地保护恢复工程

（1）湿地植被修复

由于围网养鱼，鱼密度过大，大量啃噬水草，水生植被退化，如横州到西湖穴以下各种植被很稀少，水上水下几乎没有水草。另外，因为放牧，牲畜破坏湿地植被，植被稀疏或裸露土地；农田施肥也有可能影响到湖水。

近年来，池州市人民政府对减少污染、保护保护区周边环境给予极大重视。在《池州市人民政府关于落实科学发展观加强环境保护的若干意见》（池政〔2007〕49 号）中提出“努力实现节能降耗和污染减排的约束性目标”，并具体指出要“加大源头监管力度，严格控制面源污染，积极引导农民科学、合理使用农药、化肥，妥善处置废弃农用薄膜，大力推广使用高效、低毒、低残留农药、生物农药和有机肥”。

大部分区域主要采取在改善湿地水文条件的前提下，实施全自然状态下天然恢复的方法，即实施封育；在部分地方采取补植植被等人工辅助自然恢复的方法，以保证湿地生态系统生态演替过程的自然性。在湖滩种植苔草、紫云英等湿生植被，在湖内种植苦草、马来眼子菜等沉水植物，在路旁补植女贞、杨树、蜀桧等。

（2）有害生物和外来生物控制

①本土有害生物螃蟹控制

湖区渔民有养殖螃蟹的习惯，螃蟹数量过大，会直接消耗湖区苦草、马莱眼子菜等沉水植物，影响白头鹤等鸟类食物来源。控制方法主要是加强对水产养殖的管理，

减少螃蟹投放量。

②外来有害生物克氏螯虾、水花生和水葫芦控制

a. 克氏螯虾（龙虾）适应力强，繁殖率高，食性杂，生长快，已在升金湖全湖扩散，不仅影响湖区浮游生物、植物生态平衡，还影响圩堤安全。控制方法主要是加大捕捞力度，控制该物种的过量繁殖。

b. 水花生又称为空心莲子草，属苋科莲子草属，是一种多年生宿根性杂草，耐盐力强，适应性广，水陆均可生长，生长、繁殖迅速。有水花生危害的地段，其地下茎多为50~60cm，地下茎纵横密布，其植物能铺满水面，堵塞水道，限制水流，增加沉积，影响灌排水、水上交通和水产养殖。同时还能传播多种寄生虫（绦虫、水蛭、肝片吸虫、姜片吸虫、日本血吸虫）病。在升金湖发现的水花生，在上湖和下湖各有一片，发生面积5hm^2，分布于50hm^{2}范围内，已成为升金湖国家级自然保护区急须根除的恶性杂草。由于在升金湖区域的水花生面积小，没有扩散，可以采取综合防除措施，彻底根除，如挖除水花生在土壤中的根茎，挖除后必须晒干和烧毁。未发生水花生的区域要加强防范，防止其无性繁殖体入侵其他草滩和水域。

c. 水葫芦（也称为凤眼莲）是多年生宿根浮水草本植物，繁殖快，生物量大。在水葫芦过量繁殖的水面，其挤满水面，挡住阳光，导致水下植物得不到足够光照而死亡，破坏水下动物的食物链，致使水生动物死亡。同时，水葫芦还可以堵塞水道，限制水流，增加沉积，影响灌排水、水上交通。另外，水葫芦还有富集重金属的能力，其死亡后的腐烂体沉入水底形成重金属高含量层，直接杀伤底栖生物。目前，升金湖内没有大面积的水葫芦，水葫芦和水花生零星分布在升金湖周边的坑塘、沟渠中。

水葫芦清除主要采取打捞的措施，打捞要彻底干净，不留死角。清除后要把打捞物堆放在指定地点销毁，防止水葫芦再次繁殖蔓延。同时，要经常巡查，随时清理，以达到长效治理目标。

③本土生长物种（芡实和野菱）控制

a. 芡实（也称红莲子）为1年生水生草本植物，属升金湖本土植物，叶大，漂浮覆盖水面。芡实过量发展会影响其他水生植物的光合作用，从而影响生态平衡。在芡实发展范围过大时，要进行人工采捞，减少其面积并控制在一定的范围内，为一些鸟类提供食物来源和栖息繁殖场所。

b. 野菱是一年生水生草本植物，叶漂浮覆盖水面，过量发展会影响其他水生植物的光合作用，从而影响生态平衡。在野菱发展范围过大时，要进行人工采捞，减少其面积并控制在一定的范围内，为夏季候鸟类提供栖息繁殖场所。

2）湿地生态保护恢复技术路线

清理淤沙，以降低湖床高度，疏通水道；清理出的淤沙可用于培筑控水土埂；对植被恢复区域进行封育，阻止人类、牲畜或鱼类侵入；植被恢复撒种，一般选择春季；在不同地段种植苔草、紫云英等湿生植被，种植苦草、马来眼子菜等沉水植物，其中对沉水植物要引水保湿。周边控水，保持槽内水深，淹没沉水植物；对护堤工程的植被恢复要采取阶梯状治理，即分层进行恢复；重点鸟类栖息地必要时进行人工补食。

7.3.4 湿地社会服务开发利用

宣传、教育和培训工作是自然保护事业极为重要的环节，而升金湖国家级自然保护区是开展自然保护、生物多样性保护宣传教育的重要场所。

1. 对游客的宣传教育

对进入升金湖国际重要湿地的游客，除了让其领略美丽的风光，感受大自然的怀抱，升金湖国家级自然保护区还应通过各种媒介（广播、宣传画、多媒体、标牌等）给游客带来资源与环境保护的直观感受。升金湖国际重要湿地的宣传工作将围绕长江流域湿地网络开展，具体如下。

（1）升金湖国际重要湿地科普宣教中心

为应对全球气候变化的影响，2007 年 11 月 3 日，我国首个流域性湿地保护网络——长江中下游湿地保护网络在上海崇明东滩成立。该保护网络涵盖了长江干流、长江故道、大型通江湖泊、中小型洪泛平原阻隔湖泊、河口、滨海湿地等不同类型的湿地。目前已有湖北、湖南、安徽、江西、江苏、上海 5 省 1 市的 33 个湿地保护区加入，覆盖总面积达 157 万 hm^2。

长江中下游湿地保护网络成立后，建立起长江流域统一的协调机制，对长江流域湿地保护统一规划与合理布局；搭建起一个由管理机构、研究单位、社会团体和人们广泛参与的区域性战略合作平台，原本分散的各自然保护区通过加强联系，在大流域尺度上进行对湿地生态系统适应气候变化的共同探索，跨区域、跨部门合作交流日益增多。

2009 年 10 月，“2009 年长江中下游湿地保护网络年会暨湿地与气候变化适应研讨会”在安徽省安庆市召开，世界自然基金会全球总干事 G.Schwede 在研讨会上确认

我国的长江湿地保护网络实现了气候变化适应性工作从理论到实践的成功尝试，提出应推广工作经验，为长江流域生态系统、全球其他流域生态系统乃至全球生态系统提供借鉴。

升金湖国际重要湿地是长江中下游湿地保护网络成员。升金湖科普宣教中心是安徽升金湖国际重要湿地生态科普中心的重要构成部分，主要负责向人们开展宣传教育和自然保护知识，开展湿地生态科普宣教工作。因此，建设升金湖国际重要湿地科普宣传非常重要，使其成为一座综合性科普宣教设施，也成为保护区的标志性建筑。

（2）长江下游水生植物园

植物园是搜集保护并展示各种植物、提供科学研究、科普教育和游憩娱乐的理想场所。随着城市化的高速发展，生态环境的日益恶化，“回归自然，返璞归真”越来越成为人们普遍的心愿。植物园除能作为学术研究之外，还可帮助人们通过完善的解说系统学习植物知识，揭开自然界中千姿百态的植物奥秘。同时，植物园可作为举办各种以植物为主题的活动及针对青少年开展知识讲座和植物学、园艺学课程教学的场所。在升金湖国际重要湿地建设长江下游水生植物园，可为专家学者提供野外考察基地，也可为升金湖国际重要湿地生态科普中心进行湿地生态研究、科普宣传和教育提供展示窗口。

长江水系是我国乃至全球重要的湿地生态系统之一。由于长期以来大规模的人工开发，长江流域天然湿地萎缩，湿地功能减弱。长江下游是长江流域受人为影响、污染最大的区域，生物多样性现状不容乐观。其沿岸的水生植物物种、基因和生态系统诸层次的多样性均受到不同程度的破坏，对经济持续发展、环境保护等方面有潜在负面影响。长江下游水生植物园主要展示长江下游遗留的水生植物，构成健康、稳定的湿地生态环境，并吸引候鸟至此栖息停留。

（3）建立保护区网站

应用网络和数据库技术，建立升金湖国家级自然保护区网站，不仅可以实现升金湖国家自然保护区各项工程建设和管理工作信息的收集、分析、及时发布、动态更新和反馈，还可以让人们通过搜狐、雅虎、网易等国内外知名的搜索引擎方便查询，实现信息交流畅通、资源共享，也可以对保护区进行更为详细的介绍和宣传。

升金湖国家自然保护区网网站的主页中可提供保护区综述、珍稀动植物、保护区建设、保护区管理、人文历史、景区景点、风光欣赏、为您服务、请您留言、旅游咨询等版块。在保护区建设和保护区管理版块中，提供保护区基本情况及自然资源介绍，保护管理、科研监测、宣传教育、社区共管、生态旅游、对外交流、组织管理、机构能力建设，机构政务、资源保护及政策法规介绍，保护区数据库查询与管理以及信息交流等信息。

利用网站操作简单、方便快捷、功能强大、查询方便等特点，设立升金湖国家级自然保护区自身的服务器，建成局域网，将数据和各种信息置于网络服务器中，扩大信息容量，以最快的速度发布信息，实现网络化管理，不仅可以大大方便保护区对外宣传、联系与交流，拓宽与外界联系渠道，增加交流渠道和机会，还可以充分发挥人们参与和舆论监督的作用，使各项工程建设和管理更加透明、规范、高效。

升金湖国家级自然保护区网站建设包括购置网站设备，如服务器、网络交换机、网络路由器、计算机等，还包括网站主页制作。

（4）其他宣传手段

在升金湖国家级自然保护区入口、各管理站、沿线人员密集的醒目位置设立野生动植物保护、人和动物和谐相处、可持续发展等内容的永久性宣传牌、宣传标语和宣传橱窗等，发放印刷宣传材料，对《中华人民共和国野生动物保护法》《中华人民共和国环境保护法》等法律法规和湿地保护等政策进行大力宣传，为每一个进入保护区的游客所熟知。

在升金湖国家级自然保护区门票、导游图和向游客发放的纪念册、光盘上，印制保护区有关的介绍材料以及保护生态环境的警语和要求。

2. 对周边社区的宣传教育

社区共管是升金湖国际重要湿地保护管理工作的重心，应下功夫做好。升金湖国家级自然保护区内及周边的许多渔民、农民世代生存在这里，与鸟类共同相处。随着经济的发展，只有为全社区民众做切实的事情，并通过利民措施，为让人们都自觉参与到保护事业中，保护工作才能真正做好。

（1）开展法制宣传教育，增强周边社区群众的环境保护意识和法治意识。通过成立专门宣传队伍，定期到社区举办湿地、野生动植物保护等为主题的知识讲座，促进双方对保护知识的沟通与交流。广泛宣传有关的法律法规，对政策性法律法规的条文释义要向周边渔民、农民进行逐条逐句解释阐明，使法律、法规深入人心，形成知法守法、依法办事的良好局面。通过放映电影、录像、印发宣传画册，在社区采取展

示板、墙报、标语、专栏等形式开展宣传教育活动，提高人们热爱大自然的意识。

（2）注重提高升金湖国家级自然保护区及周边社区人们的文化水平，积极帮助群众脱贫致富。积极地向社区宣传推广科研成果及科学技术，引进适合当地经济发展的项目，使人们更好、更自觉地与升金湖国家级自然保护区合作。

（3）通过广播、电视、报纸、杂志或定期发放材料等形式，对社区群众进行宣传教育。促使人们认识到资源与环境保护涉及自己的切身利益，认识到环境破坏对生活、生产造成的潜在威胁，从而对所处的生存环境产生危机感，主动遵守升金湖国家级自然保护区的保护规章制度。

（4）设建立宣传牌、灯箱等。在公共场所张贴宣传资料，设项目广告、公告和标语；与电视台合作，拍摄有关升金湖国家级自然保护区科学考察、宣传的电视专题片、纪录片。

（5）通过宣传车开展定期或不定期的宣传活动。

7.3.5　湿地文化挖掘与传承

1. 升金湖文化

升金湖流域历史人文资源厚重，源于湖区以张溪花灯为主体的东至花灯、张溪麦鱼制作、龙网捕鱼技艺等分别被列入国家和省级非物质文化遗产。升金湖周边的张溪老街、红鱼塘、烂稻陈、将军庙、观音寺、五峰洞、历山、尧舜祠、炎帝庙遗址、炭埠港旧址，葛公山、古徽道、白石村张良后裔聚集古村落等自然和历史人文景观数不胜数；升金湖国际重要湿地山水壮美，春夏秋冬景色迥异，各有特色。尤其是夏季的升金湖国际重要湿地更是烟波浩渺，水天一色，沿湖烟树迷蒙，一派江南水乡好风光（刘常洁，2017）。文化是旅游不可或缺的一部分，而旅游是文化活起来的重要途径，二者相互依存不可分割。升金湖国际重要湿地湖畔人杰地灵、文化遗产丰富，如麦鱼文化、花灯文化、村落文化、寺庙文化、红色文化、徽派建筑文化等。要坚持挖掘当地文化及风俗，按照不同季节把风俗文化整合成独具特色的节事活动，增强旅游产品的参与性，如张溪以观音寺大型佛事活动为依托，每年举行万人大型庙会、大型龙舟赛、大型灯会；根据当地传说故事，编制演绎旅游产品，丰富游客视觉享受，恢复老街上的街头花戏楼，定期组织全镇业余剧团文艺会演；加快升金湖地区民间传统手工艺制品、中草药保健品、茶叶、老酒等旅游商品开发，打造具有升金湖国际重要湿地特色的旅游商品品牌。

2. 构建“旅游 + 教育 + 情景体验”的研学游模式

旅游的发展离不开文化内涵的支撑，文化的传承依托于旅游。我国研学旅行市场起步晚，目的地基础设施不完善，有强烈的季节性，研学产品的教育意义不清晰，较大程度地限制了我国研学游的发展，基于升金湖国际重要湿地生态现状，结合旅游市场的需求，通过对升金湖国际重要湿地文化导向和教育产业导向的区域综合开发模式研究，提出构建“旅游 + 教育 + 情景体验”的新产业体系和区域综合发展新格局。以“旅游 + 教育 + 情景体验”研学游模式引导升金湖国际重要湿地综合开发，是以教育业的改革创新为导向，通过区域自然、升金文化、研学技术、特色产业等资源的整合及配套服务设施的完善，形成知识的共享、人流的搬运和消费的聚集。

研学游发展时要特别注意，研学游企业提供的研学产品必须结合安徽教育教学目标以及不同年级的特征进行设计。小学、初中、高中等不同阶段的学生对应不同的研学产品（付茂正等，2020）。升金湖国际重要湿地文化研学游的开发是文化和旅游融合背景下旅游发展的新方向，也是本土文化资源开发的大趋势。基于升金湖国际重要湿地文化的研学游线路，可结合升金湖景色、民风民俗和特色建筑等，设计多维度研学游产品，以有效实现“学”与“游”有机结合的重要途径。

小　结

湿地是生物多样性的摇篮，是自然界三大生态系统之一，随着国内外各界人士对湿地认识的加深，湿地保护及研究越来越受到重视。本章探究了国内外湿地资源的管理模式，通过对国外伦敦城市中心湿地公园、美国大沼泽湿地和日本滨海湿地以及国内 3 个典型湿地进行分析，探究不同湿地保护利用过程中存在的问题及其解决应对方法，综合分析升金湖国际重要湿地的自然情况、湖泊水环境的恶化、人类活动的负面干扰、湿地管理体系的不完善对湿地的生态安全影响。

升金湖国际重要湿地面临着全球变暖、长江三峡建坝后长江水位下降、长江流域天然湿地退化的共性问题，本章总结造成升金湖国际重要湿地生态环境变迁的 4 点原因，提出完善湿地保护管理结构、加强宣传提高居民的湿地保护意识、建立健全长江流域湿地统一管理的体制机制等建议。保护升金湖国际重要湿地，不仅要靠湿地管理处及各保护站的努力，更重要的是调动社会各界的力量，唤起人们主动了解和认识升金湖国际重要湿地的浓厚兴趣，形成对湿地、自然、社会、家园保护的责任感。因此，

需要开展“湿地保护”宣传、鸟类知识普及、文化挖掘等活动，提高人们的湿地保护意识，助力实现生态文明建设目标。

参考文献

[1] 卜倍 . 公路路域植被和湿地固碳效应评估模型及其应用研究 [D]. 南京：东南大学，2016.

[2] 陈江妹，陈仉英，肖胜和，等 . 国内外城市湿地公园游憩价值开发典型案例分析 [J]. 中国园艺文摘，2011，27 (4) : 90-93.

[3] 陈凌娜，董斌，彭文娟，等 . 升金湖自然湿地越冬鹤类生境适宜性变化研究 [J]. 长江流域资源与环境，2018，27 (3) : 556-563.

[4] 褚晓琳，许春凤 . 基于生态系统的海洋综合管理研究：以美国大沼泽湿地项目为例 [J] . 海洋开发与管理，2021，38(3) : 25-32.

[5] 付博 .3S 技术支持下的扎龙湿地生态脆弱性评价研究 [D]. 长春：东北师范大学，2006.

[6] 付硕章 . 洪湖湿地植物储碳、固碳能力及营养元素积累研究 [D]. 武汉：湖北大学，2012.

[7] 郭绪虎 . 滇西北高原湿地湖滨带优势植物固碳潜力对比研究 [D]. 昆明：西南林业大学，2013 .

[8] 李娜 . 东北温带小兴安岭天然森林湿地碳源 / 汇研究 [D]. 哈尔滨：东北林业大学，2016.

[9] 刘常洁 . 全域旅游视角下升金湖生态旅游影响因素研究 [D]. 蚌埠：安徽财经大学，2017.

[10] 刘言 . 湿地水文连通机理与模式分析：以莫莫格国家级自然保护区为例 [D]. 长春：吉林大学，2020.

[11] 陆志敏，刘浏 . 升金湖湿地生态环境现状调查与研究 [J]. 池州学院学报，2010，24(6) : 80-83.

[12] 梅宏，高歌 . 滨海湿地保护：日本的经验 [J]. 湿地科学与管理，2010，6(3) : 42-44.

[13] 彭文娟 . 升金湖自然湿地鹤类对土地利用变化的响应研究 [D]. 合肥：安徽农业大学，2017 .

[14] 盛书薇，董斌，李鑫，等 . 升金湖国家自然保护区土地利用生态风险评价 [J]. 水土保持通报，2015，35(3) : 305-310.
[15] 石轲 . 城市湿地公园可持续性景观评价研究 [D]. 南京 : 南京师范大学，2008.
[16] 汪芳琳，宋火保，王风芹 . 升金湖湿地生物多样件及其保护对策研究 [J]. 重庆科技学院学报 (自然科学版)，2020，22(4) : 120-124.
[17] 魏帆 . 湿地公园生态修复及景观设计研究 [D]. 西安 : 西安建筑科技大学，2021.
[18] 吴江 . 上海崇明东滩湿地公园生态规划研究 [D]. 上海 : 华东师范大学，2005.
[19] 肖红叶 . 黑龙江省兴凯湖自然保护区生态系统固碳服务功能评价 [J]. 地质与资源，2020，29 (6) : 570-573.
[20] 徐俊，刘羽婷，唐敏炯，等 . 长江口滩涂变化及其原因分析 [J]. 人民长江，2019，50 (12) : 1-6.
[21] 徐峥 . 西溪湿地公园生态保护与利用研究 [D]. 杭州 : 杭州师范大学，2019.
[22] 徐志峰，刘德钦 . 升金湖湿地周边美丽乡村建设影响因子探析 [J]. 西南林业大学学报 (社会科学)，2019，3(1) : 31-35.
[23] 杨斐，董斌，徐文瑞，等 . 基于地理信息技术的升金湖湿地生态服务价值 [J]. 江苏农业科学，2020，48(19) : 288-293.
[24] 叶小康 . 升金湖湿地人地关系及生态承载力演变机制研究 [D]. 合肥 : 安徽农业大学，2018.
[25] 张双双，董斌，杨斐，等 . 升金湖景观格局变化对越冬鹤类地理分布的影响 [J]. 长江流域资源与环境，2019，28(10) : 2461-2470.
[26]AAZAMI M, SHANAZI K. Tourism wetlands and rural sustainable livelihood: The case from Iran[J]. Journal of outdoor recreation and tourism, 2020, 30(C) : 100284.
[27]DA FROTAA VB, VITORING B D, NUNES J R D, et al. Main trends and gaps in studies for bird conservation in the Pantanal wetland[J]. Neotropical biology and conservation, 2020, 15(4) : 427-445.
[28]DING X S, SHAN XJ, CHEN YL, et al. Variations in fish habitat fragmentation caused by marine reclamation activities in the Bohai coastal region, China[J]. Ocean and coastal management, 2020, 184(C): 105038.
[29]DONG J Y, QUAN Q, ZHAO D, et al. A combined method for the source apportionment

of sediment organic carbon in rivers[J]. Science of the total environment, 2021, 752 : 141840.

[30]KRAUSE L, MCCULLOUGH KJ, KANE ES, et al. Impacts of historical ditching on peat volume and carbon in northern Minnesota USA peatlands[J]. Journal of environmental management, 2021, 296 : 113090.

[31]SI Y L, WEI J, WU W Z, et al. Reducing human pressure on farmland could rescue China's declining wintering geese[J]. Movement ecology, 2020, 8(1) : 35.

[32]WU M X, LI C W, DU J, et al. Quantifying the dynamics and driving forces of the coastal wetland landscape of the Yangtze River Estuary since the 1960s[J]. Regional studies in marine science, 2019, 32(C) : 100854.

附 录

升金湖国际重要湿地野生动植物名录

1. 鸟类名录

序号	中文名	学名	保护级别
鹈鹕科 Pelecanidae			
1	小鸊鷉	*Tachybaptus ruficollis*	
2	凤头鸊鷉	*Podiceps cristatus*	
3	卷羽鹈鹕	*Pelecanus crispus*	Ⅰ
鸬鹚科 Phalacrocoracidae			
4	普通鸬鹚	*Phalacrocorax carbo*	
鹭科 Ardeidae			
5	草鹭	*Ardea purpurea*	
6	绿鹭	*Butorides striatus*	
7	苍鹭	*Ardea cinerea*	
8	池鹭	*Ardeola bacchus*	
9	大白鹭	*Egretta alba*	
10	白鹭	*Egretta garzetta*	
11	中白鹭	*Egretta intermedia*	
12	夜鹭	*Nycticorax nycticorax*	
13	黄嘴白鹭	*Egretta eulophotes*	Ⅱ
14	牛背鹭	*Bubulcus ibis*	
15	黄斑苇鳽	*Ixobrychus sinensils*	

序号	中文名	学名	保护级别
16	大麻鳽	*Botaurus stellaris*	
	鹳科 Ciconiidae		
17	东方白鹳	*Ciconia boyciana*	Ⅰ
18	黑鹳	*Ciconia nigra*	Ⅰ
	鹮科 Threskiornithidae		
19	白琵鹭	*Platalea leucorodia*	Ⅱ
20	黑头白鹮	*Threskiornis melanocephalus*	
	鸭科 Anatidae		
21	鸿雁	*Anser cygnoides*	
22	豆雁	*Anser fabalis*	
23	斑头雁	*Anser indicus*	
24	白额雁	*Anser albifrons*	Ⅱ
25	小白额雁	*Anser erythropus*	
26	小天鹅	*Cygnus columbianus*	Ⅱ
27	鸳鸯	*Aix galericulata*	Ⅱ
28	赤麻鸭	*Tadorna ferruginea*	
29	翘鼻麻鸭	*Tadorna tadorna*	
30	针尾鸭	*Anas acuta*	
31	绿翅鸭	*Anas crecca*	
32	花脸鸭	*Anas formosa*	
33	罗纹鸭	*Anas falcata*	
34	绿头鸭	*Anas platyrhynchos*	
35	斑嘴鸭	*Anas poecilorhyncha*	
36	赤膀鸭	*Anas strepera*	
37	赤颈鸭	*Anas penelope*	
38	白眉鸭	*Anas querqudula*	
39	琵嘴鸭	*Anas clypeata*	
40	红头潜鸭	*Aythya ferina*	

序号	中文名	学名	保护级别
41	青头潜鸭	*Aythya baeri*	Ⅰ
42	凤头潜鸭	*Aythya fuligula*	
43	斑头秋沙鸭	*Mergellus albellus*	
44	普通秋沙鸭	*Mergus merganser*	
鹤科 Gruidae			
45	灰鹤	*Grus grus*	Ⅱ
46	白头鹤	*Grus monacha*	Ⅰ
47	白枕鹤	*Grus vipio*	Ⅰ
48	白鹤	*Grus leucogeranus*	Ⅰ
秧鸡科 Rallidae			
49	普通秧鸡	*Rallus aquaticus*	
50	灰胸秧鸡	*Gallirallus striatus*	
51	红胸田鸡	*Porzana fusca*	
52	白胸苦恶鸟	*Amaurornis phoenicurus*	
53	红脚苦恶鸟	*Amaurornis akool*	
54	董鸡	*Gallicrex cinerea*	
55	黑水鸡	*Gallinula chloropus*	
56	骨顶鸡	*Fulica atra*	
鸨科 Otididae			
57	大鸨	*Otis tarda*	Ⅰ
水雉科 Jacanidae			
58	水雉	*Hydrophasianus chirurgus*	
鸻 科 Charadriidae			
59	凤头麦鸡	*Vanellus vanellus*	
60	灰头麦鸡	*Vanellus cinereus*	
61	灰斑鸻	*Pluvialls squatarola*	
62	金斑鸻	*Pluvialis fulva*	
63	剑鸻	*Charadrius hiaticula*	

序号	中文名	学名	保护级别
64	金眶鸻	*Charadrius dubius*	
65	环颈鸻	*Charadrius alexandrinus*	
66	长嘴剑鸻	*Charadrius placidus*	
鹬科 Scolopacidae			
67	小杓鹬	*Numenius minutus*	
68	中杓鹬	*Numenius phaeopus*	
69	白腰杓鹬	*Numenius arquata*	
70	黑尾塍鹬	*Limosa limosa*	
71	斑尾塍鹬	*Limosa lapponica*	
72	鹤鹬	*Tringa erythropus*	
73	红脚鹬	*Tringa totanus*	
74	泽鹬	*Tringa stagnatills*	
75	青脚鹬	*Tringa nebularia*	
76	白腰草鹬	*Tringa ochropus*	
77	林鹬	*Tringa glareola*	
78	矶鹬	*Tringa hypoleucos*	
79	针尾沙锥	*Gallinago stenura*	
80	大沙锥	*Gallinago megala*	
81	扇尾沙雉	*Gallinago gallinago*	
82	黑腹滨鹬	*Calidris alpina*	
83	大滨鹬	*Calidris tenurirostris*	
84	红颈滨鹬	*Calidris ruficollis*	
85	黑翅长脚鹬	*Himantopus himantopus*	
86	反嘴鹬	*Recurvirostra avosetta*	
87	流苏鹬	*Philomachus pugnax*	
鸥科 Laridae			
88	银鸥	*Larus argentatus*	
89	红嘴鸥	*Larus ridibundus*	

序号	中文名	学名	保护级别
90	须浮鸥	*Chlidonias hybrida*	
91	白翅浮鸥	*Chlidonias leucopterus*	
92	黑尾鸥	*Larus crassirostris*	
93	灰背鸥	*Larus schistisagus*	
94	红嘴巨鸥	*Hydroprogne caspia*	
95	普通燕鸥	*Sterna hirundo*	
96	白额燕鸥	*Sterna albifrons*	
雨燕科 Apodidae			
97	白腰雨燕	*Apus pacificus*	
翠鸟科 Alcedinidae			
98	斑鱼狗	*Ceryle rudis*	
99	普通翠鸟	*Alcedo atthis*	
戴胜科 Upupidae			
100	戴胜	*Upupa epops*	
鸠鸽科 Columbidae			
101	山斑鸠	*Streptopelia orientalis*	
102	珠颈斑鸠	*Streptopelia chinensis*	
杜鹃科 Cuculidae			
103	四声杜鹃	*Cuculus micropterus*	
104	大杜鹃	*Cuculus canorus*	
105	小鸦鹃	*Centropus bengalensis*	Ⅱ
草鸮科 Tytonidae			
106	草鸮	*Tyto capensis*	Ⅱ
鸱鸮科 *Strigidae*			
107	斑头鸺鹠	*Glaucidium cuculoides*	Ⅱ
鹰科 Accipitridae			
108	黑鸢	*Milvus migrans*	Ⅱ
109	苍鹰	*Accipiter gentilis*	Ⅱ

序号	中文名	学名	保护级别
110	赤腹鹰	*Accipiter soloensis*	Ⅱ
111	雀鹰	*Accipiter nisus*	Ⅱ
112	日本松雀鹰	*Accipiter gularis*	Ⅱ
113	普通鵟	*Buteo japonicus*	Ⅱ
114	白肩雕	*Aquila heliaca*	Ⅰ
115	乌雕	*Aguila clanga*	Ⅱ
116	白尾鹞	*Circus cyaneus*	Ⅱ
117	白腹鹞	*Circus spilonotus*	Ⅱ
118	白头鹞	*Circus aeruginosus*	Ⅱ
隼科 Falconidae			
119	红隼	*Falco tinnunculus*	Ⅱ
120	游隼	*Falco peregrinus*	Ⅱ
雉科 Phasianidae			
121	鹌鹑	*Coturnix coturnix*	
122	环颈雉	*Phasianus colchicus*	
123	灰胸竹鸡	*Bambusicola thoracica*	
啄木鸟科 Picidae			
124	灰头绿啄木鸟	*Picus canus*	
百灵科 Alaudidae			
125	云雀	*Alauda arvensis*	
126	小云雀	*Alauda gulgula*	
鸦科 Corvidae			
127	灰喜鹊	*Cyanopica cyana*	
128	白颈鸦	*Corvus torquatus*	
129	达乌里寒鸦	*Corvus dauuricus*	
130	大嘴乌鸦	*Corvus macrorhynchos*	
131	喜鹊	*Pica pica*	
鸫科 Turdidae			
132	鹊鸲	*Copsychus saularis*	
133	北红尾鸲	*Phoenicurus auroreus*	

序号	中文名	学名	保护级别
134	灰背鸫	*Turdus hortulorum*	
135	乌鸫	*Turdus merula*	
136	红尾鸫	*Turdus naumanni*	
137	斑鸫	*Turdus eunomus*	
王鹟科 Monarchidnae			
138	寿带鸟	*Terpsiphone paradisi*	
画眉科 Timaliidae			
139	黑脸噪鹛	*Garrulax perspicillatus*	
	鸦雀科 Paradoxornithidae		
140	棕头鸦雀	*Paradoxornis webbianus*	
莺科 Sylviidae			
141	日本树莺	*Cettia diphone*	
142	强脚树莺	*Cettia fortipes*	
143	黑眉苇莺	*Acrocephalus bistrigiceps*	
144	东方大苇莺	*Acrocephalus orientalis*	
145	黄眉柳莺	*Phylloscopus inornatus*	
扇尾莺科 Cisticolidae			
146	棕扇尾莺	*Cisticola juncidis*	
山雀科 Paridae			
147	大山雀	*Parus major*	
	绣眼鸟科 Zosteropidae		
148	暗绿绣眼鸟	*Zosterops japonica*	
雀科 Passeridae			
149	山麻雀	*Passer rutilans*	
150	树麻雀	*Passer montanus*	
梅花雀科 Estrildidae			
151	白腰文鸟	*Lonchura striata*	
燕科 Hirundinidae			
152	燕雀	*Fringilla montifringilla*	
153	家燕	*Hirundo rustica*	

序号	中文名	学名	保护级别
154	金腰燕	*Hirundo daurica*	
鹡鸰科 Motacillidae			
155	黄鹡鸰	*Motacilla flava*	
156	白鹡鸰	*Motacilla alba*	
157	水鹨	*Anthus spinoletta*	
鹎科 Pycnonotidae			
158	白头鹎	*Pycnonotus sinensis*	
159	领雀嘴鹎	*Spizixos sermtorques*	
伯劳科 Laniidae			
160	红尾伯劳	*Lanius cristatus*	
161	棕背伯劳	*Lanius schach*	
黄鹂科 Oriolidae			
162	黑枕黄鹂	*Oriolus chinensis*	
卷尾科 Dicruridae			
163	黑卷尾	*Dicrurus macrocecus*	
164	灰卷尾	*Dicrurus leucophaeus*	
椋鸟科 Sturnidae			
165	丝光椋鸟	*Sturnus sericeus*	
166	灰椋鸟	*Sturnus cineraceus*	
167	八哥	*Acridotheres cristatellus*	
	河乌科	*Cinclidae*	
168	褐河乌	*Cinclus pallasii*	
燕雀科 Fringillidae			
169	金翅雀	*Carduelis sinica*	
170	黑尾蜡嘴雀	*Eophona migratoria*	
鹀科 Emberizidae			
171	灰头鹀	*Emberiza spodocephala*	
172	三道眉草鹀	*Emberiza cioides*	
173	田鹀	*Emberiza rustica*	
174	黄眉鹀	*Emberiza chrysophrys*	
175	小鹀	*Emberiza pusilla*	

2. 鱼类名录

序号	中文名	学名	保护级别
1	长颌鲚	*Coilia ectenes*	
2	短颌鲚	*Coilia brachygnathus*	
3	鲥	*Macrura reevesi*	
4	太湖短吻银鱼	*Neosalanx taihuensis*	
5	青鱼	*Mylopharyngodon piceus*	
6	草鱼	*Ctenopharyngodon idellus*	
7	鯮鱼	*Luciobrana macrocephalus*	
8	鳡鱼	*Elopichthys bambusa*	
9	南方马口鱼	*Opsariichys uncirostris*	
10	鳤鱼	*Ochetobius elongatus*	
11	赤眼鳟	*Squaliobarbus curriculus*	
12	银飘鱼	*Pseudolaubuca sinensis*	
13	鲚	*Toxabramis swinhonis*	
14	贝氏餐条	*Hemiculter bleekeri*	
15	餐条	*Hemiculter Leucisculus*	
16	三角鲂	*Megalobrama terminalis*	
17	翘嘴红鲌	*Erythroculter ilishaeformis*	
18	戴氏红鲌	*Erythroculter dabryi*	
19	蒙古红鲌	*Erythroculter mongolicus*	
20	红鲚鲌	*Culter erythropterus*	
21	长春编	*Parabramls pekinensis*	
22	银鲴	*Xenocypris argentea*	
23	黄尾鲴	*X. davidi*	
24	细鳞斜颌鲴	*Plagiognathops microlepis*	
25	逆鱼	*Acanthobrama simonl*	
26	斑条刺鳑鲏	*Acanthorhodeus taenianalis*	
27	鲢	*Hypophthalmichthys molitriaix*	
28	鳙	*Aristichthys nobilis*	
29	鲤	*Cyprinus carpio*	
30	鲫	*Carassius auratus*	

序号	中文名	学名	保护级别
31	胭脂鱼	*Myxocyprinus asiaticus*	Ⅱ
32	似逆鲂	*Paracanthobrama guichenoti*	
33	麦穗鱼	*Pseudorasbora parva*	
34	华鳈	*Sarcocheilichthys sinensis*	
35	江西鳈	*Sarcocheilichthys Kiangsinensis*	
36	黑鳍鳈	*Sarcocheilichthys nigripinnis*	
37	棒花鱼	*Abbottlna rivularis*	
38	黄沙鳅	*Botia xanthi*	
39	泥鳅	*Misgurnus anguillicaudatus*	
40	黄颡鱼	*Pelteobagrus fulvidraco*	
41	瓦式黄颡鱼	*Pelteobagrus Vachelli*	
42	岔尾黄颡鱼	*Pelteobagrus eupogon*	
43	河鲶	*Parasilurus*	
44	鲶	*Silurus asotus*	
45	胡子鲶	*Clarias batrachus*	
46	日本鳗鲡	*Anguilla japonlca*	
47	九州鱵	*Hemiramphus kururneus*	
48	黄鳝	*Monopterus albus*	
49	长体鳜	*Siniperca roulei*	
50	鳜	*Siniperca chuatsi*	
51	大眼鳜	*Siniperca kneri*	
52	沙塘鳢	*Odontobutis obscurus*	
53	黄黝鱼	*Hypseleotris swinhonis*	
54	子陵栉吓鯱鱼	*Ctenogobius giurinus*	
55	克氏栉吓鯱鱼	*Ctenogobius clarki*	
56	圆尾斗鱼	*Macropodus chinensis*	
57	乌鳢	*channa argus*	
58	大刺鳅	*Mastacembelus armatus*	
59	半滑舌鳎	*Cynoglossus semilaevis*	
60	弓斑东方鲀	*Fugu ocellatus*	
61	暗纹东方鲀	*Fugu obscurus*	

3. 湿地维管束植物名录

序号	中文名	学 名	保护级别
1	蘋	*Marsilea quadrifolia Linn.*	
2	槐叶萍	*Salvinia natans*（*Linn.*）*All.*	
3	满江红	*Azolla imbricata*（*Roxb.*）*Nakai*	
4	水蕨	*Ceratoperis thalictroides*（*L.*）*Bringn*	Ⅱ
5	水烛	*Typha angustifolia Linn*	
6	马来眼子菜	*Potamogeton malaianus Wrightii Morong*	
7	小叶眼子菜	*P.cristatus Pegel et Maack*	
8	大茨藻	*Najas major All*	
9	小茨藻	*Najas minor All*	
10	华夏慈菇	*Sagittaria trifolia L.var sinensis*（*Sims.*）*Makino*	
11	黑藻	*Hydrrilla verticillata*（*Linn.f.*）*Royle*	
12	苦草	*Vallisieria apiralis L.*	
13	水鳖	*Hydrocharis dubia (Bl)Backer*	
14	水车前	*Ottelia alismoides(l)Pers*	
15	隔草	*Phalaris arundinacea Linn*	
16	菰	*Zizania caduciflora Linn*	
17	芦苇	*Phragmites australis(Cav)Trin*	
18	菵草	*Beckmannia erucaefomis(Linn)Host*	
19	鹅观草	*Roegneria kamoji Ohwi*	
20	千金子	*Leptochioa chinensis(Linn)Host*	
21	糠稷	*Panicunr bisulcatum Thunb*	
22	稗子	*Echinochioa crusgalli(Linn)Beauv*	
23	长芒稗	*Echinochioa caudatta Roshev*	
24	瘦瘠伪针茅	*Pseudorapris spinescens(R.Br)vickery var depauper-ata(Nees)Bor*	
25	针蔺	*Eleocharis Palustris(Linn)R.Br*	
26	阿齐苔	*Carex argyi Level Vant*	
27	白朗苔	*Carex brownii Tuckerm*	

序号	中文名	学　名	保护级别
28	荆三棱	*Scirpus yagara Ohwi*	
29	水葱	*Scirpus validus Vahl*	
30	藨草	*Scipus tripueter*	
31	水虱草	*Fimbristylis misiacea(Linn)Vahl*	
32	节节菜	*Rotala indices (Willd.)Koehne*	
33	耳基水苋菜	*Ammannia arenaria H.B.K*	
34	盒子菜	*Actinostemma tenerum Griff*	
35	鸭跖草	*Commelina communis Linn*	
36	菖蒲	*Acorus calamus Linn*	
37	大藻	*Pistia stratiotes Linn*	
38	小浮萍	*Lemna minor Linn*	
39	三叉浮萍	*Lemna trisulca Linn*	
40	紫被浮萍	*Spirodela polyrrhiza(Linn)Schleid*	
41	旱苗蓼	*Polygonum lapathifolium Linn*	
42	旱苗蓼绵毛变种	*Polygonum lapathifolium linn var salicifolium Sibth*	
43	红蓼	*Polygonum orientale Linn*	
44	水蓼	*Polygonum hydropipr Linn*	
45	茶菱	*Trapella sinensis*	
46	蚊母草	*Veronica peregrina Linn*	
47	水苦荬	*Veronica anagallis-aquatica Linn*	
48	白花水八角	*Grafiola japonica Miq*	
49	狸藻	*Utricularia Vulgaris Lour*	
50	半边莲	*Lobelia chinensis Lour*	
51	单性苔草	*Casex unisexualis C.A.Claske*	
52	灰化苔草	*Casex cinesascens Kukth*	
53	江南荸荠	*Eleocharis migoana Ohwi et T.koyama*	
54	肉根毛茛	*Ranunculus polii Fraanch*	
55	紫云英	*Astragalus sinicus Linn*	

序号	中文名	学 名	保护级别
56	蒌蒿	*Artemisia selengensis Turcz ex Bess*	
57	稻槎菜	*Lapsana apogoncides Maxim*	
58	愉悦菜	*Polygonum jucundum Meisn*	
59	蓼子草	*Polygonum cripolitanum Hance*	
60	小花蓼	*Polygonum muricanum Meisn*	
61	丁香蓼	*Lgwigia prostrata Roxb*	
62	天胡荽	*Hydrocotyle sibthorpioides Lam*	
63	竹叶菊	*Tripolium vulgare Nees*	
64	醴肠	*Elipta prostrata Linn*	
65	狭叶青蒿	*Artemisia dracunculus Linn*	
66	金鱼藻	*Ceratophyllum demersum Linn*	
67	芡实	*Euryale ferox Saliab ex Konig ex Sims*	
68	莲	*Nelumbo nucifera Gaertn*	Ⅱ
69	石龙芮	*Ranunculus sceleratus Linn*	
70	水马齿	*Callitriche stagnalis Scop*	
71	野菱	*Trapa incisa Sieb et Zucc*	Ⅱ
72	细果野菱	*Trapa maximowicziii Korsh*	
73	聚草	*Myriphyllum spicatum Linn*	
74	水田碎米荠	*Cardamine lyrata Bunge*	
75	小叶珍珠菜	*Lysimachia parvifolia Franch*	
76	凤眼莲	*Eichhomia crassipes(Mart)Solms-laub*	
77	田宅角	*Aeschynomene indica Linn*	
78	三蕊繁缕	*Elatine triendre schkuhr*	
79	荇菜	*Nymphoides peltata(Gmel)O.Kuntze*	
80	白花地丁	*Viola patrinii ex Ging*	
81	轮叶孤尾藻	*Myriophyllum vericillatum L.*	
82	野大豆	*Glycine soja Sieb. et Zucc.*	Ⅱ
83	过路黄	*Lysimachia christinae Hance*	
84	通泉草	*Mazus pumilus (Burm.f.) Van Steenis*	

4. 底栖动物名录

序号	中文名	学名
（一）瓣鳃类		
1	三角帆蚌	*Hyriopsiscurningii*
2	褶纹冠蚌	*Cristariaplicata*
3	背角无齿蚌	*Anodonta woodiana*
4	洞穴丽蚌	*Lamprotula caveata*
5	杜氏珠蚌	*Unio persculpta*
6	射线裂脊蚌	*Schistodesmus lampreyanus*
7	三槽尖脊蚌	*Acuticosta trisulcata*
8	河蚬	*Corbicula fluminea*
9	剑状矛蚌	*Lanceolaria gladiola*
10	淡水壳菜	*Limnoperma lacustris*
11	三巨瘤丽蚌	*Lamprotula triclava*
12	薄壳丽蚌	*Lamprotula leleci*
13	扭蚌	*Arconaia lanceolata*
（二）腹足类		
14	纹沼螺	*Parafossarulus striatulus*
15	方格短沟蜷	*Semisulcospira cancellata*
16	耳萝卜螺	*Radix auricularia*
17	湖北钉螺	*Oncomelania hupensis*
18	梨形环棱螺	*Bellamya purificata*
19	铜锈环棱螺	*Bellamya aeruginosa*
20	扁旋螺	*Gyraulus compressus*
（三）水生昆虫和寡毛虫		
21	摇蚊幼虫	*Tendipes sp*
22	尾鳃蚓	*Branchiura sp*
23	水丝蚓	*Limnodrilus sp*

5. 兽类动物名录

序号	中文名	学名	保护级别
食虫目 Insectivora			
	刺猬科 Erinaceidae		
1	北方刺猬	*Erinaceus europaeus*	
鼩鼱科 Soricidae			
2	小麝鼩	*Crocidura suaveolens*	
3	灰麝鼩	*Crocidura attenuata*	
翼手目 Chiroptera			
4	小伏翼	*Pipistrellus javanicus*	
鳞甲目 Pholidota			
穿山甲科 Manidae			
5	穿山甲	*Manis pentadactyla*	Ⅱ
兔形目 Lagomorpha			
兔科 Leporidae			
6	草兔	*Lepus capensis*	
7	华南兔	*L.sinensis*	
啮齿目 Rodentia			
仓鼠科 Cricetidae			
8	大仓鼠	*Cricetulus triton*	
9	东方田鼠	*Microtus fortis*	
鼠科 Muridae			
10	巢鼠	*Micromys rninutus*	
11	小家鼠	*Mus musculus*	
12	黑线姬鼠	*Apodemus agrarius*	
13	黄胸鼠	*Rattus flavipectus*	
14	褐家鼠	*Rattus norvegicus*	
15	社鼠	*R.niviventer*	
16	针毛鼠	*R.fulvescens*	

序号	中文名	学名	保护级别
17	大足鼠	*R.nitidus*	
豪猪科 Hystricidae			
豪猪 Hystrix hodgsoni			
鼬科 Mustelidae			
18	青鼬	*Martes flavigula*	
19	黄腹鼬	*Mustela kathiah*	
20	黄鼬	*M sibirica*	
21	鼬獾	*Melogale mosshata*	
22	狗獾	*Meles meles*	
23	猪獾	*Arctonyx collaris*	
24	水獭	*Lutra lutra*	Ⅱ
灵猫科 Viverridae			
25	小灵猫	*Viverricula indica*	
26	花面狸	*Paguma larvata*	
27	食蟹獴	*Herpestes urva*	
	猫科	*Felidae*	
28	豹猫	*Felis bengalensis*	
偶蹄目 Artiodactyla			
猪科 Suidae			
29	野猪	*Sus scrofa*	
鹿科 Cervidae			
30	獐	*Hydropotes inermis*	
31	黄麂	*Muntiacus reevesi*	
32	黑麂	*Muntiacuscrinifrons*	Ⅰ

6. 两栖动物名录

序号	中文名	学名	保护级别
蝾螈科 Salamandridae			
1	东方蝾螈	*Cynops orientalis*	
蛙科 Ranidae			
2	黑斑蛙	*Rana nigromaculata*	
3	金线蛙	*Rana plancyi*	
4	泽蛙	*Rana limnocharis*	
5	日本林蛙	*Rana japanica*	
6	虎纹蛙	*Rana rugulosus*	Ⅱ
姬蛙科 Microhylidae			
7	饰纹姬蛙	*Microhyla ornata*	
蟾蜍科 Bufonidae			
8	中华大蟾蜍	*Bufo gargarizans*	

7. 爬行动物名录

序号	中文名	学名	保护级别
游蛇科 Colubridae			
1	王锦蛇	*Elaphe carinata*	
2	红点锦蛇	*Elaphe rufodorsata*	
3	赤链蛇	*Dinodon rufozonatum*	
4	中国水蛇	*Enhydris Chinensis*	
5	乌梢蛇	*Zaocys dhumnades*	
6	赤链华游蛇	*Sinonatrix annularis*	
7	华游蛇	*Sinonatrix percarinata*	
8	竹叶青	*Trimeresurus stejnegeri*	
蝮科 Crotalidae			
9	烙铁头	*Trimeresurus mucrosquamatus*	
眼镜蛇科 Elapidae			

10	短尾蝮	*Agkistrodon blomhoffol brevicaudus*	
龟科 Emydidae			
11	乌龟	*Chinemys reevesii*	
12	黄喉拟水龟	*Mauremys mutica*	
鳖科 Trionychid*ae*			
13	鳖	*Trionyx sinensis*	

8. 浮游植物名录

序号	中文名	学名
1	舟行硅藻	*Navicula sp.*
2	星杆藻	*Asterionella sp.*
3	隆起棒杆藻	*Rhopalodia sp.*
4	新月菱形藻	*Nitzschia closterium.*
5	中缝菱形藻	*Nitzschia dissipata.*
6	直链藻	*Melosira sp.*
7	小环藻	*Cyclotella sp.*
8	脆杆藻	*Fragilaria sp.*
9	根管藻	*Rhizosolenla sp.*
10	衣藻	*Chlamydomonas sp.*
11	集群盘藻	*Chlamydomonas sp.*
12	盘星藻	*Pediastrum sp.*
13	粗列藻	*Scenedesmus sp.*
14	卵囊藻	*Oocystis sp.*
15	十字藻	*Crucigenia sp.*
16	新月藻	*Closterium sp.*
17	鼓藻	*Cosmarium sp.*
18	鱼腥藻	*Anabaena sp.*
19	池生鞘丝藻	*Lyngbya limnetica Lemm.*
20	颤藻	*Oscillatoria sp.*

21	黄丝藻	*Tribonema sp.*
22	小黄球藻	*Tribonema minus Hazen.*
23	扁裸藻	*Phacus sp.*
24	最近裸藻	*Euglena praxima Dang.*
25	具尾棵藻	*Euglena caudata Hebner.*
26	膝口藻	*Gonyostmum sp.*
27	粗壮双菱藻	*Suirella robust*

9. 浮游动物名录

序号	中文名	学名
1	长刺溞	*Daphnia longispina*
2	长额象鼻溞	*Bosmina longirostris*
3	剑水蚤	*Cyclops sp.*
4	中华原镖水蚤	*Eodiaptomus sinensis*
5	猛水蚤	*Onchocamptus sp.*
6	臂尾轮虫	*Brachionus sp.*
7	龟甲轮虫	*Keratella sp.*
8	晶囊轮虫	*Asplanchna sp.*
9	旋轮虫	*Philodina sp.*
10	僧帽表壳虫	*Arcella mitrata*
11	沙壳虫	*Difflugia sp.*
12	棘匣壳虫	*Centropyxis aculeata*
13	拟衣沙虫	*Pseudodifflugia sp.*

升金湖国际重要湿地部分插图

◆ 升金湖国际重要湿地全景（王继明摄）

◆ 升金湖国际重要湿地山水风景（王继明摄）

◆ 升金湖悠闲候鸟（董斌摄）

◆ 夏季升金湖（董斌摄）

◆ 升金湖倦鸟归来（董斌摄）

◆ 升金湖人与自然（董斌摄）

◆ 升金湖落霞（董斌摄）

◆ 升金湖黄溢闸（董斌摄）

◆ 升金湖白头鹤（平阳摄）

◆ 升金湖鸿雁（徐文彬摄）

◆ 升金湖赤麻鸭（徐文彬摄）

◆ 升金湖豆雁（徐文彬摄）

◆ 升金湖的荷（徐文彬摄）

◆ 升金湖欧菱（徐文彬摄）

◆ 升金湖聚草湿地（徐文彬摄）

◆ 升金湖白头鹤栖息地（王继明摄）

◆ 升金湖苔草（徐文彬摄）

◆ 升金湖滩地候鸟（徐文彬摄）